科学出版社“十四五”普通高等教育本科规划教材
工科数学信息化教学丛书

线性代数

主编　陈荣三　李卫峰
副主编　李慧娟　黄　刚　魏周超　肖海军

科学出版社
北京

内 容 简 介

本书是编者根据多年讲授“线性代数”教学实践经验编写而成的. 全书共 6 章, 内容包括矩阵、线性方程组、矩阵的特征值和特征向量、二次型、线性空间与线性变换、数学实验. 各章节均配有习题并在书末附有部分习题答案，同时本书带有数字化资源(二维码)，扫码可见每章经典例题讲解.

本书可作为高等学校理工科和其他非数学专业“线性代数”课程的教材或教学参考书.

图书在版编目（CIP）数据

线性代数/陈荣三，李卫峰主编. —北京：科学出版社，2022.8

（工科数学信息化教学丛书）

科学出版社“十四五”普通高等教育本科规划教材

ISBN 978-7-03-072334-5

Ⅰ. ①线… Ⅱ. ①陈… ②李… Ⅲ. ①线性代数-高等学校-教材 Ⅳ. ①O151.2

中国版本图书馆 CIP 数据核字（2022）第 086071 号

责任编辑：王 晶 / 责任校对：高 嵘

责任印制：赵 博 / 封面设计：无极书装

科学出版社 出版

北京东黄城根北街 16 号

邮政编码：100717

http://www.sciencep.com

三河市春园印刷有限公司印刷

科学出版社发行 各地新华书店经销

*

2022 年 8 月第 一 版 开本：787×1092 1/16

2025 年 1 月第五次印刷 印张：13

字数：302 000

定价：49.00 元

（如有印装质量问题，我社负责调换）

前　言

2017 年以来, 我国积极推进新工科建设, 探索工程教育改革的新模式、新经验, 并提出了新工科建设理念. 2018 年, 国务院印发《关于全面加强基础科学研究的若干意见》, 强调了数学等基础学科的重要性. 2019 年, 科技部、教育部、中国科学院、国家自然科学基金委员会联合制定《关于加强数学科学研究工作方案》, 明确了数学是自然科学的基础, 也是重大技术创新发展的基础.

“线性代数” 作为非常重要的基础课程, 必须在新理念、新行动引领下开展自觉、理性的教学改革, 以适应新时代提出的新要求. 为此, 编者团队结合多年从事线性代数教学实践经验, 编写了本书.

本书主要特色有:

(1) 引入应用背景. 在教材内容方面, 注重理论联系实际, 在抽象概念方面增加概念的实际背景和相关应用.

(2) 将常用的工具软件引入数学, 介绍 MATLAB 软件在线性代数中的应用, 并在每章后面增加应用举例, 帮助读者在学会应用线性代数知识解决实际问题的同时, 理解一些抽象的代数概念, 加深对线性代数理论知识的认识. 同时将数学建模和数学文化知识融入本书之中, 在本书最后, 安排数学实验, 使学生深入理解数学基本要领和基本理论, 熟悉常用的数学软件, 培养学生运用科学知识建立数学模型、使用计算机解决实际问题的能力.

(3) 根据分层教学的需求配备不同层次的习题. 基于很多高等院校将“线性代数”课程分为 A、B、C 三个层次, 本书的部分章节习题也分为 A、B、C 三类. 其中, A 类为填空题和选择题, B 类由计算题和证明题构成, C 类以证明题为主. 根据分层教学的需要, 建议学习本课程的“线性代数”B 和“线性代数”C 的学生完成 A、B 类习题, “线性代数” A 的学生完成 A、B、C 三类习题. 各章建议学时(含习题课学时): 第 1 章 12 学时; 第 2 章 12 学时; 第 3 章 8 学时; 第 4 章 8 学时; 第 5 章 16 学时.

(4) 融入思政元素. 每章后面设置“中国数学家的数学人生”栏目, 通过学习中国数学家的故事, 激发学生的爱国热情和学习兴趣. 深入挖掘了线性代数课程中所蕴含的思政内容, 将课程思政贯穿到线性代数教学的全过程.

(5) 提供与课程配套的教学数字资源, 包括在线测试以及经典例题讲解, 方便教师和学生随时随地查阅教学内容, 提高教学效果.

本书由陈荣三、李卫峰任主编, 李慧娟、黄刚、魏周超、肖海军任副主编. 本书在编写过程中, 得到了中国地质大学(武汉)及相关教学单位、教学管理部门的大力支持和帮助,同时，中央高校教育教学改革基金(本科教学工程)对本书给予了相关经费资助，在此表示感谢！书中难免存在疏漏和不妥之处，希望专家、同行和读者批评指正，我们将在教学实践中不断完善.

编　者

2022 年 2 月于南望山

目　录

第 1 章　矩　　阵

对于自然科学、经济学、工程技术等领域中的大量问题, 我们会通过线性化后再进行分析解决. 有关矩阵的相关知识在解决线性化后的问题起着极其重要的作用, 这也决定了矩阵在线性代数中的重要地位. 本章将介绍矩阵的概念、矩阵的运算、分块矩阵、矩阵的初等变换与初等矩阵、逆矩阵、方阵的行列式等有关矩阵的基本理论.

1.1　矩阵的概念及特殊矩阵

1.1.1　矩阵的概念

在生活中, 我们会处理成批的数, 如学生的成绩、物资调运方案等.

例 1.1.1　某班 4 个学生(编号 1,2,3,4) 3 门课程(编号 1,2,3)的期末考试成绩如表 1.1.1 所示.

表 1.1.1　期末考试成绩表

学生编号	课程编号		
	1	2	3
1	98	97	99
2	78	72	60
3	79	95	82
4	84	96	77

如果用 $a_{ij}\ (i=1,2,3,4; j=1,2,3)$ 表示第 i 个同学第 j 门课程的期末考试成绩 ($a_{13}=99$, $a_{32}=95$), 表 1.1.1 可以简单表示成如下数表

$$\begin{pmatrix} 98 & 97 & 99 \\ 78 & 72 & 60 \\ 79 & 95 & 82 \\ 84 & 96 & 77 \end{pmatrix}$$

这种数表称为**矩阵**. 下面给出矩阵的定义.

定义 1.1.1　由 $m\times n$ 个数 $a_{ij}\ (i=1,2,\cdots,m; j=1,2,\cdots,n)$ 按照一定的次序排成的一个 m 行 n 列的数表

$$\begin{matrix} a_{11} & a_{12} & \cdots & a_{1n} \\ a_{21} & a_{22} & \cdots & a_{2n} \\ \vdots & \vdots & & \vdots \\ a_{m1} & a_{m2} & \cdots & a_{mn} \end{matrix}$$

称为 m 行 n 列的**矩阵**，简称 $m\times n$ 矩阵. 记作

$$A=\begin{pmatrix} a_{11} & a_{12} & \cdots & a_{1n} \\ a_{21} & a_{22} & \cdots & a_{2n} \\ \vdots & \vdots & & \vdots \\ a_{m1} & a_{m2} & \cdots & a_{mn} \end{pmatrix}$$

其中：a_{ij} 叫作矩阵 A 第 i 行第 j 列的**元素**或**元**；i,j 分别叫作元素 a_{ij} 的**行指标**、**列指标**. 矩阵 A 可简记为 $A=A_{m\times n}=(a_{ij})_{m\times n}=(a_{ij})$. 元素为实数的矩阵称为**实矩阵**，元素为复数的矩阵称为**复矩阵**. 在本书中如无特殊说明，矩阵均为实矩阵. 通常用大写英文字母 $A,B,C,\cdots$ 表示矩阵.

例如，n 元线性方程组

$$\begin{cases} a_{11}x_1+a_{12}x_2+\cdots+a_{1n}x_n=b_1 \\ a_{21}x_1+a_{22}x_2+\cdots+a_{2n}x_n=b_2 \\ \quad\cdots\cdots \\ a_{m1}x_1+a_{m2}x_2+\cdots+a_{mn}x_n=b_m \end{cases}$$

的系数可以组成一个 m 行 n 列矩阵

$$A=\begin{pmatrix} a_{11} & a_{12} & \cdots & a_{1n} \\ a_{21} & a_{22} & \cdots & a_{2n} \\ \vdots & \vdots & & \vdots \\ a_{m1} & a_{m2} & \cdots & a_{mn} \end{pmatrix}$$

矩阵 A 称为该线性方程组的**系数矩阵**.

1.1.2 特殊矩阵

(1) 一个 $m\times 1$ 的矩阵

$$A_{m\times 1}=\begin{pmatrix} a_{11} \\ \vdots \\ a_{m1} \end{pmatrix}$$

称为一个**列矩阵**或**列向量**.

一个 $1\times n$ 的矩阵

$$A_{1\times n}=(a_{11} \quad \cdots \quad a_{1n})$$

称为一个**行矩阵**或**行向量**. 为避免元素间的混淆，行矩阵也记作 $A_{1\times n}=(a_{11},\cdots,a_{1n})$.

(2) 若矩阵 A 的所有元素均为零，则称矩阵 A 为**零矩阵**，记作 $A=O$.

(3) 若矩阵 $A_{m\times n}$ 行数和列数相等即 $m=n$，则称矩阵 A 为 n 阶**方阵**. 在 n 阶方阵 A 中，元素 a_{ii} $(i=1,2,\cdots,n)$ 排成的对角线称为方阵的**主对角线**. 易见，当 A 为一阶方阵时，A 就是一个数. 数可看成矩阵的特例.

(4) 若方阵 $\boldsymbol{A}=(a_{ij})_{n\times n}$ 的元素 $a_{ij}=0\,(i\neq j)$，则称矩阵 $\boldsymbol{A}$ 为**对角矩阵**，其中 $a_{ii}\ (i=1,2,\cdots,n)$ 称为 $\boldsymbol{A}$ 的**对角元**，记作 $\boldsymbol{A}=\mathrm{diag}(a_{11},a_{22},\cdots,a_{nn})$.

例如，

$$\boldsymbol{A}=\begin{pmatrix}1&0&0\\0&2&0\\0&0&3\end{pmatrix}=\mathrm{diag}(1,2,3)$$

为三阶对角矩阵.

(5) 若对角矩阵 $\boldsymbol{A}$ 的主对角线上的元素为同一个数 λ，即 $a_{11}=a_{22}=\cdots=a_{nn}=\lambda$，则称矩阵 $\boldsymbol{A}$ 为**数量矩阵**.

(6) 若 n 阶数量矩阵的主对角线上的元素为 1，则称该矩阵为**单位矩阵**，记作 $\boldsymbol{E}$ 或 $\boldsymbol{E}_n$，即

$$\boldsymbol{E}_n=\begin{pmatrix}1&&&\\&1&&\\&&\ddots&\\&&&1\end{pmatrix}$$

(7) 主对角线以下(上)元素全为零的 n 阶方阵称为**上(下)三角形矩阵**.

上三角形矩阵

$$\boldsymbol{A}=\begin{pmatrix}a_{11}&a_{12}&\cdots&a_{1n}\\0&a_{22}&\cdots&a_{2n}\\\vdots&\vdots&&\vdots\\0&0&\cdots&a_{nn}\end{pmatrix}$$

下三角形矩阵

$$\boldsymbol{A}=\begin{pmatrix}a_{11}&0&\cdots&0\\a_{21}&a_{22}&\cdots&0\\\vdots&\vdots&&\vdots\\a_{n1}&a_{n2}&\cdots&a_{nn}\end{pmatrix}$$

1.2　矩阵的运算

我们可对数进行加、减、乘、除四则运算. 由 1.1 节矩阵的概念可知数是矩阵的特例. 关于数的四则运算是否可以推广到矩阵呢？答案是肯定的. 在本节中，将先介绍矩阵的加法、减法、数乘和乘法，最后介绍矩阵的转置和共轭.

1.2.1　矩阵的加法运算

为了定义矩阵的加法运算，先介绍同型矩阵.

若矩阵 $\boldsymbol{A}_{m\times s},\boldsymbol{B}_{r\times n}$ 的行数和列数分别相等，即 $m=r,s=n$，则称矩阵 $\boldsymbol{A}$ 与矩阵 $\boldsymbol{B}$ 为**同型矩阵**.

若同型矩阵 $\boldsymbol{A}=(a_{ij})_{m\times n}, \boldsymbol{B}=(b_{ij})_{m\times n}$ 满足

$$a_{ij}=b_{ij} \quad (i=1,2,\cdots,m; j=1,2,\cdots,n)$$

则称矩阵 $\boldsymbol{A}$ 与矩阵 $\boldsymbol{B}$ **相等**, 记作 $\boldsymbol{A}=\boldsymbol{B}$.

定义 1.2.1 设矩阵 $\boldsymbol{A}=(a_{ij})_{m\times n}$ 与矩阵 $\boldsymbol{B}=(b_{ij})_{m\times n}$ 为同型矩阵, 令 $\boldsymbol{C}=(a_{ij}+b_{ij})_{m\times n}$, 则称矩阵 $\boldsymbol{C}$ 为矩阵 $\boldsymbol{A}$ 与 $\boldsymbol{B}$ 的**和**, 记作 $\boldsymbol{C}=\boldsymbol{A}+\boldsymbol{B}$.

根据定义 1.2.1 可知, 矩阵的加法就是将它们的对应的元素相加, 显然, 只有同型矩阵才可以进行加法运算.

设矩阵 $\boldsymbol{A}=(a_{ij})_{m\times n}$, 称矩阵 $(-a_{ij})_{m\times n}$ 为 $\boldsymbol{A}$ 的**负矩阵**, 记作 $-\boldsymbol{A}$.

由定义 1.2.1 可以直接证明矩阵的加法满足下列运算性质.

性质 1.2.1 设矩阵 $\boldsymbol{A},\boldsymbol{B},\boldsymbol{C},\boldsymbol{O}$ 都是 $m\times n$ 矩阵, 则

(1) $\boldsymbol{A}+\boldsymbol{B}=\boldsymbol{B}+\boldsymbol{A}$;

(2) $(\boldsymbol{A}+\boldsymbol{B})+\boldsymbol{C}=\boldsymbol{A}+(\boldsymbol{B}+\boldsymbol{C})$;

(3) $\boldsymbol{A}+\boldsymbol{O}=\boldsymbol{O}+\boldsymbol{A}$;

(4) $\boldsymbol{A}+(-\boldsymbol{A})=\boldsymbol{O}$.

利用负矩阵, 可以定义矩阵的减法. 两个同型矩阵 $\boldsymbol{A}$ 与 $\boldsymbol{B}$ 的差为 $\boldsymbol{A}-\boldsymbol{B}=\boldsymbol{A}+(-\boldsymbol{B})$.

例 1.2.1 设 $\boldsymbol{A}=\begin{pmatrix}1&2&3\\-2&-4&-5\end{pmatrix}$, $\boldsymbol{B}=\begin{pmatrix}1&3&4\\3&6&7\end{pmatrix}$, 求 $\boldsymbol{A}-\boldsymbol{B}$.

解
$$\boldsymbol{A}-\boldsymbol{B}=\boldsymbol{A}+(-\boldsymbol{B})=\begin{pmatrix}1&2&3\\-2&-4&-5\end{pmatrix}+\begin{pmatrix}-1&-3&-4\\-3&-6&-7\end{pmatrix}=\begin{pmatrix}0&-1&-1\\-5&-10&-12\end{pmatrix}.$$

1.2.2 数与矩阵的乘法

定义 1.2.2 设 $\boldsymbol{A}=(a_{ij})_{m\times n}$ 是一个 $m\times n$ 矩阵, λ 是一个数, 则矩阵 $(\lambda a_{ij})_{m\times n}$ 称为**数与矩阵的乘积**, 简称矩阵的**数乘**, 记为 $\lambda\boldsymbol{A}$ 或 $\boldsymbol{A}\lambda$, 规定为

$$\lambda\boldsymbol{A}=\boldsymbol{A}\lambda=\begin{pmatrix}\lambda a_{11}&\lambda a_{12}&\cdots&\lambda a_{1n}\\\lambda a_{21}&\lambda a_{22}&\cdots&\lambda a_{2n}\\\vdots&\vdots&&\vdots\\\lambda a_{m1}&\lambda a_{m2}&\cdots&\lambda a_{mn}\end{pmatrix}$$

容易证明, 矩阵的数乘运算具有下列运算性质.

性质 1.2.2 设 $\boldsymbol{A},\boldsymbol{B}$ 为同型矩阵, λ,μ 为任意数, 则

(1) $1\boldsymbol{A}=\boldsymbol{A}$;

(2) $\lambda(\mu\boldsymbol{A})=(\lambda\mu)\boldsymbol{A}$;

(3) $\lambda(\boldsymbol{A}+\boldsymbol{B})=\lambda\boldsymbol{A}+\lambda\boldsymbol{B}$;

(4) $(\lambda+\mu)\boldsymbol{A}=\lambda\boldsymbol{A}+\mu\boldsymbol{A}$.

矩阵的加法和数乘统称为矩阵的**线性运算**.

例 1.2.2　设矩阵 $\boldsymbol{A}=\begin{pmatrix}-1 & 6\\ 3 & 4\end{pmatrix}$, $\boldsymbol{B}=\begin{pmatrix}4 & 3\\ 3 & 2\end{pmatrix}$, 有 $3\boldsymbol{X}+2\boldsymbol{A}=\boldsymbol{B}$, 求 $\boldsymbol{X}$.

解　由 $3\boldsymbol{X}+2\boldsymbol{A}=\boldsymbol{B}$ 得

$$3\boldsymbol{X}=\boldsymbol{B}-2\boldsymbol{A}=\begin{pmatrix}4 & 3\\ 3 & 2\end{pmatrix}-2\begin{pmatrix}-1 & 6\\ 3 & 4\end{pmatrix}=\begin{pmatrix}6 & -9\\ -3 & -6\end{pmatrix}$$

故

$$\boldsymbol{X}=\frac{1}{3}\begin{pmatrix}6 & -9\\ -3 & -6\end{pmatrix}=\begin{pmatrix}2 & -3\\ -1 & -2\end{pmatrix}$$

1.2.3　矩阵的乘法

定义 1.2.3　设矩阵 $\boldsymbol{A}=(a_{ij})_{m\times s}$, $\boldsymbol{B}=(b_{ij})_{s\times n}$, 那么规定**矩阵 $\boldsymbol{A}$ 与矩阵 $\boldsymbol{B}$ 的乘积**是 $\boldsymbol{C}=(c_{ij})_{m\times n}$, 其中

$$c_{ij}=a_{i1}b_{1j}+a_{i2}b_{2j}+\cdots+a_{is}b_{sj}=\sum_{k=1}^{s}a_{ik}b_{kj}\quad(i=1,2,\cdots,m;\ j=1,2,\cdots,n)$$

并将此乘积记作

$$\boldsymbol{C}=\boldsymbol{AB}$$

根据定义 1.2.3 可知, 矩阵 $\boldsymbol{A}$ 与 $\boldsymbol{B}$ 能进行乘法运算的条件是矩阵 $\boldsymbol{A}$ 的列数等于矩阵 $\boldsymbol{B}$ 的行数, 矩阵 $\boldsymbol{C}$ 的第 i 行第 j 列的元素等于矩阵 $\boldsymbol{A}$ 的第 i 行元素与矩阵 $\boldsymbol{B}$ 的第 j 列对应元素的乘积之和. 显然, 矩阵 $\boldsymbol{C}$ 的行数等于矩阵 $\boldsymbol{A}$ 的行数, 矩阵 $\boldsymbol{C}$ 的列数等于矩阵 $\boldsymbol{B}$ 的列数.

例 1.2.3　设 $\boldsymbol{A}=(1\quad 2)$, $\boldsymbol{B}=\begin{pmatrix}2\\ 1\end{pmatrix}$, 求 $\boldsymbol{AB}$ 和 $\boldsymbol{BA}$.

解　$\boldsymbol{AB}=(1\quad 2)\begin{pmatrix}2\\ 1\end{pmatrix}=4$, $\boldsymbol{BA}=\begin{pmatrix}2\\ 1\end{pmatrix}(1\quad 2)=\begin{pmatrix}2 & 4\\ 1 & 2\end{pmatrix}$.

例 1.2.4　设 $\boldsymbol{A}=\begin{pmatrix}1 & 0\\ -1 & 0\end{pmatrix}$, $\boldsymbol{B}=\begin{pmatrix}2 & 2\\ 1 & 1\end{pmatrix}$, $\boldsymbol{C}=\begin{pmatrix}0 & 0\\ 0 & 0\end{pmatrix}$, 求 $\boldsymbol{AB}$, $\boldsymbol{BA}$ 和 $\boldsymbol{BC}$.

解　$\boldsymbol{AB}=\begin{pmatrix}1 & 0\\ -1 & 0\end{pmatrix}\begin{pmatrix}2 & 2\\ 1 & 1\end{pmatrix}=\begin{pmatrix}2 & 2\\ -2 & -2\end{pmatrix}$,

$\boldsymbol{BA}=\begin{pmatrix}2 & 2\\ 1 & 1\end{pmatrix}\begin{pmatrix}1 & 0\\ -1 & 0\end{pmatrix}=\begin{pmatrix}0 & 0\\ 0 & 0\end{pmatrix}$,

$\boldsymbol{BC}=\begin{pmatrix}2 & 2\\ 1 & 1\end{pmatrix}\begin{pmatrix}0 & 0\\ 0 & 0\end{pmatrix}=\begin{pmatrix}0 & 0\\ 0 & 0\end{pmatrix}$.

例 1.2.5　计算下列矩阵的乘积

$$\begin{pmatrix} x_1 & x_2 & x_3 \end{pmatrix}\begin{pmatrix} a_{11} & a_{12} & a_{13} \\ a_{21} & a_{22} & a_{23} \\ a_{31} & a_{32} & a_{33} \end{pmatrix}\begin{pmatrix} x_1 \\ x_2 \\ x_3 \end{pmatrix}$$

解

$$\begin{aligned}
&\begin{pmatrix} x_1 & x_2 & x_3 \end{pmatrix}\begin{pmatrix} a_{11} & a_{12} & a_{13} \\ a_{21} & a_{22} & a_{23} \\ a_{31} & a_{32} & a_{33} \end{pmatrix}\begin{pmatrix} x_1 \\ x_2 \\ x_3 \end{pmatrix}\\
&=\begin{pmatrix} a_{11}x_1+a_{21}x_2+a_{31}x_3 & a_{12}x_1+a_{22}x_2+a_{32}x_3 & a_{13}x_1+a_{23}x_2+a_{33}x_3 \end{pmatrix}\begin{pmatrix} x_1 \\ x_2 \\ x_3 \end{pmatrix}\\
&=(a_{11}x_1+a_{21}x_2+a_{31}x_3)x_1+(a_{12}x_1+a_{22}x_2+a_{32}x_3)x_2+(a_{13}x_1+a_{23}x_2+a_{33}x_3)x_3\\
&=a_{11}x_1^2+a_{22}x_2^2+a_{33}x_3^2+(a_{12}+a_{21})x_1x_2+(a_{13}+a_{31})x_1x_3+(a_{23}+a_{32})x_2x_3
\end{aligned}$$

注 1.2.1 由例 1.2.4 可见以下几点.

(1) 矩阵的乘法一般不满足交换律, 即 $\boldsymbol{AB}\neq\boldsymbol{BA}$. 所以在进行矩阵乘法时, 一定要注意它们的相乘次序. 当 $\boldsymbol{AB}=\boldsymbol{BA}$ 时, 则称**矩阵 $\boldsymbol{A}$ 与 $\boldsymbol{B}$ 可交换**, 如 n 阶单位矩阵与任意 n 阶方阵可交换, 即 $\boldsymbol{EA}=\boldsymbol{AE}=\boldsymbol{A}$; 两个 n 阶对角矩阵可交换, 即

$$\operatorname{diag}(a_{11},a_{22},\cdots,a_{nn})\operatorname{diag}(b_{11},b_{22},\cdots,b_{nn})=\operatorname{diag}(b_{11},b_{22},\cdots,b_{nn})\operatorname{diag}(a_{11},a_{22},\cdots,a_{nn})$$

(2) 两个非零矩阵的乘积可能为零. 因此, 一般情况下, 当 $\boldsymbol{AB}=\boldsymbol{O}$ 时, 不能推出 $\boldsymbol{A}=\boldsymbol{O}$ 或 $\boldsymbol{B}=\boldsymbol{O}$.

(3) 消去律一般不成立, 如例 1.2.4, 即当 $\boldsymbol{B}\neq\boldsymbol{O}$ 时, 由 $\boldsymbol{BA}=\boldsymbol{BC}$ 不能推出 $\boldsymbol{A}=\boldsymbol{C}$.

根据矩阵乘法的定义, 可以验证矩阵乘法满足下列运算规律:

① 结合律: $(\boldsymbol{AB})\boldsymbol{C}=\boldsymbol{A}(\boldsymbol{BC})$;

② 数乘结合律: $\lambda(\boldsymbol{AB})=(\lambda\boldsymbol{A})\boldsymbol{B}=\boldsymbol{A}(\lambda\boldsymbol{B})$, λ 为数;

③ 分配律: $\boldsymbol{A}(\boldsymbol{B}+\boldsymbol{C})=\boldsymbol{AB}+\boldsymbol{AC}$, $(\boldsymbol{B}+\boldsymbol{C})\boldsymbol{A}=\boldsymbol{BA}+\boldsymbol{CA}$.

(请读者自行验证)

由于矩阵乘法满足结合律, 可以定义方阵的幂和方阵的多项式.

定义 1.2.4 设 $\boldsymbol{A}$ 是 n 阶方阵, k 是正整数, 令

$$\begin{cases} \boldsymbol{A}^1=\boldsymbol{A} \\ \boldsymbol{A}^{k+1}=\boldsymbol{A}^k\boldsymbol{A} \quad (k=1,2,\cdots) \end{cases}$$

由定义可证明: 当 k,l 为正整数时, $\boldsymbol{A}^k\boldsymbol{A}^l=\boldsymbol{A}^{k+l},(\boldsymbol{A}^k)^l=\boldsymbol{A}^{kl}$. 由于矩阵乘法一般不满足交换律, 所以要注意, 一般 $(\boldsymbol{AB})^l\neq\boldsymbol{A}^l\boldsymbol{B}^l$. 当 $\boldsymbol{AB}=\boldsymbol{BA}$ 时, $(\boldsymbol{AB})^l=\boldsymbol{A}^l\boldsymbol{B}^l=\boldsymbol{B}^l\boldsymbol{A}^l$, 但其逆不真.

n 个变量 $x_1,x_2,\cdots,x_n$ 与 m 个变量 $y_1,y_2,\cdots,y_m$ 之间的线性关系式

$$\begin{cases} y_1 = a_{11}x_1 + a_{12}x_2 + \cdots + a_{1n}x_n \\ y_2 = a_{21}x_1 + a_{22}x_2 + \cdots + a_{2n}x_n \\ \qquad\cdots\cdots \\ y_m = a_{m1}x_1 + a_{m2}x_2 + \cdots + a_{mn}x_n \end{cases}$$

称为从变量 $x_1, x_2, \cdots, x_n$ 到变量 $y_1, y_2, \cdots, y_m$ 的**线性变换**, 其中 a_{ij} 为常数, 可以看出, 上述变换可写为 $\boldsymbol{y} = \boldsymbol{Ax}$, 其中

$$\boldsymbol{A} = \begin{pmatrix} a_{11} & a_{12} & \cdots & a_{1n} \\ a_{21} & a_{22} & \cdots & a_{2n} \\ \vdots & \vdots & & \vdots \\ a_{m1} & a_{m2} & \cdots & a_{mn} \end{pmatrix}, \quad \boldsymbol{x} = \begin{pmatrix} x_1 \\ x_2 \\ \vdots \\ x_n \end{pmatrix}, \quad \boldsymbol{y} = \begin{pmatrix} y_1 \\ y_2 \\ \vdots \\ y_m \end{pmatrix}$$

当 $\boldsymbol{A} = \boldsymbol{E}_n$ 时, $\boldsymbol{y} = \boldsymbol{Ax} = \boldsymbol{x}$ 为**恒等变换**.

例 1.2.6 设 $\boldsymbol{A} = \begin{pmatrix} \lambda & 1 & 0 \\ 0 & \lambda & 1 \\ 0 & 0 & \lambda \end{pmatrix}$, 求 $\boldsymbol{A}^k$.

解

$$\boldsymbol{A}^2 = \begin{pmatrix} \lambda & 1 & 0 \\ 0 & \lambda & 1 \\ 0 & 0 & \lambda \end{pmatrix}\begin{pmatrix} \lambda & 1 & 0 \\ 0 & \lambda & 1 \\ 0 & 0 & \lambda \end{pmatrix} = \begin{pmatrix} \lambda^2 & 2\lambda & 1 \\ 0 & \lambda^2 & 2\lambda \\ 0 & 0 & \lambda^2 \end{pmatrix}$$

$$\boldsymbol{A}^3 = \boldsymbol{A}^2\boldsymbol{A} = \begin{pmatrix} \lambda^2 & 2\lambda & 1 \\ 0 & \lambda^2 & 2\lambda \\ 0 & 0 & \lambda^2 \end{pmatrix}\begin{pmatrix} \lambda & 1 & 0 \\ 0 & \lambda & 1 \\ 0 & 0 & \lambda \end{pmatrix} = \begin{pmatrix} \lambda^3 & 3\lambda^2 & 3\lambda \\ 0 & \lambda^3 & 3\lambda^2 \\ 0 & 0 & \lambda^3 \end{pmatrix}$$

通过 $\boldsymbol{A}$, $\boldsymbol{A}^2$, $\boldsymbol{A}^3$ 归纳出 $\boldsymbol{A}^k$, 假设 $\boldsymbol{A}^k$ 的第一行第三列的元素为 $f(k)\lambda^{k-2}$, 其中 $f(k) = ak^2 + bk + c$, 那么有

$$f(1) = 0, \quad f(2) = 1, \quad f(3) = 3$$

解上面关于 a,b,c 的线性方程组, 得 $a = \dfrac{1}{2}, b = -\dfrac{1}{2}, c = 0$. 由此归纳出

$$\boldsymbol{A}^k = \begin{pmatrix} \lambda^k & k\lambda^{k-1} & \dfrac{k(k-1)}{2}\lambda^{k-2} \\ 0 & \lambda^k & k\lambda^{k-1} \\ 0 & 0 & \lambda^k \end{pmatrix} \quad (k \geqslant 2)$$

用数学归纳法证明. 当 $k = 2$ 时, 显然成立.

假设, 当 $k = n$ 时结论成立, 对 $k = n+1$ 时,

$$A^{n+1}=A^nA=\begin{pmatrix}\lambda^n & n\lambda^{n-1} & \frac{n(n-1)}{2}\lambda^{n-2}\\ 0 & \lambda^n & n\lambda^{n-1}\\ 0 & 0 & \lambda^n\end{pmatrix}\begin{pmatrix}\lambda & 1 & 0\\ 0 & \lambda & 1\\ 0 & 0 & \lambda\end{pmatrix}$$

$$=\begin{pmatrix}\lambda^{n+1} & (n+1)\lambda^n & \frac{(n+1)n}{2}\lambda^{n-1}\\ 0 & \lambda^{n+1} & (n+1)\lambda^n\\ 0 & 0 & \lambda^{n+1}\end{pmatrix}$$

所以对于任意的k，则有

$$A^k=\begin{pmatrix}\lambda^k & k\lambda^{k-1} & \frac{k(k-1)}{2}\lambda^{k-2}\\ 0 & \lambda^k & k\lambda^{k-1}\\ 0 & 0 & \lambda^k\end{pmatrix}$$

定义 1.2.5　设$f(x)=a_mx^m+a_{m-1}x^{m-1}+\cdots+a_1x+a_0$是$x$的$m$次多项式，$A$是$n$阶方阵，则称

$$f(A)=a_mA^m+a_{m-1}A^{m-1}+\cdots+a_1A+a_0E$$

为方阵A的m次多项式.

例 1.2.7　设$A=(1,\ 0,\ 1)$，$B=\begin{pmatrix}1\\2\\1\end{pmatrix}$，$f(x)=x^3+x^2+2$，求$(BA)^n$，$f(BA)$.

解　$AB=2$，$BA=\begin{pmatrix}1 & 0 & 1\\ 2 & 0 & 2\\ 1 & 0 & 1\end{pmatrix}$，则

$$(BA)^n=(BA)(BA)\cdots(BA)=B(AB)(AB)\cdots A$$

$$=B(AB)^{n-1}A=B2^{n-1}A=2^{n-1}BA=\begin{pmatrix}2^{n-1} & 0 & 2^{n-1}\\ 2^n & 0 & 2^n\\ 2^{n-1} & 0 & 2^{n-1}\end{pmatrix}$$

$$f(BA)=(BA)^3+(BA)^2+2E=6BA+2E=\begin{pmatrix}8 & 0 & 6\\ 12 & 2 & 12\\ 6 & 0 & 8\end{pmatrix}$$

1.2.4 矩阵的转置

定义 1.2.6 把矩阵 $\boldsymbol{A}=(a_{ij})_{m\times n}$ 的行换成同序数的列得到一个新矩阵, 叫作矩阵 $\boldsymbol{A}$ 的**转置矩阵**, 记作 $\boldsymbol{A}^{\mathrm{T}}$, 即

$$\boldsymbol{A}=\begin{pmatrix} a_{11} & a_{12} & \cdots & a_{1n} \\ a_{21} & a_{22} & \cdots & a_{2n} \\ \vdots & \vdots & & \vdots \\ a_{m1} & a_{m2} & \cdots & a_{mn} \end{pmatrix}$$

则

$$\boldsymbol{A}^{\mathrm{T}}=\begin{pmatrix} a_{11} & a_{21} & \cdots & a_{m1} \\ a_{12} & a_{22} & \cdots & a_{m2} \\ \vdots & \vdots & & \vdots \\ a_{1n} & a_{2n} & \cdots & a_{mn} \end{pmatrix}$$

例如，矩阵 $\boldsymbol{A}=\begin{pmatrix} 1 & 3 & 4 \\ 2 & 5 & 6 \end{pmatrix}$ 的转置矩阵 $\boldsymbol{A}^{\mathrm{T}}=\begin{pmatrix} 1 & 2 \\ 3 & 5 \\ 4 & 6 \end{pmatrix}$.

性质 1.2.3 矩阵的转置运算满足以下运算规律:

(1) $(\boldsymbol{A}^{\mathrm{T}})^{\mathrm{T}}=\boldsymbol{A}$;

(2) $(\boldsymbol{A}+\boldsymbol{B})^{\mathrm{T}}=\boldsymbol{A}^{\mathrm{T}}+\boldsymbol{B}^{\mathrm{T}}$;

(3) $(\lambda\boldsymbol{A})^{\mathrm{T}}=\lambda\boldsymbol{A}^{\mathrm{T}}$，$\lambda$ 为数;

(4) $(\boldsymbol{AB})^{\mathrm{T}}=\boldsymbol{B}^{\mathrm{T}}\boldsymbol{A}^{\mathrm{T}}$.

证 在此只证明(4), (1)～(3)留给读者自行证明.

设 $\boldsymbol{A}=(a_{ij})_{m\times s}$，$\boldsymbol{B}=(b_{ij})_{s\times n}$ 则 $\boldsymbol{AB}$ 是 $m\times n$ 矩阵，$(\boldsymbol{AB})^{\mathrm{T}}$ 是 $n\times m$ 矩阵，$\boldsymbol{B}^{\mathrm{T}}\boldsymbol{A}^{\mathrm{T}}$ 是 $n\times m$ 矩阵. 令

$$(\boldsymbol{AB})^{\mathrm{T}}=\boldsymbol{C}=(c_{ij})_{n\times m},\qquad \boldsymbol{B}^{\mathrm{T}}\boldsymbol{A}^{\mathrm{T}}=\boldsymbol{D}=(d_{ij})_{n\times m}$$

矩阵 $\boldsymbol{C}$ 的第 i 行第 j 列的元素为矩阵 $\boldsymbol{AB}$ 第 j 行第 i 列的元素，即

$$c_{ij}=\sum_{k=1}^{s}a_{jk}b_{ki}=\sum_{k=1}^{s}b_{ki}a_{jk}$$

矩阵 $\boldsymbol{B}^{\mathrm{T}}$ 第 i 行的元素为 $b_{ki}\ (k=1,2,\cdots,s)$，矩阵 $\boldsymbol{A}^{\mathrm{T}}$ 第 j 列的元素为 $a_{jk}\ (k=1,2,\cdots,s)$，则矩阵 $\boldsymbol{B}^{\mathrm{T}}\boldsymbol{A}^{\mathrm{T}}$ 第 i 行第 j 列的元素为 $d_{ij}=\sum\limits_{k=1}^{s}b_{ki}a_{jk}$.

由上述分析可得 $d_{ij}=c_{ij}$，因此 $(\boldsymbol{AB})^{\mathrm{T}}=\boldsymbol{B}^{\mathrm{T}}\boldsymbol{A}^{\mathrm{T}}$.

定义 1.2.7 若 $\boldsymbol{A}^{\mathrm{T}}=\boldsymbol{A}$，则称 $\boldsymbol{A}$ 为**对称矩阵**; 若 $\boldsymbol{A}^{\mathrm{T}}=-\boldsymbol{A}$，则称 $\boldsymbol{A}$ 为**反对称矩阵**.

显然, 对称矩阵和反对称矩阵都是方阵, 对称矩阵关于主对角线对称, 反对称矩阵主

对角线上的元素为零. 例如, $\boldsymbol{A}=\begin{pmatrix}1&0\\0&1\end{pmatrix}$为对称矩阵, $\boldsymbol{B}=\begin{pmatrix}0&-1&-2\\1&0&-3\\2&3&0\end{pmatrix}$为反对称矩阵.

例 1.2.8　设 $\boldsymbol{A}$, $\boldsymbol{B}$ 为同阶方阵, $\boldsymbol{A}$ 为反对称矩阵, $\boldsymbol{B}$ 为对称矩阵, 则 $\boldsymbol{AB}-\boldsymbol{BA}$ 为对称矩阵.

证

$$\begin{aligned}(\boldsymbol{AB}-\boldsymbol{BA})^{\mathrm{T}}&=(\boldsymbol{AB})^{\mathrm{T}}-(\boldsymbol{BA})^{\mathrm{T}}=\boldsymbol{B}^{\mathrm{T}}\boldsymbol{A}^{\mathrm{T}}-\boldsymbol{A}^{\mathrm{T}}\boldsymbol{B}^{\mathrm{T}}\\&=\boldsymbol{B}(-\boldsymbol{A})-(-\boldsymbol{A})\boldsymbol{B}=\boldsymbol{AB}-\boldsymbol{BA}\end{aligned}$$

即 $\boldsymbol{AB}-\boldsymbol{BA}$ 为对称矩阵.

例 1.2.9　证明任一 n 阶方阵 $\boldsymbol{A}$ 都可表示成一个对称矩阵与一个反对称矩阵之和.

证　设 $\boldsymbol{A}$ 可以分解为一个对称矩阵 $\boldsymbol{B}$ 与一个反对称矩阵 $\boldsymbol{C}$ 之和, 则 $\boldsymbol{A}=\boldsymbol{B}+\boldsymbol{C}$, 且 $\boldsymbol{B}^{\mathrm{T}}=\boldsymbol{B},\boldsymbol{C}^{\mathrm{T}}=-\boldsymbol{C}$.

因为 $\boldsymbol{A}^{\mathrm{T}}=(\boldsymbol{B}+\boldsymbol{C})^{\mathrm{T}}=\boldsymbol{B}^{\mathrm{T}}+\boldsymbol{C}^{\mathrm{T}}=\boldsymbol{B}-\boldsymbol{C}$, 所以有

$$\boldsymbol{B}=\frac{1}{2}(\boldsymbol{A}+\boldsymbol{A}^{\mathrm{T}}),\qquad \boldsymbol{C}=\frac{1}{2}(\boldsymbol{A}-\boldsymbol{A}^{\mathrm{T}})$$

故 $\boldsymbol{A}=\boldsymbol{B}+\boldsymbol{C}$ 有解, 所以原命题成立.

1.2.5　共轭矩阵

定义 1.2.8　当 $\boldsymbol{A}=(a_{ij})$ 为复矩阵时, 用 $\overline{a_{ij}}$ 表示 a_{ij} 的共轭复数, 记 $\overline{\boldsymbol{A}}=(\overline{a_{ij}})$, 称 $\overline{\boldsymbol{A}}$ 为 $\boldsymbol{A}$ 的共轭矩阵.

设 $\boldsymbol{A}$, $\boldsymbol{B}$ 为复矩阵, λ 为复数, 且运算都是可行的, 则可得下述共轭矩阵的运算性质.

(1) $\overline{\boldsymbol{A}+\boldsymbol{B}}=\overline{\boldsymbol{A}}+\overline{\boldsymbol{B}}$;

(2) $\overline{\lambda\boldsymbol{A}}=\overline{\lambda}\overline{\boldsymbol{A}}$;

(3) $\overline{\boldsymbol{AB}}=\overline{\boldsymbol{A}}\overline{\boldsymbol{B}}$.

1.3　分 块 矩 阵

1.3.1　分块矩阵的概念

在理论研究及实际问题中, 经常会遇到阶数很高或结构特殊的矩阵. 为了便于计算或推理, 将所讨论的矩阵“分割”成一些低阶的矩阵, 用一些纵线和横线把大矩阵 $\boldsymbol{A}$ 分成多个小矩阵. 每个小矩阵称为矩阵 $\boldsymbol{A}$ 的**子块**. 那么矩阵 $\boldsymbol{A}$ 可以表示为以这些子块为元素的形式上的矩阵, 即称为**分块矩阵**.

例如, 矩阵 $\boldsymbol{A}=\begin{pmatrix}1&0&0&1\\0&1&0&1\\2&4&6&9\\1&3&5&7\end{pmatrix}$ 可分成 $\boldsymbol{A}=\left(\begin{array}{ccc:c}1&0&0&1\\0&1&0&1\\\hdashline 2&4&6&9\\1&3&5&7\end{array}\right)=\begin{pmatrix}\boldsymbol{A}_{11}&\boldsymbol{A}_{12}\\\boldsymbol{A}_{21}&\boldsymbol{A}_{22}\end{pmatrix}$, 这里用一条横

线和一条纵线将矩阵分成四个子块, 这四个子块分别为

$$A_{11}=\begin{pmatrix}1&0&0\\0&1&0\end{pmatrix},\qquad A_{12}=\begin{pmatrix}1\\1\end{pmatrix}$$

$$A_{21}=\begin{pmatrix}2&4&6\\1&3&5\end{pmatrix},\qquad A_{22}=\begin{pmatrix}9\\7\end{pmatrix}$$

矩阵分块的形式多种多样, 根据实际具体需要而定. 常用的分块方法主要有以下三种.

(1) 按行分块. 把矩阵 $\boldsymbol{A}=(a_{ij})_{m\times n}$ 的每一行作为一个子块, 依次记为 $\boldsymbol{\alpha}_1,\cdots,\boldsymbol{\alpha}_m$, 得到分块矩阵

$$\boldsymbol{A}=\begin{pmatrix}\boldsymbol{\alpha}_1\\ \vdots\\ \boldsymbol{\alpha}_m\end{pmatrix}$$

其中: $\boldsymbol{\alpha}_i=(a_{i1},\cdots,a_{in})$ 称为矩阵的**行向量**.

(2) 按列分块. 把矩阵 $\boldsymbol{A}=(a_{ij})_{m\times n}$ 的每一列作为一个子块, 依次记为 $\boldsymbol{\beta}_1,\cdots,\boldsymbol{\beta}_n$, 得到分块矩阵

$$\boldsymbol{A}=(\boldsymbol{\beta}_1,\cdots,\boldsymbol{\beta}_n)$$

其中: $\boldsymbol{\beta}_j=\begin{pmatrix}a_{1j}\\ \vdots\\ a_{mj}\end{pmatrix}$ 称为矩阵的**列向量**.

(3) 若分块矩阵 $\boldsymbol{A}=\begin{pmatrix}\boldsymbol{A}_1&&\\&\ddots&\\&&\boldsymbol{A}_s\end{pmatrix}$ 中子块 $\boldsymbol{A}_i\ (i=1,2,\cdots,s)$ 均为方阵, 其余子块都为零矩阵, 则称该分块矩阵 $\boldsymbol{A}$ 为**分块对角矩阵**, 简记为 $\mathrm{diag}(\boldsymbol{A}_1,\cdots,\boldsymbol{A}_s)$. 需注意分块对角矩阵中主对角线上的各子块 $\boldsymbol{A}_i$ 的阶数可以互不相同.

1.3.2　分块矩阵的运算

下面介绍分块矩阵的运算.

(1) 分块矩阵的加法. 设矩阵 $\boldsymbol{A}$ 与 $\boldsymbol{B}$ 的行数相同、列数相同, 采用相同的分块法, 有

$$\boldsymbol{A}=\begin{pmatrix}\boldsymbol{A}_{11}&\cdots&\boldsymbol{A}_{1r}\\ \vdots&&\vdots\\ \boldsymbol{A}_{s1}&\cdots&\boldsymbol{A}_{sr}\end{pmatrix},\qquad \boldsymbol{B}=\begin{pmatrix}\boldsymbol{B}_{11}&\cdots&\boldsymbol{B}_{1r}\\ \vdots&&\vdots\\ \boldsymbol{B}_{s1}&\cdots&\boldsymbol{B}_{sr}\end{pmatrix}$$

其中: $\boldsymbol{A}_{ij}$ 和 $\boldsymbol{B}_{ij}$ 的行数、列数对应相等, 则

$$\boldsymbol{A}+\boldsymbol{B}=\begin{pmatrix}\boldsymbol{A}_{11}+\boldsymbol{B}_{11}&\cdots&\boldsymbol{A}_{1r}+\boldsymbol{B}_{1r}\\ \vdots&&\vdots\\ \boldsymbol{A}_{s1}+\boldsymbol{B}_{s1}&\cdots&\boldsymbol{A}_{sr}+\boldsymbol{B}_{sr}\end{pmatrix}$$

(2) 分块矩阵的数乘. 设分块矩阵 $\boldsymbol{A}=(\boldsymbol{A}_{ij})_{s\times r}$，$\lambda$ 是个数, 则分块矩阵的数乘为

$$\lambda\boldsymbol{A}=\begin{pmatrix}\lambda\boldsymbol{A}_{11} & \cdots & \lambda\boldsymbol{A}_{1r}\\ \vdots & & \vdots\\ \lambda\boldsymbol{A}_{s1} & \cdots & \lambda\boldsymbol{A}_{sr}\end{pmatrix}$$

(3) 分块矩阵的乘法. 设矩阵 $\boldsymbol{A}=(a_{ij})_{m\times l}$，$\boldsymbol{B}=(b_{ij})_{l\times n}$，记

$$\boldsymbol{A}=\begin{pmatrix}\boldsymbol{A}_{11} & \cdots & \boldsymbol{A}_{1t}\\ \vdots & & \vdots\\ \boldsymbol{A}_{s1} & \cdots & \boldsymbol{A}_{st}\end{pmatrix},\qquad \boldsymbol{B}=\begin{pmatrix}\boldsymbol{B}_{11} & \cdots & \boldsymbol{B}_{1r}\\ \vdots & & \vdots\\ \boldsymbol{B}_{t1} & \cdots & \boldsymbol{B}_{tr}\end{pmatrix}$$

其中: $\boldsymbol{A}_{i1},\boldsymbol{A}_{i2},\cdots,\boldsymbol{A}_{it}$ 的列数分别等于 $\boldsymbol{B}_{1j},\boldsymbol{B}_{2j},\cdots,\boldsymbol{B}_{tj}$ 的行数, 那么

$$\boldsymbol{AB}=\begin{pmatrix}\boldsymbol{C}_{11} & \cdots & \boldsymbol{C}_{1r}\\ \vdots & & \vdots\\ \boldsymbol{C}_{s1} & \cdots & \boldsymbol{C}_{sr}\end{pmatrix}$$

其中

$$\boldsymbol{C}_{ij}=\boldsymbol{A}_{i1}\boldsymbol{B}_{1j}+\boldsymbol{A}_{i2}\boldsymbol{B}_{2j}+\cdots+\boldsymbol{A}_{it}\boldsymbol{B}_{tj}=\sum_{k=1}^{t}\boldsymbol{A}_{ik}\boldsymbol{B}_{kj}\quad(i=1,2,\cdots,s;j=1,2,\cdots,r)$$

例 1.3.1　对于 n 元线性方程组 $\begin{cases}a_{11}x_1+a_{12}x_2+\cdots+a_{1n}x_n=b_1\\ a_{21}x_1+a_{22}x_2+\cdots+a_{2n}x_n=b_2\\ \quad\cdots\cdots\\ a_{m1}x_1+a_{m2}x_2+\cdots+a_{mn}x_n=b_m\end{cases}$.

若令

$$\boldsymbol{A}=\begin{pmatrix}a_{11} & a_{12} & \cdots & a_{1n}\\ a_{21} & a_{22} & \cdots & a_{2n}\\ \vdots & \vdots & & \vdots\\ a_{m1} & a_{m2} & \cdots & a_{mn}\end{pmatrix},\quad \boldsymbol{x}=\begin{pmatrix}x_1\\ x_2\\ \vdots\\ x_n\end{pmatrix},\quad \boldsymbol{b}=\begin{pmatrix}b_1\\ b_2\\ \vdots\\ b_m\end{pmatrix}$$

其中: $\boldsymbol{A}$ 为该方程组的系数矩阵; $\boldsymbol{x}$ 为未知数矩阵; $\boldsymbol{b}$ 为常数项矩阵. 利用矩阵乘法, 可将方程组表示为

$$\boldsymbol{Ax}=\boldsymbol{b}$$

若将 $\boldsymbol{A}$ 按列分为 n 个子块, 即 $\boldsymbol{A}=(\boldsymbol{\alpha}_1,\boldsymbol{\alpha}_2,\cdots\boldsymbol{\alpha}_n)$，其中

$$\boldsymbol{\alpha}_j=\begin{pmatrix}a_{1j}\\ a_{2j}\\ \vdots\\ a_{mj}\end{pmatrix}\quad(j=1,2,\cdots,n)$$

为方程组中第 j 个未知数 x_j 的系数; 将 $\boldsymbol{x}$ 按行分为 n 个子块, 即

$$x = \begin{pmatrix} x_1 \\ x_2 \\ \vdots \\ x_n \end{pmatrix}$$

则由分块矩阵乘法, 有

$$Ax = b \Leftrightarrow (\alpha_1, \alpha_2, \cdots, \alpha_n)\begin{pmatrix} x_1 \\ x_2 \\ \vdots \\ x_n \end{pmatrix} = b \Leftrightarrow x_1\alpha_1 + x_2\alpha_2 + \cdots + x_n\alpha_n = b$$

(4) 分块矩阵的转置. 分块矩阵转置时, 不但需要将行列互换, 而且行列互换后的各个子块都应转置. 设矩阵 $A_{m\times n}$ 的分块方式为

$$A = \begin{pmatrix} A_{11} & A_{12} & \cdots & A_{1r} \\ A_{21} & A_{22} & \cdots & A_{2r} \\ \vdots & \vdots & & \vdots \\ A_{s1} & A_{s2} & \cdots & A_{sr} \end{pmatrix}$$

则 A 的转置矩阵为

$$A^{\mathrm{T}} = \begin{pmatrix} A_{11}^{\mathrm{T}} & A_{21}^{\mathrm{T}} & \cdots & A_{s1}^{\mathrm{T}} \\ A_{12}^{\mathrm{T}} & A_{22}^{\mathrm{T}} & \cdots & A_{s2}^{\mathrm{T}} \\ \vdots & \vdots & & \vdots \\ A_{1r}^{\mathrm{T}} & A_{2r}^{\mathrm{T}} & \cdots & A_{sr}^{\mathrm{T}} \end{pmatrix}$$

例 1.3.2 设 $A = \begin{pmatrix} 1 & 0 & 0 & 0 \\ 0 & 1 & 0 & 0 \\ -1 & 2 & 1 & 0 \\ 1 & 1 & 0 & 1 \end{pmatrix}$, $B = \begin{pmatrix} 1 & 0 & 0 & 0 \\ -1 & 2 & 0 & 0 \\ 1 & 0 & 1 & 0 \\ -1 & -1 & 0 & 1 \end{pmatrix}$, 求 AB.

解 将矩阵 A, B 进行分块为

$$A = \begin{pmatrix} E_2 & O_2 \\ A_{21} & E_2 \end{pmatrix}, \qquad B = \begin{pmatrix} B_{11} & O_2 \\ B_{21} & E_2 \end{pmatrix}$$

其中

$$E_2 = \begin{pmatrix} 1 & 0 \\ 0 & 1 \end{pmatrix}, \ O_2 = \begin{pmatrix} 0 & 0 \\ 0 & 0 \end{pmatrix}, \ A_{21} = \begin{pmatrix} -1 & 2 \\ 1 & 1 \end{pmatrix}, \ B_{11} = \begin{pmatrix} 1 & 0 \\ -1 & 2 \end{pmatrix}, \ B_{21} = \begin{pmatrix} 1 & 0 \\ -1 & -1 \end{pmatrix}$$

则

$$AB = \begin{pmatrix} E_2 & O_2 \\ A_{21} & E_2 \end{pmatrix}\begin{pmatrix} B_{11} & O_2 \\ B_{21} & E_2 \end{pmatrix} = \begin{pmatrix} B_{11} & O_2 \\ A_{21}B_{11} + B_{21} & E_2 \end{pmatrix}$$

其中: $A_{21}B_{11} + B_{21} = \begin{pmatrix} -1 & 2 \\ 1 & 1 \end{pmatrix}\begin{pmatrix} 1 & 0 \\ -1 & 2 \end{pmatrix} + \begin{pmatrix} 1 & 0 \\ -1 & -1 \end{pmatrix} = \begin{pmatrix} -2 & 4 \\ -1 & 1 \end{pmatrix}$, 于是可得

$$AB = \begin{pmatrix} 1 & 0 & 0 & 0 \\ -1 & 2 & 0 & 0 \\ -2 & 4 & 1 & 0 \\ -1 & 1 & 0 & 1 \end{pmatrix}$$

注意, 上述例题利用分块矩阵乘法算出来的结果与直接根据矩阵乘法的定义算出来的结果是一致的, 但采用分块矩阵乘法运算更简便一些.

1.4 矩阵的初等变换与初等矩阵

1.4.1 矩阵的初等变换

为了引入矩阵的初等变换, 先来分析利用消元法求二元线性方程组的解, 在第 2 章会进一步介绍消元法.

例 1.4.1 求解线性方程组 $\begin{cases} 2x_1 + \ \ x_2 = 4, & (1.4.1\text{a}) \\ 2x_1 + 2x_2 = 6. & (1.4.1\text{b}) \end{cases}$

解 将式(1.4.1b)两边同除以 2, 得

$$\begin{cases} 2x_1 + x_2 = 4 & (1.4.2\text{a}) \\ \ \ x_1 + x_2 = 3 & (1.4.2\text{b}) \end{cases}$$

并将式(1.4.2a)和式(1.4.2b)交换, 得

$$\begin{cases} \ \ x_1 + x_2 = 3 & (1.4.3\text{a}) \\ 2x_1 + x_2 = 4 & (1.4.3\text{b}) \end{cases}$$

将式(1.4.3b)减去式(1.4.3a)的 2 倍, 得

$$\begin{cases} x_1 + x_2 = 3 & (1.4.4\text{a}) \\ \quad\ \ - x_2 = -2 & (1.4.4\text{b}) \end{cases}$$

将式(1.4.4b)加到式(1.4.4a), 则

$$\begin{cases} x_1 \qquad = 1 & (1.4.5\text{a}) \\ \quad -x_2 = -2 & (1.4.5\text{b}) \end{cases}$$

最后将式(1.4.5b)两边同乘(–1), 得

$$\begin{cases} x_1 = 1 \\ x_2 = 2 \end{cases}$$

这就是经典的高斯(Gauss)消元法的过程. 由于例 1.4.1 方程组对应一个矩阵

$$A = \left(\begin{array}{cc:c} 2 & 1 & 4 \\ 2 & 2 & 6 \end{array}\right)$$

这里虚线左边对应该方程组的未知数的系数, 虚线右边对应该方程组的常数项.

用 $r_i \leftrightarrow r_j$ 表示交换第 i 行和第 j 行; kr_i 或 $r_i \times k$ 表示第 i 行乘以非零数 k; $r_i + kr_j$ 表示将第 j 行的每个元素的 k 倍加到第 i 行对应元素上; $r_i \div k$ 表示第 i 行除以非零数 k.

于是, 上述消元法求解过程可以用矩阵表示为

$$A=\left(\begin{array}{cc|c}2&1&4\\2&2&6\end{array}\right)\xrightarrow{r_2\div 2}\left(\begin{array}{cc|c}2&1&4\\1&1&3\end{array}\right)\xrightarrow{r_1\leftrightarrow r_2}\left(\begin{array}{cc|c}1&1&3\\2&1&4\end{array}\right)$$
$$\xrightarrow{r_2-2r_1}\left(\begin{array}{cc|c}1&1&3\\0&-1&-2\end{array}\right)\xrightarrow{r_1+r_2}\left(\begin{array}{cc|c}1&0&1\\0&-1&-2\end{array}\right)\xrightarrow{-r_2}\left(\begin{array}{cc|c}1&0&1\\0&1&2\end{array}\right)$$

本书后续章节还会对矩阵的列作类似操作.

定义 1.4.1　矩阵的下面三种变换称为矩阵的**初等行变换(初等列变换)**:

(1) 交换矩阵的第 i 行(列)与第 j 行(列), 记作 $r_i\leftrightarrow r_j$ ($c_i\leftrightarrow c_j$);

(2) 用一非零数 k 乘以矩阵的第 i 行(列), 记作 kr_i (kc_i);

(3) 把矩阵的第 j 行(列)乘以数 k 加到第 i 行(列), 记作 r_i+kr_j (c_i+kc_j).

初等行变换和初等列变换统称为**初等变换**.

注 1.4.1　从下面的变换过程可以看到矩阵的初等变换是可逆变换.

(1) $A\xrightarrow{r_i\leftrightarrow r_j}B\xrightarrow{r_i\leftrightarrow r_j}A$. $A\xrightarrow{c_i\leftrightarrow c_j}B\xrightarrow{c_i\leftrightarrow c_j}A$.

(2) $A\xrightarrow{kr_i}B\xrightarrow{\frac{1}{k}r_i}A$. $A\xrightarrow{kc_i}B\xrightarrow{\frac{1}{k}c_i}A$.

(3) $A\xrightarrow{r_i+kr_j}B\xrightarrow{r_i-kr_j}A$. $A\xrightarrow{c_i+kc_j}B\xrightarrow{c_i-kc_j}A$.

在矩阵理论中, 定义 1.4.2 和定义 1.4.3 是非常重要的, 在本书后续章节中都与它息息相关, 例如求线性方程组的解, 研究向量组的线性相关性.

定义 1.4.2　设矩阵 $A=(a_{ij})_{m\times n}$ 满足以下两个条件:

(1) 若矩阵有零行(每个元素都是零的行), 则零行都在所有非零行的下方;

(2) 每个非零行的非零首元(第一个不是零的元素)都出现在上一行非零首元的右边, 则称该矩阵 A 为**行阶梯形矩阵**.

例如, $\begin{pmatrix}1&0&2&-1\\0&2&5&7\\0&0&0&3\\0&0&0&0\end{pmatrix}$ 是行阶梯形矩阵, 而 $\begin{pmatrix}1&0&2&-1\\0&2&5&7\\0&2&2&4\\0&0&0&0\end{pmatrix}$ 不是行阶梯形矩阵.

一般地, 任何一个非零矩阵都可以经过有限次初等行变换化为行阶梯形矩阵.

定义 1.4.3　设矩阵 $A=(a_{ij})_{m\times n}$ 为行阶梯形矩阵, 且满足以下两个条件:

(1) 每个非零行的非零首元都为 1;

(2) 每个非零行的非零首元所在的列的其他元素都为零, 则称矩阵 A 为**行最简阶梯形矩阵**, 简称为**行最简形矩阵**.

例如, $\begin{pmatrix}1&0&2&3\\0&1&1&2\\0&0&0&0\end{pmatrix}$ 是行最简形矩阵, 而 $\begin{pmatrix}1&0&2&0\\0&1&1&0\\0&0&0&2\end{pmatrix}$ 不是行最简形矩阵.

容易证得任何一个矩阵都可经过有限次初等行变换化为行阶梯形矩阵, 再经过有限次初等行变换化为行最简形矩阵.

定义 1.4.4　如果矩阵 A 可以经过有限次初等变换化为矩阵 B , 那么称矩阵 A 与矩阵 B **等价**, 记作 $A\cong B$. 若使用的是行(列)初等变换, 则称矩阵 A 与矩阵 B **行(列)等价**.

矩阵之间的等价有下面的性质.

(1) 反身性: $\boldsymbol{A} \cong \boldsymbol{A}$.

(2) 对称性: 若 $\boldsymbol{A} \cong \boldsymbol{B}$, 则 $\boldsymbol{B} \cong \boldsymbol{A}$.

(3) 传递性: 若 $\boldsymbol{A} \cong \boldsymbol{B}$, $\boldsymbol{B} \cong \boldsymbol{C}$, 则 $\boldsymbol{A} \cong \boldsymbol{C}$.

这三个性质的证明比较简单，由读者自行完成.

例 1.4.2 用初等行变换将矩阵 $\boldsymbol{A}=\begin{pmatrix} 1 & 0 & 1 & 0 \\ -1 & 2 & 0 & 1 \\ -1 & 2 & 0 & 1 \\ -1 & 1 & 0 & 1 \end{pmatrix}$ 化为行最简形矩阵.

解 对 $\boldsymbol{A}$ 作初等变换得

$$\boldsymbol{A} \xrightarrow[r_4+r_1]{\substack{r_3-r_2 \\ r_2+r_1}} \begin{pmatrix} 1 & 0 & 1 & 0 \\ 0 & 2 & 1 & 1 \\ 0 & 0 & 0 & 0 \\ 0 & 1 & 1 & 1 \end{pmatrix} \xrightarrow[r_2 \leftrightarrow r_3]{r_3 \leftrightarrow r_4} \begin{pmatrix} 1 & 0 & 1 & 0 \\ 0 & 1 & 1 & 1 \\ 0 & 2 & 1 & 1 \\ 0 & 0 & 0 & 0 \end{pmatrix} \xrightarrow{r_3-2r_2} \begin{pmatrix} 1 & 0 & 1 & 0 \\ 0 & 1 & 1 & 1 \\ 0 & 0 & -1 & -1 \\ 0 & 0 & 0 & 0 \end{pmatrix} = \boldsymbol{B}$$

$$\boldsymbol{B} \xrightarrow{r_3\times(-1)} \begin{pmatrix} 1 & 0 & 1 & 0 \\ 0 & 1 & 1 & 1 \\ 0 & 0 & 1 & 1 \\ 0 & 0 & 0 & 0 \end{pmatrix} \xrightarrow[r_1-r_3]{r_2-r_3} \begin{pmatrix} 1 & 0 & 0 & -1 \\ 0 & 1 & 0 & 0 \\ 0 & 0 & 1 & 1 \\ 0 & 0 & 0 & 0 \end{pmatrix} = \boldsymbol{C}$$

这里 $\boldsymbol{B}$ 为行阶梯形矩阵, $\boldsymbol{C}$ 为行最简形矩阵.

行最简形矩阵再施以列初等变换, 可以变成一种形状更简单的矩阵. 例如, 再对 $\boldsymbol{C}$ 作初等列变换, 得

$$\boldsymbol{C} \xrightarrow[c_4-c_3]{c_4+c_1} \begin{pmatrix} 1 & 0 & 0 & 0 \\ 0 & 1 & 0 & 0 \\ 0 & 0 & 1 & 0 \\ 0 & 0 & 0 & 0 \end{pmatrix} = \boldsymbol{F}$$

矩阵 $\boldsymbol{F}$ 的特点是, 左上角是一个单位矩阵, 其他位置元素都是零. 矩阵 $\boldsymbol{F}$ 称为**矩阵 $\boldsymbol{A}$ 的标准形**. 显然, $\boldsymbol{A} \cong \boldsymbol{B} \cong \boldsymbol{C} \cong \boldsymbol{F}$.

任一个矩阵 $\boldsymbol{A}_{m\times n}$ 总可经过初等变换化为标准形

$$\boldsymbol{F}=\begin{pmatrix} \boldsymbol{E}_r & \boldsymbol{O} \\ \boldsymbol{O} & \boldsymbol{O} \end{pmatrix}_{m\times n}$$

其由 m, n, r 三个数唯一确定, 其中 r 是行阶梯形矩阵中非零行的行数.

所有与矩阵 $\boldsymbol{A}$ 等价的矩阵组成的一个集合, 称为一个等价类, 标准形 $\boldsymbol{F}$ 是这个等价类中最简单的矩阵.

1.4.2 初等矩阵

矩阵的初等变换是矩阵的一种最基本的运算, 它可以用一类特殊的矩阵表示, 而这类矩阵是通过对单位矩阵作初等变换得到的.

定义 1.4.5 单位矩阵经过一次初等变换得到的矩阵称为**初等矩阵**.

显然, 初等矩阵一定是方阵, 3 种初等变换对应着 3 种初等矩阵.

(1) 对调两行或两列. 将单位矩阵 $\boldsymbol{E}$ 中的第 i 行与第 j 行对调, 得到初等矩阵

$$\boldsymbol{E}(i,j)=\begin{pmatrix} 1 & & & & & & & & & \\ & \ddots & & & & & & & & \\ & & 1 & & & & & & & \\ & & & 0 & & \cdots & & 1 & & \\ & & & & 1 & & & & & \\ & & & \vdots & & \ddots & & \vdots & & \\ & & & & & & 1 & & & \\ & & & 1 & & \cdots & & 0 & & \\ & & & & & & & & 1 & \\ & & & & & & & & & \ddots \\ & & & & & & & & & & 1 \end{pmatrix}\begin{matrix} \\ \\ \\ \leftarrow 第i行 \\ \\ \\ \\ \leftarrow 第j行 \\ \\ \\ \\ \end{matrix}$$

其中, $\boldsymbol{E}(i,j)$ 也可以看成是将单位矩阵的第 i 列与第 j 列对调而得到的初等矩阵.

例如, 用三阶初等矩阵 $\boldsymbol{E}_3(1,2)$ 左乘矩阵 $\boldsymbol{A}=\begin{pmatrix} 1 & 2 \\ 3 & 4 \\ 5 & 6 \end{pmatrix}$, 得到

$$\boldsymbol{E}_3(1,2)\begin{pmatrix} 1 & 2 \\ 3 & 4 \\ 5 & 6 \end{pmatrix}=\begin{pmatrix} 3 & 4 \\ 1 & 2 \\ 5 & 6 \end{pmatrix}$$

其结果相当于对矩阵 $\boldsymbol{A}$ 施行第一种初等行变换, 即将 $\boldsymbol{A}$ 的第 1 行与第 2 行对调.

一般地, 若以 $\boldsymbol{E}_m(i,j)$ 左乘矩阵 $\boldsymbol{A}=(a_{ij})_{m\times n}$, 得

$$\boldsymbol{E}_m(i,j)\boldsymbol{A}=\begin{pmatrix} 1 & & & & & \\ & \ddots & & & & \\ & & 0 & & 1 & & \\ & & \vdots & \ddots & \vdots & & \\ & & 1 & & 0 & & \\ & & & & & \ddots & \\ & & & & & & 1 \end{pmatrix}\begin{pmatrix} a_{11} & a_{12} & \cdots & a_{1n} \\ \vdots & \vdots & & \vdots \\ a_{i1} & a_{i2} & \cdots & a_{in} \\ \vdots & \vdots & & \vdots \\ a_{j1} & a_{j2} & \cdots & a_{jn} \\ \vdots & \vdots & & \vdots \\ a_{m1} & a_{m2} & \cdots & a_{mn} \end{pmatrix}$$

$$=\begin{pmatrix} a_{11} & a_{12} & \cdots & a_{1n} \\ \vdots & \vdots & & \vdots \\ a_{j1} & a_{j2} & \cdots & a_{jn} \\ \vdots & \vdots & & \vdots \\ a_{i1} & a_{i2} & \cdots & a_{in} \\ \vdots & \vdots & & \vdots \\ a_{m1} & a_{m2} & \cdots & a_{mn} \end{pmatrix}$$

相当于对矩阵施行第一种初等行变换，即将 $\boldsymbol{A}$ 的第 i 行与第 j 行对调；若以 $\boldsymbol{E}_n(i,j)$ 右乘矩阵 $\boldsymbol{A}=(a_{ij})_{m\times n}$，得

$$\boldsymbol{A}\boldsymbol{E}_n(i,j)=\begin{pmatrix} a_{11} & \cdots & a_{1i} & \cdots & a_{1j} & \cdots & a_{1n} \\ \vdots & & \vdots & & \vdots & & \vdots \\ a_{i1} & \cdots & a_{ii} & \cdots & a_{ij} & \cdots & a_{in} \\ \vdots & & \vdots & & \vdots & & \vdots \\ a_{j1} & \cdots & a_{ji} & \cdots & a_{jj} & \cdots & a_{jn} \\ \vdots & & \vdots & & \vdots & & \vdots \\ a_{m1} & \cdots & a_{mi} & & a_{mj} & & a_{mn} \end{pmatrix}\begin{pmatrix} 1 & & & & & & \\ & \ddots & & & & & \\ & & 0 & & 1 & & \\ & & \vdots & \ddots & \vdots & & \\ & & 1 & & 0 & & \\ & & & & & \ddots & \\ & & & & & & 1 \end{pmatrix}$$

$$=\begin{pmatrix} a_{11} & \cdots & a_{1j} & \cdots & a_{1i} & \cdots & a_{1n} \\ \vdots & & \vdots & & \vdots & & \vdots \\ a_{i1} & \cdots & a_{ij} & \cdots & a_{ii} & \cdots & a_{in} \\ \vdots & & \vdots & & \vdots & & \vdots \\ a_{j1} & \cdots & a_{jj} & \cdots & a_{ji} & \cdots & a_{jn} \\ \vdots & & \vdots & & \vdots & & \vdots \\ a_{m1} & \cdots & a_{mj} & & a_{mi} & & a_{mn} \end{pmatrix}$$

是对矩阵施行第一种初等列变换，即将 $\boldsymbol{A}$ 的第 i 列与第 j 列对调.

(2) 以数 $k\neq 0$ 乘某行或某列. 将单位矩阵 $\boldsymbol{E}$ 的第 i 行乘非零数 k，得到初等矩阵

$$\boldsymbol{E}(i(k))=\begin{pmatrix} 1 & & & & & & \\ & \ddots & & & & & \\ & & 1 & & & & \\ & & & k & & & \\ & & & & 1 & & \\ & & & & & \ddots & \\ & & & & & & 1 \end{pmatrix}\leftarrow 第i行$$

其中，$\boldsymbol{E}(i(k))$ 也可以看成是将单位矩阵 $\boldsymbol{E}$ 的第 i 列乘非零数 k 而得到的初等矩阵.

以 $\boldsymbol{E}(i(k))$ 左乘矩阵 $\boldsymbol{A}=(a_{ij})_{m\times n}$，得

$$\boldsymbol{E}_m(i(k))\boldsymbol{A}=\begin{pmatrix} a_{11} & a_{12} & \cdots & a_{1n} \\ \vdots & \vdots & & \vdots \\ ka_{i1} & ka_{i2} & \cdots & ka_{in} \\ \vdots & \vdots & & \vdots \\ a_{m1} & a_{m2} & \cdots & a_{mn} \end{pmatrix}$$

相当于用数 k 乘 $\boldsymbol{A}$ 的第 i 行；以 $\boldsymbol{E}_n(i(k))$ 右乘矩阵 $\boldsymbol{A}=(a_{ij})_{m\times n}$，得

$$
\boldsymbol{A}\boldsymbol{E}_n(i(k))=\begin{pmatrix} a_{11} & \cdots & ka_{1i} & \cdots & a_{1n} \\ \vdots & & \vdots & & \vdots \\ a_{i1} & \cdots & ka_{ii} & \cdots & a_{in} \\ \vdots & & \vdots & & \vdots \\ a_{m1} & \cdots & ka_{mi} & \cdots & a_{mn} \end{pmatrix}
$$

相当于用数 k 乘 $\boldsymbol{A}$ 的第 i 列.

(3) 将数 k 乘某行(列)加到另一行(列). 将单位矩阵 $\boldsymbol{E}$ 的第 j 行的 k 倍加到第 i 行, 得到初等矩阵

$$
\boldsymbol{E}(i,j(k))=\begin{pmatrix} 1 & & & & & & \\ & \ddots & & & & & \\ & & 1 & \cdots & k & & \\ & & & \ddots & \vdots & & \\ & & & & 1 & & \\ & & & & & \ddots & \\ & & & & & & 1 \end{pmatrix}\begin{matrix} \\ \\ \leftarrow 第i行 \\ \\ \leftarrow 第j行 \\ \\ \\ \end{matrix}
$$

其中: $\boldsymbol{E}(i,j(k))$ 也可以看成是将单位矩阵 $\boldsymbol{E}$ 的第 i 列的 k 倍加到第 j 列上而得到的初等矩阵.

以 $\boldsymbol{E}_m(i,j(k))$ 左乘矩阵 $\boldsymbol{A}=(a_{ij})_{m\times n}$, 得

$$
\boldsymbol{E}_m(i,j(k))\boldsymbol{A}=\begin{pmatrix} a_{11} & a_{12} & \cdots & a_{1n} \\ \vdots & \vdots & & \vdots \\ a_{i1}+ka_{j1} & a_{i2}+ka_{j2} & \cdots & a_{in}+ka_{jn} \\ \vdots & \vdots & & \vdots \\ a_{j1} & a_{j2} & \cdots & a_{jn} \\ \vdots & \vdots & & \vdots \\ a_{m1} & a_{m2} & \cdots & a_{mn} \end{pmatrix}
$$

相当于将 $\boldsymbol{A}$ 的第 j 行的 k 倍加到第 i 行上; 以 $\boldsymbol{E}_n(i,j(k))$ 右乘矩阵 $\boldsymbol{A}=(a_{ij})_{m\times n}$, 得

$$
\boldsymbol{A}\boldsymbol{E}_n(i,j(k))=\begin{pmatrix} a_{11} & \cdots & a_{1i} & \cdots & a_{1j}+ka_{1i} & \cdots & a_{1n} \\ a_{21} & \cdots & a_{2i} & \cdots & a_{2j}+ka_{2i} & \cdots & a_{2n} \\ \vdots & & \vdots & & \vdots & & \vdots \\ a_{m1} & \cdots & a_{mi} & \cdots & a_{mj}+ka_{mi} & \cdots & a_{mn} \end{pmatrix}
$$

相当于将 $\boldsymbol{A}$ 的第 i 列的 k 倍加到第 j 列上.

综上所述, 可得下述定理:

定理 1.4.1　设 $\boldsymbol{A}$ 是一个 $m\times n$ 矩阵, 对 $\boldsymbol{A}$ 施行一次初等行变换相当于在 $\boldsymbol{A}$ 的左边乘以相应的 m 阶初等矩阵; 对 $\boldsymbol{A}$ 施行一次初等列变换相当于在 $\boldsymbol{A}$ 的右边乘以相应的 n 阶初等矩阵. 以初等行变换为例:

(1) 若 $A_{m\times n} \xrightarrow{r_i \leftrightarrow r_j} B$, 则 $B = E_m(i,j)A$;

(2) 若 $A_{m\times n} \xrightarrow{r_i \times k} B$, 则 $B = E_m(i(k))A$;

(3) 若 $A_{m\times n} \xrightarrow{r_i + kr_j} B$, 则 $B = E_m(i,j(k))A$.

例 1.4.3　设矩阵 $A = \begin{pmatrix} 2 & -2 & 0 \\ 0 & 1 & 1 \\ 0 & 2 & 2 \end{pmatrix}$.

(1) 用初等行变换将 A 化为行最简形矩阵 B, 并将 B 表示成 A 与初等矩阵的乘积.

(2) 求矩阵 A 的标准形 F, 并将标准形 F 表示成 A 与初等矩阵的乘积.

解　(1) 对 A 施行初等行变换, 得 $A \xrightarrow[r_1 \times \frac{1}{2}]{\substack{r_3 - 2r_2 \\ r_1 + 2r_2}} \begin{pmatrix} 1 & 0 & 1 \\ 0 & 1 & 1 \\ 0 & 0 & 0 \end{pmatrix} = B$. 因此

$$B = E_3\left(1\left(\frac{1}{2}\right)\right)E_3(1,2(2))E_3(3,2(-2))A$$

(2) 对 B 施行初等列变换, 得 $B \xrightarrow{\substack{c_3 - c_1 \\ c_3 - c_2}} \begin{pmatrix} 1 & 0 & 0 \\ 0 & 1 & 0 \\ 0 & 0 & 0 \end{pmatrix} = F$. 因此

$$F = E_3\left(1\left(\frac{1}{2}\right)\right)E_3(1,2(2))E_3(3,2(-2))AE_3(1,3(-1))E_3(2,3(-1))$$

对于一般的矩阵, 可以得到下面的定理.

定理 1.4.2　设 A 是一个 $m \times n$ 矩阵, 则存在行最简形矩阵 B 和 m 阶初等矩阵 $P_1, \cdots, P_s$ 满足 $P_1 \cdots P_s A = B$.

定理 1.4.3　设 A 是一个 $m \times n$ 矩阵, 则存在 m 阶初等矩阵 $P_1, \cdots, P_s$ 和 n 阶初等矩阵 $Q_1, \cdots, Q_l$ 满足 $P_1 \cdots P_s A Q_1 \cdots Q_l = F$, 其中 F 为 A 的标准形.

1.5　行　列　式

为了更好地描述矩阵的性质, 本节将讨论 n 阶行列式的定义、性质与计算.

1.5.1　n 阶行列式的定义

考虑二元线性方程组

$$\begin{cases} a_{11}x_1 + a_{12}x_2 = b_1 \\ a_{21}x_1 + a_{22}x_2 = b_2 \end{cases}$$

利用消元法可得

$$\begin{cases}(a_{11}a_{22}-a_{12}a_{21})x_1=b_1a_{22}-b_2a_{12}\\(a_{11}a_{22}-a_{12}a_{21})x_2=b_2a_{11}-b_1a_{21}\end{cases}$$

若 $a_{11}a_{22}-a_{12}a_{21}\neq 0$，则方程组的解为

$$\begin{cases}x_1=\dfrac{b_1a_{22}-b_2a_{12}}{a_{11}a_{22}-a_{12}a_{21}}\\x_2=\dfrac{b_2a_{11}-b_1a_{21}}{a_{11}a_{22}-a_{12}a_{21}}\end{cases}$$

如果对于方程组的系数矩阵

$$\boldsymbol{A}=\begin{pmatrix}a_{11}&a_{12}\\a_{21}&a_{22}\end{pmatrix}$$

引入行列式记号 $|\boldsymbol{A}|$ 和 $\det\boldsymbol{A}$，那么就可以得到一个**二阶行列式**，并规定矩阵 $\boldsymbol{A}$ 的行列式的值为

$$|\boldsymbol{A}|=\begin{vmatrix}a_{11}&a_{12}\\a_{21}&a_{22}\end{vmatrix}=a_{11}a_{22}-a_{12}a_{21}$$

系数矩阵 $\boldsymbol{A}$ 的行列式 $|\boldsymbol{A}|$ 称为方程组的**系数行列式**.

根据二阶行列式的定义，用“对角线法则”来记忆，如图 1.5.1 所示. 把 a_{11} 到 a_{22} 的实连线称为**主对角线**，把 a_{12} 到 a_{21} 的虚连线称为**副对角线**，于是二阶行列式便是主对角线上的两元素乘积减去副对角线上两元素乘积.

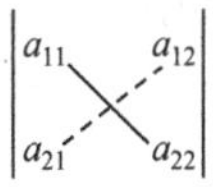

图 1.5.1

令

$$\boldsymbol{A}_1=\begin{pmatrix}b_1&a_{12}\\b_2&a_{22}\end{pmatrix},\qquad \boldsymbol{A}_2=\begin{pmatrix}a_{11}&b_1\\a_{21}&b_2\end{pmatrix}$$

那么 $|\boldsymbol{A}_1|=\begin{vmatrix}b_1&a_{12}\\b_2&a_{22}\end{vmatrix}=b_1a_{22}-b_2a_{12}$，$|\boldsymbol{A}_2|=\begin{vmatrix}a_{11}&b_1\\a_{21}&b_2\end{vmatrix}=a_{11}b_2-a_{21}b_1$，则二元线性方程组的解可表示为 $x_1=\dfrac{|\boldsymbol{A}_1|}{|\boldsymbol{A}|}$，$x_2=\dfrac{|\boldsymbol{A}_2|}{|\boldsymbol{A}|}$.

对于三元线性方程组

$$\begin{cases}a_{11}x_1+a_{12}x_2+a_{13}x_3=b_1\\a_{21}x_1+a_{22}x_2+a_{23}x_3=b_2\\a_{31}x_1+a_{32}x_2+a_{33}x_3=b_3\end{cases}$$

利用消元法可以得到类似的结果. 其系数矩阵 $\boldsymbol{A}$ 对应的**三阶行列式**定义为

$$\begin{aligned}|\boldsymbol{A}|&=\begin{vmatrix}a_{11}&a_{12}&a_{13}\\a_{21}&a_{22}&a_{23}\\a_{31}&a_{32}&a_{33}\end{vmatrix}\\&=a_{11}a_{22}a_{33}+a_{12}a_{23}a_{31}+a_{13}a_{21}a_{32}-a_{11}a_{23}a_{32}-a_{12}a_{21}a_{33}-a_{13}a_{22}a_{31}\end{aligned}$$

为了便于记忆，利用“对角线法则”可将上式直观地表示为图 1.5.2.

图 1.5.2 中三条实线可看作是平行于主对角线的连线，三条虚线可看作是平行于副对角线的连线，实线上三元素的乘积冠正号，虚线上三元素的乘积冠负号. 三阶行列式便是三条实线相连的三个元素乘积之和减去三条虚线相连的三个元素乘积之和.

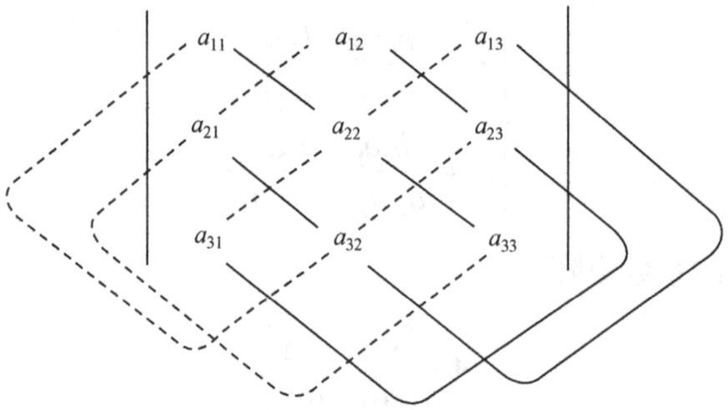

图 1.5.2

若 $|\boldsymbol{A}| \neq 0$，则方程组的解可写成

$$x_1 = \frac{|\boldsymbol{A}_1|}{|\boldsymbol{A}|}, \quad x_2 = \frac{|\boldsymbol{A}_2|}{|\boldsymbol{A}|}, \quad x_3 = \frac{|\boldsymbol{A}_3|}{|\boldsymbol{A}|}$$

其中

$$|\boldsymbol{A}_1| = \begin{vmatrix} b_1 & a_{12} & a_{13} \\ b_2 & a_{22} & a_{23} \\ b_3 & a_{32} & a_{33} \end{vmatrix}, \quad |\boldsymbol{A}_2| = \begin{vmatrix} a_{11} & b_1 & a_{13} \\ a_{21} & b_2 & a_{23} \\ a_{31} & b_3 & a_{33} \end{vmatrix}, \quad |\boldsymbol{A}_3| = \begin{vmatrix} a_{11} & a_{12} & b_1 \\ a_{21} & a_{22} & b_2 \\ a_{31} & a_{32} & b_3 \end{vmatrix}$$

对于由 n 个方程，n 个未知数组成的 n 元线性方程组

$$\begin{cases} a_{11}x_1 + a_{12}x_2 + \cdots + a_{1n}x_n = b_1 \\ a_{21}x_1 + a_{22}x_2 + \cdots + a_{2n}x_n = b_2 \\ \cdots\cdots \\ a_{n1}x_1 + a_{n2}x_2 + \cdots + a_{nn}x_n = b_n \end{cases}$$

解的情况是怎样呢？为了回答这个问题，我们需要引入新的概念.

一般地，设 n 阶矩阵

$$\boldsymbol{A} = \begin{pmatrix} a_{11} & a_{12} & \cdots & a_{1n} \\ a_{21} & a_{22} & \cdots & a_{2n} \\ \vdots & \vdots & & \vdots \\ a_{n1} & a_{n2} & \cdots & a_{nn} \end{pmatrix}$$

把记号

$$\begin{vmatrix} a_{11} & a_{12} & \cdots & a_{1n} \\ a_{21} & a_{22} & \cdots & a_{2n} \\ \vdots & \vdots & & \vdots \\ a_{n1} & a_{n2} & \cdots & a_{nn} \end{vmatrix}$$

称为一个 n 阶**行列式**或方阵 $\boldsymbol{A}$ 的**行列式**，记作 $\boldsymbol{D}, \boldsymbol{D}_n, \det \boldsymbol{A}$ 或者 $|\boldsymbol{A}|$.这个行列式表示一个与 $\boldsymbol{A}$ 相关的数，称这个数为此行列式的值.

下面通过对二阶和三阶行列式的分析，从数值上给出 n 阶行列式 $|\boldsymbol{A}|$ 的定义. 先定义 $|\boldsymbol{A}|$ 的元素的余子式和代数余子式.

定义 1.5.1　在 n 阶行列式 $|\boldsymbol{A}|$ 中，把元素 a_{ij} 所在的第 i 行和第 j 列元素划去后，留下来的 $n-1$ 阶行列式称为(行列式 $|\boldsymbol{A}|$ 的关于)元素 a_{ij} 的**余子式**，记作 M_{ij}. 将 $(-1)^{i+j}M_{ij}$ 称为元素 a_{ij} 的**代数余子式**，记作 A_{ij}. 有时候也把 M_{ij} 称为方阵 $\boldsymbol{A}$ 中元素 a_{ij} 的余子式，把 A_{ij} 称为方阵 $\boldsymbol{A}$ 中元素 a_{ij} 的代数余子式.

如果我们定义一阶矩阵 (a) 的行列式 $|a|$ 为 a，对于二阶方阵 $\boldsymbol{A}$ 的二阶行列式 $|\boldsymbol{A}|=\begin{vmatrix} a_{11} & a_{12} \\ a_{21} & a_{22} \end{vmatrix}=a_{11}a_{22}-a_{12}a_{21}$，第一行元素 a_{11}，a_{12} 的代数余子式分别是

$$A_{11}=(-1)^{1+1}a_{22}, \qquad A_{12}=(-1)^{1+2}a_{21}$$

这样，二阶行列式 $|\boldsymbol{A}|$ 可以写成第 1 行元素及其代数余子式的表达式，即

$$|\boldsymbol{A}|=\begin{vmatrix} a_{11} & a_{12} \\ a_{21} & a_{22} \end{vmatrix}=a_{11}A_{11}+a_{12}A_{12} \tag{1.5.1}$$

称为 $|\boldsymbol{A}|$ **按第 1 行的展开式**. 注意，二阶行列式 $|\boldsymbol{A}|$ 也可以写成

$$|\boldsymbol{A}|=\begin{vmatrix} a_{11} & a_{12} \\ a_{21} & a_{22} \end{vmatrix}=a_{21}(-a_{12})+a_{22}a_{11}=a_{21}A_{21}+a_{22}A_{22}$$

上式将 $|\boldsymbol{A}|$ 表示为 $\boldsymbol{A}$ 的第 2 行元素及其余子式的表达式. 事实上，没有必要按照矩阵的行展开，行列式也可以按照矩阵的某一列进行余子式展开，即

(1) 按第 1 列的展开式为

$$|\boldsymbol{A}|=\begin{vmatrix} a_{11} & a_{12} \\ a_{21} & a_{22} \end{vmatrix}=a_{11}a_{22}+a_{21}(-a_{12})=a_{11}A_{11}+a_{21}A_{21}$$

(2) 按第 2 列的展开式为

$$|\boldsymbol{A}|=\begin{vmatrix} a_{11} & a_{12} \\ a_{21} & a_{22} \end{vmatrix}=a_{12}(-a_{21})+a_{22}a_{11}=a_{12}A_{12}+a_{22}A_{22}$$

对于三阶方阵 $\boldsymbol{A}$ 的行列式，有

$$\begin{aligned}
|\boldsymbol{A}|&=\begin{vmatrix} a_{11} & a_{12} & a_{13} \\ a_{21} & a_{22} & a_{23} \\ a_{31} & a_{32} & a_{33} \end{vmatrix}=a_{11}a_{22}a_{33}+a_{12}a_{23}a_{31}+a_{13}a_{21}a_{32}-a_{11}a_{23}a_{32}-a_{12}a_{21}a_{33}-a_{13}a_{22}a_{31} \\
&=a_{11}\left(a_{22}a_{33}-a_{23}a_{32}\right)+a_{12}\left(a_{23}a_{31}-a_{21}a_{33}\right)+a_{13}\left(a_{21}a_{32}-a_{22}a_{31}\right) \\
&=a_{11}\begin{vmatrix} a_{22} & a_{23} \\ a_{32} & a_{33} \end{vmatrix}-a_{12}\begin{vmatrix} a_{21} & a_{23} \\ a_{31} & a_{33} \end{vmatrix}+a_{13}\begin{vmatrix} a_{21} & a_{22} \\ a_{31} & a_{32} \end{vmatrix} \\
&=a_{11}A_{11}+a_{12}A_{12}+a_{13}A_{13}
\end{aligned} \tag{1.5.2}$$

也称为 $|\boldsymbol{A}|$ 按第 1 行的展开式.

类似于二阶矩阵的情形，三阶矩阵的行列式也可以用矩阵的任意一行或列展开式来表示. 例如，三阶方阵 $\boldsymbol{A}$ 的行列式 $|\boldsymbol{A}|$ 可以按第 3 行进行展开，即

$$|\boldsymbol{A}|=\begin{vmatrix} a_{11} & a_{12} & a_{13} \\ a_{21} & a_{22} & a_{23} \\ a_{31} & a_{32} & a_{33} \end{vmatrix}=a_{11}a_{22}a_{33}+a_{12}a_{23}a_{31}+a_{13}a_{21}a_{32}-a_{11}a_{23}a_{32}-a_{12}a_{21}a_{33}-a_{13}a_{22}a_{31}$$

$$=a_{31}\left(a_{12}a_{23}-a_{13}a_{22}\right)-a_{32}\left(a_{11}a_{23}-a_{13}a_{21}\right)+a_{33}\left(a_{11}a_{22}-a_{12}a_{21}\right)$$

$$=a_{31}\begin{vmatrix} a_{12} & a_{13} \\ a_{22} & a_{23} \end{vmatrix}-a_{32}\begin{vmatrix} a_{11} & a_{13} \\ a_{21} & a_{23} \end{vmatrix}+a_{33}\begin{vmatrix} a_{11} & a_{12} \\ a_{21} & a_{22} \end{vmatrix}$$

$$=a_{31}A_{31}+a_{32}A_{32}+a_{33}A_{33}$$

如果将式(1.5.1)和式(1.5.2)作为二阶行列式和三阶行列式的定义，显然这种定义的方法是统一的，都是用低一阶行列式表示高一阶的行列式. 因此，可以用这种递归的方法来定义一般的 n 阶行列式.

定义 1.5.2 设 $\boldsymbol{A}=(a_{ij})$ 是一个 n 阶方阵，矩阵 $\boldsymbol{A}$ 的行列式

$$|\boldsymbol{A}|=\begin{vmatrix} a_{11} & a_{12} & \cdots & a_{1n} \\ a_{21} & a_{22} & \cdots & a_{2n} \\ \vdots & \vdots & & \vdots \\ a_{n1} & a_{n2} & \cdots & a_{nn} \end{vmatrix}$$

是由 $\boldsymbol{A}$ 确定的一个数：

(1) 当 $n=1$ 时，$|\boldsymbol{A}|=|a_{11}|=a_{11}$；

(2) 当 $n\geqslant 2$ 时，$|\boldsymbol{A}|=a_{11}A_{11}+a_{12}A_{12}+\cdots+a_{1n}A_{1n}=\sum\limits_{j=1}^{n}a_{1j}A_{1j}$，其中 A_{1j} 为元素 a_{1j} 的代数余子式. 上式也称为 $|\boldsymbol{A}|$ 按第 1 行的展开式.

例 1.5.1 计算行列式 $D=\begin{vmatrix} 1 & 0 & 0 & 1 \\ 2 & 3 & 0 & 5 \\ 6 & 7 & 0 & 9 \\ 1 & 1 & 1 & 1 \end{vmatrix}$.

解 由行列式的定义得

$$D=a_{11}A_{11}+a_{12}A_{12}+a_{13}A_{13}+a_{14}A_{14}=1\times(-1)^{1+1}\begin{vmatrix} 3 & 0 & 5 \\ 7 & 0 & 9 \\ 1 & 1 & 1 \end{vmatrix}+1\times(-1)^{1+4}\begin{vmatrix} 2 & 3 & 0 \\ 6 & 7 & 0 \\ 1 & 1 & 1 \end{vmatrix}$$

$$=3\times(-1)^{1+1}\begin{vmatrix} 0 & 9 \\ 1 & 1 \end{vmatrix}+5\times(-1)^{1+3}\begin{vmatrix} 7 & 0 \\ 1 & 1 \end{vmatrix}-2\times(-1)^{1+1}\begin{vmatrix} 7 & 0 \\ 1 & 1 \end{vmatrix}-3\times(-1)^{1+2}\begin{vmatrix} 6 & 0 \\ 1 & 1 \end{vmatrix}$$

$$=-27+35-14+18=12$$

例 1.5.2　计算下三角形矩阵 $\boldsymbol{A}=\begin{pmatrix} a_{11} & 0 & \cdots & 0 \\ a_{21} & a_{22} & \cdots & 0 \\ \vdots & \vdots & & \vdots \\ a_{n1} & a_{n2} & \cdots & a_{nn} \end{pmatrix}$ 的行列式($|\boldsymbol{A}|$ 称为**下三角形行列式**).

解　根据行列式的定义得

$$|\boldsymbol{A}|=a_{11}A_{11}=a_{11}\begin{vmatrix} a_{22} & 0 & \cdots & 0 \\ a_{32} & a_{33} & \cdots & 0 \\ \vdots & \vdots & & \vdots \\ a_{n2} & a_{n3} & \cdots & a_{nn} \end{vmatrix}=a_{11}a_{22}\begin{vmatrix} a_{33} & 0 & \cdots & 0 \\ a_{43} & a_{44} & \cdots & 0 \\ \vdots & \vdots & & \vdots \\ a_{n3} & a_{n4} & \cdots & a_{nn} \end{vmatrix}$$
$$=\cdots=a_{11}a_{22}\cdots a_{nn}$$

例 1.5.3　试证: 上三角形矩阵 $\boldsymbol{A}_n=\begin{pmatrix} a_{11} & a_{12} & \cdots & a_{1n} \\ 0 & a_{22} & \cdots & a_{2n} \\ \vdots & \vdots & & \vdots \\ 0 & 0 & \cdots & a_{nn} \end{pmatrix}$ 的行列式($|\boldsymbol{A}_n|$ 称为**上三角形行列式**)等于其主对角线上诸元素的乘积, 即

$$|\boldsymbol{A}_n|=\begin{vmatrix} a_{11} & a_{12} & \cdots & a_{1n} \\ 0 & a_{22} & \cdots & a_{2n} \\ \vdots & \vdots & & \vdots \\ 0 & 0 & \cdots & a_{nn} \end{vmatrix}=a_{11}a_{22}\cdots a_{nn}$$

证　(1) 当 $n=1$ 时, 结论显然成立.

(2) 当 $n\geqslant 2$ 时, 假设 $|\boldsymbol{A}_{n-1}|=\begin{vmatrix} a_{11} & a_{12} & \cdots & a_{1,n-1} \\ 0 & a_{22} & \cdots & a_{2,n-1} \\ \vdots & \vdots & & \vdots \\ 0 & 0 & \cdots & a_{n-1,n-1} \end{vmatrix}=a_{11}a_{22}\cdots a_{n-1,n-1}$ 成立, 则 $|\boldsymbol{A}_n|=a_{11}A_{11}+a_{12}A_{12}+\cdots+a_{1n}A_{1n}$. 易得 $M_{12},\cdots,M_{1n}$ 均为 $n-1$ 阶上三角形行列式, 且主对角线上有元素为 0. 由归纳假设可知 $M_{12}=M_{13}=\cdots=M_{1n}=0$, 因此

$$A_{12}=A_{13}=\cdots=A_{1n}=0$$

由归纳法可知 $A_{11}=M_{11}=a_{22}\cdots a_{nn}$, 故

$$|\boldsymbol{A}_n|=a_{11}A_{11}=a_{11}a_{22}\cdots a_{nn}$$

由数学归纳法原理可知, 结论对任意的正整数 n 都成立.

利用 n 阶行列式的定义计算高阶行列式时, 计算量非常大. 为了简化行列式的计算, 下面讨论行列式的性质.

1.5.2　行列式的性质与计算

通过前面的例题及二阶，三阶行列式的定义可知，不需要限制在使用第一行的代数余子式展开. 我们不加证明地给出下面定理.

定理 1.5.1　设 $\boldsymbol{A}=(a_{ij})$ 是一个 n 阶方阵，则

$$|\boldsymbol{A}|=a_{i1}A_{i1}+a_{i2}A_{i2}+\cdots+a_{in}A_{in}=\sum_{j=1}^{n}a_{ij}A_{ij}\quad(i=1,2,\cdots,n)\tag{1.5.3}$$

$$|\boldsymbol{A}|=a_{1j}A_{1j}+a_{2j}A_{2j}+\cdots+a_{nj}A_{nj}=\sum_{i=1}^{n}a_{ij}A_{ij}\quad(j=1,2,\cdots,n)\tag{1.5.4}$$

式(1.5.3)称为 n 阶行列式 $|\boldsymbol{A}|$ **按第 i 行的展开式**，式(1.5.4)称为 n 阶行列式 $|\boldsymbol{A}|$ **按第 j 列的展开式**.

性质 1.5.1　设 $\boldsymbol{A}$ 为 n 阶方阵，$\boldsymbol{A}^{\mathrm{T}}$ 为 $\boldsymbol{A}$ 的转置矩阵，则 $|\boldsymbol{A}|=|\boldsymbol{A}^{\mathrm{T}}|$.

证　利用数学归纳法证明. 显然，如果设 $\boldsymbol{A}$ 为一阶方阵，那么 $\boldsymbol{A}^{\mathrm{T}}=\boldsymbol{A}$，结论是成立的. 下面假设结论对 k 阶方阵也是成立的. 对于 $k+1$ 阶方阵，利用定理 1.5.1，$|\boldsymbol{A}|$ 按第 1 行的展开式为

$$\begin{aligned}|\boldsymbol{A}|&=a_{11}A_{11}+a_{12}A_{12}+\cdots+a_{1,k+1}A_{1,k+1}\\&=(-1)^{1+1}a_{11}M_{11}+(-1)^{1+2}a_{12}M_{12}+\cdots+(-1)^{1+k+1}a_{1,k+1}M_{1,k+1}\end{aligned}$$

其中：$A_{1j}\ (j=1,2,\cdots,k+1)$ 和 $M_{1j}\ (j=1,2,\cdots,k+1)$ 分别是 $|\boldsymbol{A}|$ 的第 1 行元素的代数余子式和余子式. 而 $|\boldsymbol{A}^{\mathrm{T}}|$ 第 1 列的展开式为

$$\begin{aligned}|\boldsymbol{A}^{\mathrm{T}}|&=a_{11}A'_{11}+a_{12}A'_{21}+\cdots+a_{1,k+1}A'_{k+1,1}\\&=(-1)^{1+1}a_{11}M'_{11}+(-1)^{1+2}a_{12}M'_{21}+\cdots+(-1)^{1+k+1}a_{1,k+1}M'_{k+1,1}\end{aligned}$$

其中：$A'_{j1}(j=1,2,\cdots,k+1)$ 和 $M'_{j1}(j=1,2,\cdots,k+1)$ 分别是 $|\boldsymbol{A}^{\mathrm{T}}|$ 的第 1 列元素的代数余子式和余子式. 由归纳假设知，$M_{1j}=M'_{j1}(j=1,2,\cdots,k+1)$，故 $|\boldsymbol{A}|=|\boldsymbol{A}^{\mathrm{T}}|$.

例如，设 $\boldsymbol{A}=\begin{pmatrix}1&2\\3&4\end{pmatrix}$，则 $|\boldsymbol{A}|=\begin{vmatrix}1&2\\3&4\end{vmatrix}=-2$，而 $|\boldsymbol{A}^{\mathrm{T}}|=\begin{vmatrix}1&3\\2&4\end{vmatrix}=-2$，即 $|\boldsymbol{A}|=|\boldsymbol{A}^{\mathrm{T}}|$.

这一性质表明，在行列式中行与列的地位是平等的，因此行列式有关行的性质对列也是成立的.

性质 1.5.2　设 $\boldsymbol{A}$ 为 n 阶方阵，$n\geqslant 2$. 若交换方阵 $\boldsymbol{A}$ 的某两行(或某两列)得到矩阵 $\boldsymbol{B}$，则有 $|\boldsymbol{B}|=-|\boldsymbol{A}|$.

证　假设交换 $\boldsymbol{A}$ 的 i,j 两行得到 $\boldsymbol{B}$，那么当 $k\neq i,j$ 时，$b_{kp}=a_{kp}\ (p=1,2,\cdots,n)$；当 $k=i,j$ 时，$b_{ip}=a_{jp}\ (p=1,2,\cdots,n), b_{jp}=a_{ip}\ (p=1,2,\cdots,n)$，即

$$|A|=\begin{vmatrix} a_{11} & a_{12} & \cdots & a_{1n} \\ \vdots & \vdots & & \vdots \\ a_{i1} & a_{i2} & \cdots & a_{in} \\ \vdots & \vdots & & \vdots \\ a_{j1} & a_{j2} & \cdots & a_{jn} \\ \vdots & \vdots & & \vdots \\ a_{n1} & a_{n2} & \cdots & a_{nn} \end{vmatrix}, \quad |B|=\begin{vmatrix} b_{11} & b_{12} & \cdots & b_{1n} \\ \vdots & \vdots & & \vdots \\ b_{i1} & b_{i2} & \cdots & b_{in} \\ \vdots & \vdots & & \vdots \\ b_{j1} & b_{j2} & \cdots & b_{jn} \\ \vdots & \vdots & & \vdots \\ b_{n1} & b_{n2} & \cdots & b_{nn} \end{vmatrix}=\begin{vmatrix} a_{11} & a_{12} & \cdots & a_{1n} \\ \vdots & \vdots & & \vdots \\ a_{j1} & a_{j2} & \cdots & a_{jn} \\ \vdots & \vdots & & \vdots \\ a_{i1} & a_{i2} & \cdots & a_{in} \\ \vdots & \vdots & & \vdots \\ a_{n1} & a_{n2} & \cdots & a_{nn} \end{vmatrix}$$

用 M_{ij} 记为 a_{ij} 的余子式，M'_{ij} 记为 b_{ij} 的余子式.

下面用数学归纳法来证明. 显然 A 为二阶方阵时，结论成立. 假设结论对于所有 $n-1$ 阶矩阵也是成立的.

$|A|$ 按第 i 行的展开式为

$$|A|=(-1)^{i+1}a_{i1}M_{i1}+(-1)^{i+2}a_{i2}M_{i2}+\cdots+(-1)^{i+n}a_{in}M_{in} \tag{1.5.5}$$

$|B|$ 按第 j 行的展开式为

$$|B|=(-1)^{j+1}b_{j1}M'_{j1}+(-1)^{j+2}b_{j2}M'_{j2}+\cdots+(-1)^{j+n}b_{jn}M'_{jn} \tag{1.5.6}$$

注意，$M'_{jp}\ (p=1,2,\cdots,n)$ 作 $j-i-1$ 次相邻行对换(第 i 行依次和第 $i+1$ 行，……，第 $j-1$ 行作对换)为 $M_{ip}\ (p=1,2,\cdots,n)$，又因 $M_{ip}\ (p=1,2,\cdots,n)$ 和 $M'_{jp}\ (p=1,2,\cdots,n)$ 都是 $n-1$ 阶行列式，由归纳假设有

$$M'_{jp}=(-1)^{j-i-1}M_{ip} \qquad (p=1,2,\cdots,n) \tag{1.5.7}$$

将式(1.5.7)和 $b_{jp}=a_{ip}\ (p=1,2,\cdots,n)$ 代入式(1.5.6)，可得

$$\begin{aligned} |B| &= (-1)^{j+1}a_{i1}(-1)^{j-i-1}M_{i1}+(-1)^{j+2}a_{i2}(-1)^{j-i-1}M_{i2}+\cdots+(-1)^{j+n}a_{in}(-1)^{j-i-1}M_{in} \\ &= (-1)^{2(j-i)-1}(-1)^{i+1}a_{i1}M_{i1}+(-1)^{2(j-i)-1}(-1)^{i+2}a_{i2}M_{i2}+\cdots+(-1)^{2(j-i)-1}(-1)^{i+n}a_{in}M_{in} \\ &= (-1)^{2(j-i)-1}\left((-1)^{i+1}a_{i1}M_{i1}+(-1)^{i+2}a_{i2}M_{i2}+\cdots+(-1)^{i+n}a_{in}M_{in}\right) \\ &= -|A| \end{aligned}$$

例如，设 $A=\begin{pmatrix} 1 & 2 & -4 \\ -2 & 2 & 1 \\ -3 & 4 & -2 \end{pmatrix}$，则 $|A|=\begin{vmatrix} 1 & 2 & -4 \\ -2 & 2 & 1 \\ -3 & 4 & -2 \end{vmatrix}=-14$. 若交换 A 的第 2、3 行，得到矩阵 $B=\begin{pmatrix} 1 & 2 & -4 \\ -3 & 4 & -2 \\ -2 & 2 & 1 \end{pmatrix}$，那么有 $|B|=\begin{vmatrix} 1 & 2 & -4 \\ -3 & 4 & -2 \\ -2 & 2 & 1 \end{vmatrix}=14$，即 $|B|=-|A|$.

推论 1.5.1　若 n 阶方阵 A 有两行(列)元素相同，则 $|A|=0$.

证　交换这相同的两行(列)即可得到 $|A|=-|A|$，即 $2|A|=0$，从而必有 $|A|=0$.

性质 1.5.3 行列式的某一行(列)中所有元素都乘同一数 k，等于用数 k 乘此行列式，即

$$D_1 = kD$$

其中：$D_1 = \begin{vmatrix} a_{11} & a_{12} & \cdots & a_{1n} \\ \vdots & \vdots & & \vdots \\ ka_{i1} & ka_{i2} & \cdots & ka_{in} \\ \vdots & \vdots & & \vdots \\ a_{n1} & a_{n2} & \cdots & a_{nn} \end{vmatrix}$，$D = \begin{vmatrix} a_{11} & a_{12} & \cdots & a_{1n} \\ \vdots & \vdots & & \vdots \\ a_{i1} & a_{i2} & \cdots & a_{in} \\ \vdots & \vdots & & \vdots \\ a_{n1} & a_{n2} & \cdots & a_{nn} \end{vmatrix}$.

证 利用定理 1.5.1, 将 D_1 按第 i 行展开, 可得

$$D_1 = \begin{vmatrix} a_{11} & a_{12} & \cdots & a_{1n} \\ \vdots & \vdots & & \vdots \\ ka_{i1} & ka_{i2} & \cdots & ka_{in} \\ \vdots & \vdots & & \vdots \\ a_{n1} & a_{n2} & \cdots & a_{nn} \end{vmatrix} = ka_{i1}A'_{i1} + ka_{i2}A'_{i2} + \cdots + ka_{in}A'_{in} \tag{1.5.8}$$

其中：$A'_{ij}\ (j=1,2,\cdots,n)$ 是 D_1 的代数余子式.

将 D 按第 i 行展开, 可得

$$D = \begin{vmatrix} a_{11} & a_{12} & \cdots & a_{1n} \\ \vdots & \vdots & & \vdots \\ a_{i1} & a_{i2} & \cdots & a_{in} \\ \vdots & \vdots & & \vdots \\ a_{n1} & a_{n2} & \cdots & a_{nn} \end{vmatrix} = a_{i1}A_{i1} + a_{i2}A_{i2} + \cdots + a_{in}A_{in} \tag{1.5.9}$$

注意，$A'_{ij} = A_{ij}\ (j=1,2,\cdots,n)$，由式(1.5.8)和式(1.5.9)可得 $D_1 = kD$.

利用推论 1.5.1 和性质 1.5.3, 可得以下推论及性质.

推论 1.5.2 若行列式有某一行(列)的元素全为零, 则此行列式等于零.

性质 1.5.4 行列式中若有两行(列)元素成比例, 则此行列式等于零.

性质 1.5.5 若行列式的某一行(列)的元素都是两数之和, 例如

$$D = \begin{vmatrix} a_{11} & a_{12} & \cdots & a_{1n} \\ \vdots & \vdots & & \vdots \\ a_{i1}+a'_{i1} & a_{i2}+a'_{i2} & \cdots & a_{in}+a'_{in} \\ \vdots & \vdots & & \vdots \\ a_{n1} & a_{n2} & \cdots & a_{nn} \end{vmatrix}$$

则 D 等于下列两个行列式之和:

$$D = D_1 + D_2$$

其中: $D_1=\begin{vmatrix} a_{11} & a_{12} & \cdots & a_{1n} \\ \vdots & \vdots & & \vdots \\ a_{i1} & a_{i2} & \cdots & a_{in} \\ \vdots & \vdots & & \vdots \\ a_{n1} & a_{n2} & \cdots & a_{nn} \end{vmatrix}, D_2=\begin{vmatrix} a_{11} & a_{12} & \cdots & a_{1n} \\ \vdots & \vdots & & \vdots \\ a'_{i1} & a'_{i2} & \cdots & a'_{in} \\ \vdots & \vdots & & \vdots \\ a_{n1} & a_{n2} & \cdots & a_{nn} \end{vmatrix}$.

证　注意到行列式 D、D_1 和 D_2 的第 i 行的代数余子式 $A_{ik}\ (k=1,2,\cdots,n)$ 相同, 三个行列式都按第 i 行展开得

$$D=(a_{i1}+a'_{i1})A_{i1}+(a_{i2}+a'_{i2})A_{i2}+\cdots+(a_{in}+a'_{in})A_{in} \tag{1.5.10}$$

$$D_1=a_{i1}A_{i1}+\cdots+a_{in}A_{in} \tag{1.5.11}$$

$$D_2=a'_{i1}A_{i1}+\cdots+a'_{in}A_{in} \tag{1.5.12}$$

由式(1.5.10)～式(1.5.12)可得 $D=D_1+D_2$.

性质 1.5.5 的推广: 若行列式的某一行(列)的元素都是 m 个数之和, 则 D 等于下列 m 个行列式之和. 即

$$D=\begin{vmatrix} a_{11} & a_{12} & \cdots & a_{1n} \\ \vdots & \vdots & & \vdots \\ a_{i1}^{(1)}+a_{i1}^{(2)}+\cdots+a_{i1}^{(m)} & a_{i2}^{(1)}+a_{i2}^{(2)}+\cdots+a_{i2}^{(m)} & \cdots & a_{in}^{(1)}+a_{in}^{(2)}+\cdots+a_{in}^{(m)} \\ \vdots & \vdots & & \\ a_{n1} & a_{n2} & \cdots & a_{nn} \end{vmatrix}$$

$$=\begin{vmatrix} a_{11} & a_{12} & \cdots & a_{1n} \\ \vdots & \vdots & & \vdots \\ a_{i1}^{(1)} & a_{i2}^{(1)} & \cdots & a_{in}^{(1)} \\ \vdots & \vdots & & \vdots \\ a_{n1} & a_{n2} & \cdots & a_{nn} \end{vmatrix}+\begin{vmatrix} a_{11} & a_{12} & \cdots & a_{1n} \\ \vdots & \vdots & & \vdots \\ a_{i1}^{(2)} & a_{i2}^{(2)} & \cdots & a_{in}^{(2)} \\ \vdots & \vdots & & \vdots \\ a_{n1} & a_{n2} & \cdots & a_{nn} \end{vmatrix}+\cdots+\begin{vmatrix} a_{11} & a_{12} & \cdots & a_{1n} \\ \vdots & \vdots & & \vdots \\ a_{i1}^{(m)} & a_{i2}^{(m)} & \cdots & a_{in}^{(m)} \\ \vdots & \vdots & & \vdots \\ a_{n1} & a_{n2} & \cdots & a_{nn} \end{vmatrix}$$

利用性质 1.5.5 和性质 1.5.4 可得到以下性质.

性质 1.5.6　把行列式的某一列(行)的各元素乘以同一数然后加到另一列(行)对应的元素上去, 行列式不变.

例如, 以数 k 乘第 j 行加到第 i 行, 有

$$\begin{vmatrix} a_{11} & a_{12} & \cdots & a_{1n} \\ \vdots & \vdots & & \vdots \\ a_{i1}+ka_{j1} & a_{i2}+ka_{j2} & \cdots & a_{in}+ka_{jn} \\ \vdots & \vdots & & \vdots \\ a_{j1} & a_{j2} & \cdots & a_{jn} \\ \vdots & \vdots & & \vdots \\ a_{n1} & a_{n2} & \cdots & a_{nn} \end{vmatrix}=\begin{vmatrix} a_{11} & a_{12} & \cdots & a_{1n} \\ \vdots & \vdots & & \vdots \\ a_{i1} & a_{i2} & \cdots & a_{in} \\ \vdots & \vdots & & \vdots \\ a_{j1} & a_{j2} & \cdots & a_{jn} \\ \vdots & \vdots & & \vdots \\ a_{n1} & a_{n2} & \cdots & a_{nn} \end{vmatrix}\quad (i\neq j)$$

证

$$\begin{vmatrix} a_{11} & a_{12} & \cdots & a_{1n} \\ \vdots & \vdots & & \vdots \\ a_{i1}+ka_{j1} & a_{i2}+ka_{j2} & \cdots & a_{in}+ka_{jn} \\ \vdots & \vdots & & \vdots \\ a_{j1} & a_{j2} & \cdots & a_{jn} \\ \vdots & \vdots & & \vdots \\ a_{n1} & a_{n2} & \cdots & a_{nn} \end{vmatrix} = \begin{vmatrix} a_{11} & a_{12} & \cdots & a_{1n} \\ \vdots & \vdots & & \vdots \\ a_{i1} & a_{i2} & \cdots & a_{in} \\ \vdots & \vdots & & \vdots \\ a_{j1} & a_{j2} & \cdots & a_{jn} \\ \vdots & \vdots & & \vdots \\ a_{n1} & a_{n2} & \cdots & a_{nn} \end{vmatrix} + \begin{vmatrix} a_{11} & a_{12} & \cdots & a_{1n} \\ \vdots & \vdots & & \vdots \\ ka_{j1} & ka_{j2} & \cdots & ka_{jn} \\ \vdots & \vdots & & \vdots \\ a_{j1} & a_{j2} & \cdots & a_{jn} \\ \vdots & \vdots & & \vdots \\ a_{n1} & a_{n2} & \cdots & a_{nn} \end{vmatrix}$$

$$= \begin{vmatrix} a_{11} & a_{12} & \cdots & a_{1n} \\ \vdots & \vdots & & \vdots \\ a_{i1} & a_{i2} & \cdots & a_{in} \\ \vdots & \vdots & & \vdots \\ a_{j1} & a_{j2} & \cdots & a_{jn} \\ \vdots & \vdots & & \vdots \\ a_{n1} & a_{n2} & \cdots & a_{nn} \end{vmatrix} + 0 = \begin{vmatrix} a_{11} & a_{12} & \cdots & a_{1n} \\ \vdots & \vdots & & \vdots \\ a_{i1} & a_{i2} & \cdots & a_{in} \\ \vdots & \vdots & & \vdots \\ a_{j1} & a_{j2} & \cdots & a_{jn} \\ \vdots & \vdots & & \vdots \\ a_{n1} & a_{n2} & \cdots & a_{nn} \end{vmatrix}$$

以 r_i 表示行列式的第 i 行，以 c_i 表示行列式的第 i 列，交换 i,j 两行记作 $r_i \leftrightarrow r_j$，交换 i,j 两列记作 $c_i \leftrightarrow c_j$；第 i 行(列)乘 k，记作 kr_i (或 kc_i)；以数 k 乘第 j 行(列)加到第 i 行(列)上，记作 $r_i + kr_j$ (或 $c_i + kc_j$)．计算行列式常用方法：利用性质 1.5.2、性质 1.5.3、性质 1.5.6，特别是性质 1.5.6 把行列式化为上(下)三角形行列式，从而，较容易地计算行列式的值．

例 1.5.4　计算行列式 $D = \begin{vmatrix} 4 & 2 & 1 & 0 \\ 1 & 1 & 0 & -1 \\ 2 & 1 & -1 & 1 \\ 1 & 1 & 1 & 1 \end{vmatrix}$．

解

$$D = \begin{vmatrix} 4 & 2 & 1 & 0 \\ 1 & 1 & 0 & -1 \\ 2 & 1 & -1 & 1 \\ 1 & 1 & 1 & 1 \end{vmatrix} \xlongequal[\substack{r_2 - 4r_1 \\ r_3 - 2r_1 \\ r_4 - r_1}]{r_1 \leftrightarrow r_2} - \begin{vmatrix} 1 & 1 & 0 & -1 \\ 0 & -2 & 1 & 4 \\ 0 & -1 & -1 & 3 \\ 0 & 0 & 1 & 2 \end{vmatrix} \xlongequal[r_2 \leftrightarrow r_3]{r_2 - 2r_3} \begin{vmatrix} 1 & 1 & 0 & -1 \\ 0 & -1 & -1 & 3 \\ 0 & 0 & 3 & -2 \\ 0 & 0 & 1 & 2 \end{vmatrix}$$

$$\xlongequal[r_4 - 3r_3]{r_3 \leftrightarrow r_4} - \begin{vmatrix} 1 & 1 & 0 & -1 \\ 0 & -1 & -1 & 3 \\ 0 & 0 & 1 & 2 \\ 0 & 0 & 0 & -8 \end{vmatrix} = -8$$

定理 1.5.2　设 n 阶方阵 $\boldsymbol{A} = (a_{ij})$，则行列式 $D = |\boldsymbol{A}|$ 任一行(列)的元素与另一行(列)的对应元素的代数余子式乘积之和等于零，即

(1) $|\boldsymbol{A}|$ 的第 i 行元素与第 j 行 $(j \neq i)$ 元素的代数余子式的乘积之和等于零, 即

$$a_{i1}A_{j1} + a_{i2}A_{j2} + \cdots + a_{in}A_{jn} = 0 \quad (i \neq j)$$

(2) $|\boldsymbol{A}|$ 的第 i 列元素与第 j 列元素 $(j \neq i)$ 的代数余子式的乘积之和等于零, 即

$$a_{1i}A_{1j} + a_{2i}A_{2j} + \cdots + a_{ni}A_{nj} = 0 \quad (i \neq j)$$

证　设 $1 \leqslant i < j \leqslant n$, 则 $|\boldsymbol{A}|$ 按第 j 行的展开式为

$$|\boldsymbol{A}| = \begin{vmatrix} a_{11} & a_{12} & \cdots & a_{1n} \\ \vdots & \vdots & & \vdots \\ a_{i1} & a_{i2} & \cdots & a_{in} \\ \vdots & \vdots & & \vdots \\ a_{j1} & a_{j2} & \cdots & a_{jn} \\ \vdots & \vdots & & \vdots \\ a_{n1} & a_{n2} & \cdots & a_{nn} \end{vmatrix} = a_{j1}A_{j1} + a_{j2}A_{j2} + \cdots a_{jn}A_{jn}$$

将上式中的 $a_{j1}, a_{j2}, \cdots, a_{jn}$ 分别换成 $a_{i1}, a_{i2}, \cdots, a_{in}$, 得到

$$a_{i1}A_{j1} + a_{i2}A_{j2} + \cdots a_{in}A_{jn}$$

此式相当于将 $|\boldsymbol{A}|$ 的第 j 行元素 $a_{j1}, a_{j2}, \cdots, a_{jn}$ 换成第 i 行元素 $a_{i1}, a_{i2}, \cdots, a_{in}$ (不是将第 i 行元素与第 j 行元素互换) 而其余不变, 得到下面行列式

$$\begin{vmatrix} a_{11} & a_{12} & \cdots & a_{1n} \\ \vdots & \vdots & & \vdots \\ a_{i1} & a_{i2} & \cdots & a_{in} \\ \vdots & \vdots & & \vdots \\ a_{i1} & a_{i2} & \cdots & a_{in} \\ \vdots & \vdots & & \vdots \\ a_{n1} & a_{n2} & \cdots & a_{nn} \end{vmatrix} = |\boldsymbol{B}|$$

按第 j 行的展开式(注意, 第 j 行元素的代数余子式 $A_{j1}, A_{j2}, \cdots, A_{jn}$ 与第 j 行元素无关). 行列式 $|\boldsymbol{B}|$ 中的第 i 行元素与第 j 行元素相等, 由推论 1.5.1 得行列式的值为零, 即

$$a_{i1}A_{j1} + a_{i2}A_{j2} + \cdots + a_{in}A_{jn} = 0 \quad (i \neq j)$$

类似地, 可证明(2).

将定理 1.5.1 和定理 1.5.2 合并起来, 可以得到如下定理.

定理 1.5.3　设 n 阶方阵 $\boldsymbol{A} = (a_{ij})$, 则

(1) $\displaystyle\sum_{k=1}^{n} a_{ik}A_{jk} = \begin{cases} |\boldsymbol{A}|, & i = j, \\ 0, & i \neq j \end{cases} \quad (i, j = 1, 2, \cdots, n)$;

(2) $\sum_{k=1}^{n} a_{ki}A_{kj} = \begin{cases} |\boldsymbol{A}|, & i=j, \\ 0, & i \neq j \end{cases} \quad (i,j=1,2,\cdots,n)$.

定理 1.5.4 设 n 阶方阵 $\boldsymbol{A}=(a_{ij})(n \geqslant 2)$，则 $\boldsymbol{A}\boldsymbol{A}^* = \boldsymbol{A}^*\boldsymbol{A} = |\boldsymbol{A}|\boldsymbol{E}$，其中

$$\boldsymbol{A}^* = \begin{pmatrix} A_{11} & A_{21} & \cdots & A_{n1} \\ A_{12} & A_{22} & \cdots & A_{n2} \\ \vdots & \vdots & & \vdots \\ A_{1n} & A_{2n} & \cdots & A_{nn} \end{pmatrix}$$

称为方阵 $\boldsymbol{A}$ 的**伴随矩阵**(A_{ij} 是 $|\boldsymbol{A}|$ 中元素 a_{ij} 的代数余子式).

证 由定理 1.5.3 可得

$$\boldsymbol{A}\boldsymbol{A}^* = \begin{pmatrix} a_{11} & a_{12} & \cdots & a_{1n} \\ a_{21} & a_{22} & \cdots & a_{2n} \\ \vdots & \vdots & & \vdots \\ a_{n1} & a_{n2} & \cdots & a_{nn} \end{pmatrix}\begin{pmatrix} A_{11} & A_{21} & \cdots & A_{n1} \\ A_{12} & A_{22} & \cdots & A_{n2} \\ \vdots & \vdots & & \vdots \\ A_{1n} & A_{2n} & \cdots & A_{nn} \end{pmatrix} = \begin{pmatrix} |\boldsymbol{A}| & & & \\ & |\boldsymbol{A}| & & \\ & & \ddots & \\ & & & |\boldsymbol{A}| \end{pmatrix} = |\boldsymbol{A}|\boldsymbol{E}$$

$$\boldsymbol{A}^*\boldsymbol{A} = \begin{pmatrix} A_{11} & A_{21} & \cdots & A_{n1} \\ A_{12} & A_{22} & \cdots & A_{n2} \\ \vdots & \vdots & & \vdots \\ A_{1n} & A_{2n} & \cdots & A_{nn} \end{pmatrix}\begin{pmatrix} a_{11} & a_{12} & \cdots & a_{1n} \\ a_{21} & a_{22} & \cdots & a_{2n} \\ \vdots & \vdots & & \vdots \\ a_{n1} & a_{n2} & \cdots & a_{nn} \end{pmatrix} = \begin{pmatrix} |\boldsymbol{A}| & & & \\ & |\boldsymbol{A}| & & \\ & & \ddots & \\ & & & |\boldsymbol{A}| \end{pmatrix} = |\boldsymbol{A}|\boldsymbol{E}$$

例 1.5.5 计算 n 阶行列式 $D_n = \begin{vmatrix} x & a & \cdots & a \\ a & x & \cdots & a \\ \vdots & \vdots & & \vdots \\ a & a & \cdots & x \end{vmatrix}$.

解 $$D_n \xlongequal[i=2,\cdots,n]{r_1+r_i} \begin{vmatrix} x+(n-1)a & x+(n-1)a & \cdots & x+(n-1)a \\ a & x & \cdots & a \\ \vdots & \vdots & & \vdots \\ a & a & \cdots & x \end{vmatrix}$$

$$= [x+(n-1)a]\begin{vmatrix} 1 & 1 & \cdots & 1 \\ a & x & \cdots & a \\ \vdots & \vdots & & \vdots \\ a & a & \cdots & x \end{vmatrix} \xlongequal[i=2,\cdots,n]{r_i - ar_1} [x+(n-1)a]\begin{vmatrix} 1 & 1 & \cdots & 1 \\ 0 & x-a & \cdots & 0 \\ \vdots & \vdots & & \vdots \\ 0 & 0 & \cdots & x-a \end{vmatrix}$$

$$= [x+(n-1)a](x-a)^{n-1}$$

例 1.5.6 试证：n 阶范德蒙德(Vandermonde)行列式

$$D_n=\begin{vmatrix}1 & 1 & 1 & \cdots & 1\\ x_1 & x_2 & x_3 & \cdots & x_n\\ x_1^2 & x_2^2 & x_3^2 & \cdots & x_n^2\\ \vdots & \vdots & \vdots & & \vdots\\ x_1^{n-1} & x_2^{n-1} & x_3^{n-1} & \cdots & x_n^{n-1}\end{vmatrix}=\prod_{1\leqslant j<i\leqslant n}(x_i-x_j)\quad (n\geqslant 2)$$

其中: $\prod\limits_{1\leqslant j<i\leqslant n}(x_i-x_j)$ 表示满足条件 $1\leqslant j<i\leqslant n$ 的全体 (x_i-x_j) 的乘积, 即

$$\prod_{1\leqslant j<i\leqslant n}(x_i-x_j)=[(x_2-x_1)(x_3-x_1)\cdots(x_n-x_1)][(x_3-x_2)(x_4-x_2)\cdots(x_n-x_2)]\cdots(x_n-x_{n-1})$$

证 (1) 当 $n=2$ 时, 有 $D_2=\begin{vmatrix}1 & 1\\ x_1 & x_2\end{vmatrix}=x_2-x_1=\prod\limits_{1\leqslant j<i\leqslant 2}(x_i-x_j)$, 即 $n=2$ 时, 结论成立.

(2) 当 $n>2$ 时, 假设对于 $n-1$ 阶范德蒙德行列式结论成立, 并证明对于 n 阶范德蒙德行列式结论也成立. 事实上

$$D_n\xlongequal[i=n,n-1,\cdots,2]{r_i-x_1r_{i-1}}\begin{vmatrix}1 & 1 & 1 & \cdots & 1\\ 0 & x_2-x_1 & x_3-x_1 & \cdots & x_n-x_1\\ 0 & x_2(x_2-x_1) & x_3(x_3-x_1) & \cdots & x_n(x_n-x_1)\\ \vdots & \vdots & \vdots & & \vdots\\ 0 & x_2^{n-2}(x_2-x_1) & x_3^{n-2}(x_3-x_1) & \cdots & x_n^{n-2}(x_n-x_1)\end{vmatrix}$$

$$=\begin{vmatrix}x_2-x_1 & x_3-x_1 & \cdots & x_n-x_1\\ x_2(x_2-x_1) & x_3(x_3-x_1) & \cdots & x_n(x_n-x_1)\\ \vdots & \vdots & & \vdots\\ x_2^{n-2}(x_2-x_1) & x_3^{n-2}(x_3-x_1) & \cdots & x_n^{n-2}(x_n-x_1)\end{vmatrix}$$

$$=(x_2-x_1)(x_3-x_1)\cdots(x_n-x_1)\begin{vmatrix}1 & 1 & \cdots & 1\\ x_2 & x_3 & \cdots & x_n\\ \vdots & \vdots & & \vdots\\ x_2^{n-2} & x_3^{n-2} & \cdots & x_n^{n-2}\end{vmatrix}$$

$$=(x_2-x_1)(x_3-x_1)\cdots(x_n-x_1)\prod_{2\leqslant j<i\leqslant n}(x_i-x_j)=\prod_{1\leqslant j<i\leqslant n}(x_i-x_j)$$

由数学归纳法原理, 结论对任意的 $n\geqslant 2$ 均成立.

1.5.3 拉普拉斯定理

将定理 1.5.1 行列式按某一行(列)展开的性质, 推广到按照 k 行(或 k 列)展开. 为此, 引入下面的定义.

定义 1.5.3 在 n 阶方阵 $\boldsymbol{A}=(a_{ij})$ 中, 任取 k 行 k 列($1\leqslant k\leqslant n$), 位于这些行和列交叉点上的 k^2 个元素, 按原来顺序组成的一个 k 阶行列式 M, 称为矩阵 $\boldsymbol{A}$ 的一个 k **阶子式**. 在

矩阵 $\boldsymbol{A}$ 中，去掉 k 行、k 列后，余下的元素按原来的顺序组成的一个 $n-k$ 阶行列式 N，称为 k 阶子式 M 的**余子式**.

若 k 阶子式 M 在矩阵 $\boldsymbol{A}$ 中所在的行和列号分别为第 $i_1,i_2,\cdots,i_k$ 行和第 $j_1,j_2,\cdots,j_k$ 列，则在 M 的余子式 N 前添加符号

$$(-1)^{i_1+i_2+\cdots+i_k+j_1+j_2+\cdots+j_k}$$

所得到的表达式称为 k 阶子式 M 的**代数余子式**. k 阶子式 M 的代数余子式记作 B，即

$$B=(-1)^{i_1+i_2+\cdots+i_k+j_1+j_2+\cdots+j_k}N$$

定理 1.5.5 [拉普拉斯定理(Laplace)] 在 n 阶行列式 $|\boldsymbol{A}|$ 中，任意取定 k 行(或 k 列)：第 $i_1,i_2,\cdots,i_k$ 行(或列)($i_1<i_2<\cdots<i_k$，且 $1\leqslant k<n$)，则 k 行(或 k 列)元素组成的所有 k 阶子式与它们各自的代数余子式的乘积之和等于 $|\boldsymbol{A}|$.

设 n 阶行列式 $|\boldsymbol{A}|$ 某 k 行(或 k 列)的所有 k 阶子式分别为 $M_1,M_2,\cdots,M_t(t=C_n^k)$，它们相应的代数余子式分别为 $B_1,B_2,\cdots,B_t$，则 $|\boldsymbol{A}|=M_1B_1+M_2B_2+\cdots+M_tB_t$.

注意，拉普拉斯定理的证明从略.

例 1.5.7 (1) 设 $\boldsymbol{A}=\left(a_{ij}\right)_{m\times m}$，$\boldsymbol{B}=\left(b_{ij}\right)_{n\times n}$，$\boldsymbol{C}=\left(c_{ij}\right)_{m\times n}$，证明：$\begin{vmatrix}\boldsymbol{A} & \boldsymbol{C}\\ \boldsymbol{O} & \boldsymbol{B}\end{vmatrix}=|\boldsymbol{A}||\boldsymbol{B}|$；

(2) 设 $\boldsymbol{A}=\left(a_{ij}\right)_{m\times m}$，$\boldsymbol{B}=\left(b_{ij}\right)_{n\times n}$，$\boldsymbol{C}=\left(c_{ij}\right)_{n\times m}$，证明：$\begin{vmatrix}\boldsymbol{A} & \boldsymbol{O}\\ \boldsymbol{C} & \boldsymbol{B}\end{vmatrix}=|\boldsymbol{A}||\boldsymbol{B}|$.

证 利用拉普拉斯定理直接可得

(1) $\begin{vmatrix}\boldsymbol{A} & \boldsymbol{C}\\ \boldsymbol{O} & \boldsymbol{B}\end{vmatrix}=|\boldsymbol{A}|(-1)^{1+2+\cdots+m+1+2+\cdots+m}|\boldsymbol{B}|=|\boldsymbol{A}||\boldsymbol{B}|$；

(2) $\begin{vmatrix}\boldsymbol{A} & \boldsymbol{O}\\ \boldsymbol{C} & \boldsymbol{B}\end{vmatrix}=|\boldsymbol{A}|(-1)^{1+2+\cdots+m+1+2+\cdots+m}|\boldsymbol{B}|=|\boldsymbol{A}||\boldsymbol{B}|$.

特别地，对于分块对角矩阵 $\boldsymbol{A}=\begin{pmatrix}\boldsymbol{A}_1 & & & \\ & \boldsymbol{A}_2 & & \\ & & \ddots & \\ & & & \boldsymbol{A}_s\end{pmatrix}$，具有如下性质.

性质 1.5.7 $|\boldsymbol{A}|=|\boldsymbol{A}_1||\boldsymbol{A}_2|\cdots|\boldsymbol{A}_s|$.

定理 1.5.6 如果矩阵 $\boldsymbol{A}$，$\boldsymbol{B}$ 为 n 阶方阵，那么 $|\boldsymbol{AB}|=|\boldsymbol{A}||\boldsymbol{B}|$.

证 构造 $2n$ 阶行列式 $D=\begin{vmatrix}\boldsymbol{A} & \boldsymbol{O}\\ -\boldsymbol{E} & \boldsymbol{B}\end{vmatrix}$. 由拉普拉斯定理可得 $D=|\boldsymbol{A}||\boldsymbol{B}|$. 令 $\boldsymbol{C}=(c_{ij})=\boldsymbol{AB}$，则 $c_{ij}=\sum\limits_{k=1}^{n}a_{ik}b_{kj}$，且

$$D=\begin{vmatrix} a_{11} & \cdots & a_{1n} & 0 & \cdots & 0 \\ \vdots & & \vdots & \vdots & & \vdots \\ a_{n1} & \cdots & a_{nn} & 0 & \cdots & 0 \\ -1 & \cdots & 0 & b_{11} & \cdots & b_{1n} \\ \vdots & & \vdots & \vdots & & \vdots \\ 0 & \cdots & -1 & b_{n1} & \cdots & b_{nn} \end{vmatrix} \xlongequal[j=1,2\cdots,n]{c_{n+j}-\sum\limits_{i=1}^{n} b_{ij}c_i} \begin{vmatrix} a_{11} & \cdots & a_{1n} & c_{11} & \cdots & c_{1n} \\ \vdots & & \vdots & \vdots & & \vdots \\ a_{n1} & \cdots & a_{nn} & c_{n1} & \cdots & c_{nn} \\ -1 & \cdots & 0 & 0 & \cdots & 0 \\ \vdots & & \vdots & \vdots & & \vdots \\ 0 & \cdots & -1 & 0 & \cdots & 0 \end{vmatrix}$$

$$\xlongequal{\text{拉普拉斯定理}} |-\boldsymbol{E}_n|(-1)^{n+1+n+2+\cdots+n+n+1+2+\cdots+n}|\boldsymbol{C}|=|\boldsymbol{C}|=|\boldsymbol{AB}|$$

于是可得$|\boldsymbol{AB}|=|\boldsymbol{A}||\boldsymbol{B}|$.

1.6　逆　矩　阵

在数的运算中，当数$a\neq 0$时，有$aa^{-1}=a^{-1}a=1$．其中$a^{-1}=\dfrac{1}{a}$为a的倒数，或称a的逆元. 将此应用到矩阵的运算中，单位阵$\boldsymbol{E}$相当于数的乘法运算中的 1. 那么我们会想到矩阵$\boldsymbol{A}$需要满足什么条件才有矩阵$\boldsymbol{B}$，使得$\boldsymbol{AB}=\boldsymbol{BA}=\boldsymbol{E}$．在本节中，我们引入逆矩阵的概念来探讨这个问题.

1.6.1　逆矩阵的概念与性质

定义 1.6.1　设$\boldsymbol{A}$为n阶方阵，若存在n阶方阵$\boldsymbol{B}$，使得$\boldsymbol{AB}=\boldsymbol{BA}=\boldsymbol{E}$，则称矩阵$\boldsymbol{A}$是**可逆矩阵**，并称矩阵$\boldsymbol{B}$为矩阵$\boldsymbol{A}$的逆矩阵，记作$\boldsymbol{B}=\boldsymbol{A}^{-1}$．否则，矩阵$\boldsymbol{A}$为**不可逆矩阵**.

定理 1.6.1　设矩阵$\boldsymbol{A}$是可逆矩阵，则它的逆矩阵是唯一的.

证　设矩阵$\boldsymbol{A}$有两个逆矩阵$\boldsymbol{B}$和$\boldsymbol{C}$，即

$$\boldsymbol{AB}=\boldsymbol{BA}=\boldsymbol{E},\quad \boldsymbol{AC}=\boldsymbol{CA}=\boldsymbol{E}$$

得到

$$\boldsymbol{C}=\boldsymbol{CE}=\boldsymbol{CAB}=\boldsymbol{EB}=\boldsymbol{B}$$

因而可逆矩阵的逆矩阵是唯一的.

例 1.6.1　单位矩阵可逆，因为$\boldsymbol{EE}=\boldsymbol{E}$，且$\boldsymbol{E}^{-1}=\boldsymbol{E}$.

定义 1.6.2　若n阶方阵$\boldsymbol{A}$的行列式$|\boldsymbol{A}|\neq 0$，则称$\boldsymbol{A}$为**非奇异矩阵**，否则称$\boldsymbol{A}$为**奇异矩阵**.

定理 1.6.2　n阶方阵$\boldsymbol{A}$可逆的充分必要条件是$\boldsymbol{A}$为非奇异矩阵. 且当$\boldsymbol{A}$可逆时，有$\boldsymbol{A}^{-1}=\dfrac{1}{|\boldsymbol{A}|}\boldsymbol{A}^*$.

证　**必要性**　设$\boldsymbol{A}$为可逆矩阵，则存在$\boldsymbol{A}^{-1}$，使$\boldsymbol{AA}^{-1}=\boldsymbol{E}$，由定理 1.5.6 得$|\boldsymbol{AA}^{-1}|=|\boldsymbol{A}||\boldsymbol{A}^{-1}|=1$，因此有$|\boldsymbol{A}|\neq 0$，即$\boldsymbol{A}$为非奇异矩阵.

充分性　若$\boldsymbol{A}$为非奇异矩阵，则$|\boldsymbol{A}|\neq 0$．由定理 1.5.4，$\boldsymbol{AA}^*=\boldsymbol{A}^*\boldsymbol{A}=|\boldsymbol{A}|\boldsymbol{E}$得$\boldsymbol{A}\left(\dfrac{1}{|\boldsymbol{A}|}\boldsymbol{A}^*\right)=$

$\left(\frac{1}{|A|}A^*\right)A = E$，因此 A 可逆，且 $A^{-1} = \frac{1}{|A|}A^*$.

推论 1.6.1 设 A，B 均为 n 阶方阵，且满足 $AB = E$（或 $BA = E$），则 A，B 都可逆，且 $A^{-1} = B$，$B^{-1} = A$.

证 由 $AB = E$ 得 $|AB| = |A||B| = 1$，因此 $|A| \neq 0$，$|B| \neq 0$. 由定理 1.6.2 得 A 可逆，B 可逆. 在 $AB = E$ 两边左乘 A^{-1}，得

$$A^{-1}AB = A^{-1}E \Rightarrow EB = A^{-1}E \Rightarrow B = A^{-1}$$

在 $AB = E$ 两边右乘 B^{-1}，得

$$ABB^{-1} = EB^{-1} \Rightarrow AE = EB^{-1} \Rightarrow A = B^{-1}$$

下面的定理给出了逆矩阵的性质.

定理 1.6.3 设矩阵 A, B 均为 n 阶可逆矩阵，数 $\lambda \neq 0$，则

(1) A^{-1} 可逆，且 $(A^{-1})^{-1} = A$；

(2) λA 可逆，且 $(\lambda A)^{-1} = \frac{1}{\lambda}A^{-1}$；

(3) AB 可逆，且 $(AB)^{-1} = B^{-1}A^{-1}$；

(4) A^{T} 可逆，且 $(A^{\mathrm{T}})^{-1} = (A^{-1})^{\mathrm{T}}$.

证 (1) 因为 $AA^{-1} = E$，所以 $(A^{-1})^{-1} = A$；

(2) $\frac{1}{\lambda}A^{-1}(\lambda A) = \frac{1}{\lambda}\lambda A^{-1}A = E$，所以 $(\lambda A)^{-1} = \frac{1}{\lambda}A^{-1}$；

(3) 由于

$$(AB)(B^{-1}A^{-1}) = A(BB^{-1})A^{-1} = AA^{-1} = E$$

所以 AB 可逆，且 $(AB)^{-1} = B^{-1}A^{-1}$；

(4) 因为 $A^{\mathrm{T}}(A^{-1})^{\mathrm{T}} = (A^{-1}A)^{\mathrm{T}} = E$，所以 A^{T} 可逆，且 $(A^{\mathrm{T}})^{-1} = (A^{-1})^{\mathrm{T}}$.

对于(3)，利用归纳法可证明：若 $A_i (i = 1, 2, \cdots, l)$ 均为同阶可逆矩阵，则它们的乘积 $A_1A_2\cdots A_l$ 可逆，且 $\left(A_1A_2\cdots A_l\right)^{-1} = A_l^{-1}A_{l-1}^{-1}\cdots A_1^{-1}$.

例 1.6.2 设矩阵 A 满足 $A^2 - 3A - 10E = O$. 试证：A，$A - 4E$ 都可逆，并求它们的逆矩阵.

证 由 $A^2 - 3A - 10E = O$ 得 $A(A - 3E) = 10E$，即

$$A\left(\frac{1}{10}(A - 3E)\right) = E$$

由推论 1.6.1 可知，A 可逆，且 $A^{-1} = \frac{1}{10}(A - 3E)$.

再由 $A^2 - 3A - 10E = O$ 得 $(A + E)(A - 4E) = 6E$，即

$$\frac{1}{6}(A+E)(A-4E)=E$$

故 $A-4E$ 可逆，且 $(A-4E)^{-1}=\frac{1}{6}(A+E)$.

1.6.2　分块矩阵的逆矩阵

下面介绍如何利用分块矩阵来求矩阵的逆矩阵，我们一般采用待定系数法.

例 1.6.3　设有分块矩阵 $A=\begin{pmatrix} B & C \\ O & F \end{pmatrix}$，其中 B，F 是 s 阶和 r 阶可逆矩阵，试证：A 可逆，并求 A^{-1}.

证　因为 B，F 都可逆，所以 $|B|\neq 0$，$|F|\neq 0$. 由拉普拉斯定理得 $|A|=|B||F|\neq 0$. 从而 A 可逆.

设 A 的逆矩阵为 $A^{-1}=\begin{pmatrix} W_s & G_{s\times r} \\ H_{r\times s} & I_r \end{pmatrix}$，由 $AA^{-1}=\begin{pmatrix} B & C \\ O & F \end{pmatrix}\begin{pmatrix} W & G \\ H & I \end{pmatrix}=\begin{pmatrix} E_s & O \\ O & E_r \end{pmatrix}$ 得

$$\begin{pmatrix} BW+CH & BG+CI \\ FH & FI \end{pmatrix}=\begin{pmatrix} E_s & O \\ O & E_r \end{pmatrix}$$

由分块矩阵相等的定义知

$$\begin{cases} BW+CH=E_s \\ BG+CI=O \\ FH=O \\ FI=E_r \end{cases}$$

可推出 $H=O$，$I=F^{-1}$，$W=B^{-1}$，$G=-B^{-1}CF^{-1}$. 即

$$A^{-1}=\begin{pmatrix} B^{-1} & -B^{-1}CF^{-1} \\ O & F^{-1} \end{pmatrix}$$

特别地，若 $C=O$，则 $A=\begin{pmatrix} B & O \\ O & F \end{pmatrix}$，则有

$$A^{-1}=\begin{pmatrix} B^{-1} & O \\ O & F^{-1} \end{pmatrix}$$

这一结果可推广到更一般的情形. 若分块对角矩阵

$$A=\begin{pmatrix} A_1 & & & \\ & A_2 & & \\ & & \ddots & \\ & & & A_s \end{pmatrix}$$

其中 A_i 为 n_i 阶可逆矩阵($i=1,2,\cdots,s$)，则 A 可逆，且

$$A^{-1}=\begin{pmatrix} A_1^{-1} & & & \\ & A_2^{-1} & & \\ & & \ddots & \\ & & & A_s^{-1} \end{pmatrix}$$

例 1.6.4 设 $A=\begin{pmatrix} 5 & 0 & 0 \\ 0 & 3 & 1 \\ 0 & 2 & 1 \end{pmatrix}$, 求 A^{-1}.

解 将 A 分块成

$$\left(\begin{array}{c:cc} 5 & 0 & 0 \\ \hdashline 0 & 3 & 1 \\ 0 & 2 & 1 \end{array}\right)=\begin{pmatrix} A_1 & O \\ O & A_2 \end{pmatrix}$$

其中 $A_1=(5)$, $A_2=\begin{pmatrix} 3 & 1 \\ 2 & 1 \end{pmatrix}$, 则 $A_1^{-1}=\left(\frac{1}{5}\right)$, $A_2^{-1}=\begin{pmatrix} 1 & -1 \\ -2 & 3 \end{pmatrix}$, 所以

$$A^{-1}=\begin{pmatrix} A_1^{-1} & O \\ O & A_2^{-1} \end{pmatrix}=\begin{pmatrix} \frac{1}{5} & 0 & 0 \\ 0 & 1 & -1 \\ 0 & -2 & 3 \end{pmatrix}$$

1.6.3 克拉默法则

当 n 阶矩阵 A 可逆时, 利用定理 1.6.2 可以求出线性方程组 $Ax=b$ 的解, 并且其解可用行列式表示.

定理 1.6.4 (克拉默法则) 设线性方程组

$$Ax=b$$

其中: $A=(a_{ij})_n=(\alpha_1,\alpha_2,\cdots,\alpha_n)$, $x=(x_1,x_2,\cdots,x_n)^{\mathrm{T}}$, $b=(b_1,b_2,\cdots,b_n)^{\mathrm{T}}$. 若系数矩阵的行列式 $D=|A|\neq 0$, 则线性方程组有唯一解, 即

$$x_j=\frac{D_j}{D}\quad (j=1,2,\cdots,n)$$

其中, $D_j=|\alpha_1,\alpha_2,\cdots,\alpha_{j-1},b,\alpha_{j+1},\cdots,\alpha_n|$.

证 由于 $D\neq 0$, 所以 A 可逆. 由 $Ax=b$ 得

$$x=A^{-1}Ax=A^{-1}b=\frac{1}{|A|}A^{*}b$$

即

$$\begin{pmatrix} x_1 \\ \vdots \\ x_n \end{pmatrix} = \frac{1}{D}\begin{pmatrix} A_{11} & A_{21} & \cdots & A_{n1} \\ A_{12} & A_{22} & \cdots & A_{n2} \\ \vdots & \vdots & & \vdots \\ A_{1n} & A_{2n} & \cdots & A_{nn} \end{pmatrix}\begin{pmatrix} b_1 \\ \vdots \\ b_n \end{pmatrix}$$

由此可得

$$x_j = \frac{1}{D}(b_1A_{1j} + b_2A_{2j} + \cdots + b_nA_{nj}) = \frac{D_j}{D} \quad (j = 1, 2, \cdots, n)$$

注意，用克拉默法则求解线性方程组，要求系数矩阵是可逆矩阵，即方程的个数等于未知数的个数，并且系数矩阵的行列式不为零. 同时，克拉默法则的重要性在于它揭示了线性方程组的解与行列式之间的关系.

例 1.6.5 用克拉默法则解方程组

$$\begin{cases} 2x_1 + x_2 - 5x_3 + x_4 = 8 \\ x_1 - 3x_2 - 6x_4 = 9 \\ 2x_2 - x_3 + 2x_4 = -5 \\ x_1 + 4x_2 - 7x_3 + 6x_4 = 0 \end{cases}$$

解 先计算方程组的系数矩阵的行列式

$$D = \begin{vmatrix} 2 & 1 & -5 & 1 \\ 1 & -3 & 0 & -6 \\ 0 & 2 & -1 & 2 \\ 1 & 4 & -7 & 6 \end{vmatrix} \xlongequal[r_4 - r_2]{r_1 - 2r_2} \begin{vmatrix} 0 & 7 & -5 & 13 \\ 1 & -3 & 0 & -6 \\ 0 & 2 & -1 & 2 \\ 0 & 7 & -7 & 12 \end{vmatrix}$$

$$= -\begin{vmatrix} 7 & -5 & 13 \\ 2 & -1 & 2 \\ 7 & -7 & 12 \end{vmatrix} \xlongequal[c_3 + 2c_2]{c_1 + 2c_2} - \begin{vmatrix} -3 & -5 & 3 \\ 0 & -1 & 0 \\ -7 & -7 & -2 \end{vmatrix}$$

$$= \begin{vmatrix} -3 & 3 \\ -7 & -2 \end{vmatrix} = 27 \neq 0$$

$$D_1 = \begin{vmatrix} 8 & 1 & -5 & 1 \\ 9 & -3 & 0 & -6 \\ -5 & 2 & -1 & 2 \\ 0 & 4 & -7 & 6 \end{vmatrix} = 81, \qquad D_2 = \begin{vmatrix} 2 & 8 & -5 & 1 \\ 1 & 9 & 0 & -6 \\ 0 & -5 & -1 & 2 \\ 1 & 0 & -7 & 6 \end{vmatrix} = -108$$

$$D_3 = \begin{vmatrix} 2 & 1 & 8 & 1 \\ 1 & -3 & 9 & -6 \\ 0 & 2 & -5 & 2 \\ 1 & 4 & 0 & 6 \end{vmatrix} = -27, \qquad D_4 = \begin{vmatrix} 2 & 1 & -5 & 8 \\ 1 & -3 & 0 & 9 \\ 0 & 2 & -1 & -5 \\ 1 & 4 & -7 & 0 \end{vmatrix} = 27$$

所以其解为

$$x_1=\frac{D_1}{D}=\frac{81}{27}=3,\ x_2=\frac{D_2}{D}=\frac{-108}{27}=-4,\ x_3=\frac{D_3}{D}=\frac{-27}{27}=-1,\ x_4=\frac{D_4}{D}=\frac{27}{27}=1$$

1.6.4 用初等变换求逆矩阵

为了利用初等变换求逆矩阵，下面介绍初等矩阵 $\boldsymbol{E}(i,j)$，$\boldsymbol{E}(i(k))$，$\boldsymbol{E}(i,j(k))$ 具有的性质.

定理 1.6.5 初等矩阵均可逆，且其逆矩阵仍是初等矩阵，即有 $\boldsymbol{E}(i,j)^{-1}=\boldsymbol{E}(i,j)$，$\boldsymbol{E}(i(k))^{-1}=\boldsymbol{E}\left(i\left(\frac{1}{k}\right)\right)$，$\boldsymbol{E}(i,j(k))^{-1}=\boldsymbol{E}(i,j(-k))$.

(请读者自行验证)

定理 1.6.6 n 阶方阵 $\boldsymbol{A}$ 可逆的充分必要条件是 $\boldsymbol{A}$ 可以写为有限个初等矩阵的乘积.

证 充分性 由于 $\boldsymbol{A}=\boldsymbol{P}_1\boldsymbol{P}_2\cdots\boldsymbol{P}_l$，且初等矩阵 $\boldsymbol{P}_1,\boldsymbol{P}_2,\cdots,\boldsymbol{P}_l$ 为可逆的，有限个可逆矩阵的乘积仍是可逆的，所以方阵 $\boldsymbol{A}$ 可逆.

必要性 设矩阵 $\boldsymbol{A}$ 为可逆的，且 $\boldsymbol{A}$ 的标准形为 $\boldsymbol{F}$，则存在有限个初等矩阵 $\boldsymbol{P}_1,\boldsymbol{P}_2,\cdots,\boldsymbol{P}_l$，使得

$$\boldsymbol{P}_1\boldsymbol{P}_2\cdots\boldsymbol{P}_s\boldsymbol{F}\boldsymbol{P}_{s+1}\cdots\boldsymbol{P}_l=\boldsymbol{A}$$

由于 $\boldsymbol{A}$ 可逆，且 $\boldsymbol{P}_1,\boldsymbol{P}_2,\cdots,\boldsymbol{P}_l$ 也可逆，所以 $\boldsymbol{A}$ 的标准形 $\boldsymbol{F}$ 也必可逆，设

$$\boldsymbol{F}=\begin{pmatrix}\boldsymbol{E}_r & \boldsymbol{O}\\ \boldsymbol{O} & \boldsymbol{O}\end{pmatrix}_{n\times n}$$

假若 $r<n$，则 $|\boldsymbol{F}|=0$，这与 $\boldsymbol{F}$ 可逆矛盾. 故有 $\boldsymbol{F}=\boldsymbol{E}$. 从而，$\boldsymbol{A}=\boldsymbol{P}_1\boldsymbol{P}_2\cdots\boldsymbol{P}_l$，证毕.

由以上的证明可得: 可逆矩阵的标准形为 $\boldsymbol{E}$，实际上，可逆矩阵的行最简形也是 $\boldsymbol{E}$.

定理 1.6.7 设 $\boldsymbol{A}$，$\boldsymbol{B}$ 为 $m\times n$ 矩阵，那么

(1) $\boldsymbol{A}$ 和 $\boldsymbol{B}$ 行等价的充分必要条件是存在 m 阶可逆矩阵 $\boldsymbol{P}$，使得 $\boldsymbol{PA}=\boldsymbol{B}$;

(2) $\boldsymbol{A}$ 和 $\boldsymbol{B}$ 列等价的充分必要条件是存在 n 阶可逆矩阵 $\boldsymbol{Q}$，使得 $\boldsymbol{AQ}=\boldsymbol{B}$;

(3) $\boldsymbol{A}$ 和 $\boldsymbol{B}$ 等价的充分必要条件是存在 m 阶可逆矩阵 $\boldsymbol{P}$ 和 n 阶可逆矩阵 $\boldsymbol{Q}$ 使得 $\boldsymbol{PAQ}=\boldsymbol{B}$.

证 (1) 依据 $\boldsymbol{A}$ 和 $\boldsymbol{B}$ 行等价的定义和定理 1.4.1，有

$\boldsymbol{A}$ 和 $\boldsymbol{B}$ 行等价 $\Leftrightarrow$ $\boldsymbol{A}$ 经过有限次初等行变换变成 $\boldsymbol{B}$

$\Leftrightarrow$ 存在有限个 m 阶初等矩阵 $\boldsymbol{P}_1,\boldsymbol{P}_2,\cdots,\boldsymbol{P}_l$，使得 $\boldsymbol{P}_1\boldsymbol{P}_2\cdots\boldsymbol{P}_l\boldsymbol{A}=\boldsymbol{B}$

$\Leftrightarrow$ 令 $\boldsymbol{P}=\boldsymbol{P}_1\boldsymbol{P}_2\cdots\boldsymbol{P}_l$，由初等矩阵的可逆性知 $\boldsymbol{P}$ 可逆，故存在 m 阶初等矩阵 $\boldsymbol{P}$，使得 $\boldsymbol{PA}=\boldsymbol{B}$

类似地，可以证明(2)和(3).

由上述定理，可得下述结论.

推论 1.6.2 方阵 $\boldsymbol{A}$ 可逆的充要条件是 $\boldsymbol{A}$ 和单位矩阵 $\boldsymbol{E}$ 行等价.

证 定理 1.6.7，方阵 $\boldsymbol{A}$ 可逆 $\Leftrightarrow$ 存在可逆矩阵 $\boldsymbol{P}$，使 $\boldsymbol{PA}=\boldsymbol{E}$ $\Leftrightarrow$ $\boldsymbol{A}$ 和单位矩阵 $\boldsymbol{E}$ 行等价.

设 $\boldsymbol{A}$ 为 n 阶可逆矩阵，由定理 1.6.6 可知，$\boldsymbol{A}$ 可以写为有限个初等矩阵的乘积，即

$$\boldsymbol{A}=\boldsymbol{P}_1\boldsymbol{P}_2\cdots\boldsymbol{P}_l$$

可得

$$P_l^{-1}P_{l-1}^{-1}\cdots P_1^{-1}A=E\,,\qquad P_l^{-1}P_{l-1}^{-1}\cdots P_1^{-1}E=A^{-1}$$

那么有

$$P_l^{-1}P_{l-1}^{-1}\cdots P_1^{-1}(A,E)=A^{-1}(A,E)=(E,A^{-1})$$

根据定理 1.4.1, 上式意味着对分块矩阵 (A,E) 施行有限次初等行变换, 当左边的子块 A 化为单位矩阵 E 的时候, 右边的子块 E 就化为 A^{-1}. 因此, 用初等行变换求逆矩阵, 即

$$(A,E)\xrightarrow{\text{初等行变换}}(E,A^{-1})$$

另一方面, 利用初等列变换求逆矩阵, 即

$$\begin{pmatrix}A\\E\end{pmatrix}\xrightarrow{\text{初等列变换}}\begin{pmatrix}E\\A^{-1}\end{pmatrix}$$

原因在于

$$\begin{pmatrix}A\\E\end{pmatrix}A^{-1}=\begin{pmatrix}A\\E\end{pmatrix}P_l^{-1}P_{l-1}^{-1}\cdots P_1^{-1}=\begin{pmatrix}E\\A^{-1}\end{pmatrix}$$

需注意, 在上述两种求逆矩阵的方法中, 当用初等行(列)变换求逆矩阵时, 必须始终施以行(列)变换.

设 A 为已知的可逆矩阵, B 为另一矩阵, A 可以写为有限个初等矩阵的乘积, 即 $A=P_1P_2\cdots P_l$, 可得 $P_l^{-1}P_{l-1}^{-1}\cdots P_1^{-1}A=E$, $P_l^{-1}P_{l-1}^{-1}\cdots P_1^{-1}E=A^{-1}$, 那么有

$$P_l^{-1}P_{l-1}^{-1}\cdots P_1^{-1}(A,B)=A^{-1}(A,B)=(E,A^{-1}B)$$

$$\left(\begin{pmatrix}A\\B\end{pmatrix}P_l^{-1}P_{l-1}^{-1}\cdots P_1^{-1}=\begin{pmatrix}A\\B\end{pmatrix}A^{-1}=\begin{pmatrix}E\\BA^{-1}\end{pmatrix}\right)$$

即 $(A,B)\xrightarrow{\text{初等行变换}}(E,A^{-1}B),\left(\begin{pmatrix}A\\B\end{pmatrix}\xrightarrow{\text{初等列变换}}\begin{pmatrix}E\\BA^{-1}\end{pmatrix}\right)$.

基于上述事实可见, 用初等行(列)变换求逆矩阵的计算方法, 还可以用于求解形如 $AX=B(XA=B)$ 的矩阵方程.

定理 1.6.7 表明, 如果 A 和 B 行等价, 即 A 经过一系列初等行变换变成 B, 则有可逆矩阵 P, 使得 $PA=B$. 那么如何求出这个可逆矩阵 P?

由于

$$PA=B\Leftrightarrow\begin{cases}PA=B,\\PE=P\end{cases}\Leftrightarrow P(A,E)=(B,P)\Leftrightarrow(A,E)\xrightarrow{\text{初等行变换}}(B,P)$$

所以, 对 (A,E) 作初等行变换, 那么当把 A 变为 B 的同时也将 E 变为了 P. 于是就得到所要求的可逆矩阵 P.

例 1.6.6　利用初等行变换求矩阵$\begin{pmatrix} 2 & -4 & 1 \\ 1 & -5 & 2 \\ 1 & -1 & 1 \end{pmatrix}$的逆矩阵.

解　对$(\boldsymbol{A},\boldsymbol{E})$实施初等行变换将$\boldsymbol{A}$化成单位矩阵$\boldsymbol{E}$. 运算为

$$(\boldsymbol{A},\boldsymbol{E})=\begin{pmatrix} 2 & -4 & 1 & 1 & 0 & 0 \\ 1 & -5 & 2 & 0 & 1 & 0 \\ 1 & -1 & 1 & 0 & 0 & 1 \end{pmatrix}\xrightarrow{r_1\leftrightarrow r_2}\begin{pmatrix} 1 & -5 & 2 & 0 & 1 & 0 \\ 2 & -4 & 1 & 1 & 0 & 0 \\ 1 & -1 & 1 & 0 & 0 & 1 \end{pmatrix}$$

$$\xrightarrow[r_3-r_1]{r_2-2r_1}\begin{pmatrix} 1 & -5 & 2 & 0 & 1 & 0 \\ 0 & 6 & -3 & 1 & -2 & 0 \\ 0 & 4 & -1 & 0 & -1 & 1 \end{pmatrix}\xrightarrow{r_2\times\frac{1}{6}}\begin{pmatrix} 1 & -5 & 2 & 0 & 1 & 0 \\ 0 & 1 & -\frac{1}{2} & \frac{1}{6} & -\frac{1}{3} & 0 \\ 0 & 4 & -1 & 0 & -1 & 1 \end{pmatrix}$$

$$\xrightarrow{r_3-4r_2}\begin{pmatrix} 1 & -5 & 2 & 0 & 1 & 0 \\ 0 & 1 & -\frac{1}{2} & \frac{1}{6} & -\frac{1}{3} & 0 \\ 0 & 0 & 1 & -\frac{2}{3} & \frac{1}{3} & 1 \end{pmatrix}\xrightarrow[r_1-2r_3]{r_2+\frac{1}{2}r_3}\begin{pmatrix} 1 & -5 & 0 & \frac{4}{3} & \frac{1}{3} & -2 \\ 0 & 1 & 0 & -\frac{1}{6} & -\frac{1}{6} & \frac{1}{2} \\ 0 & 0 & 1 & -\frac{2}{3} & \frac{1}{3} & 1 \end{pmatrix}$$

$$\xrightarrow{r_1+5r_2}\begin{pmatrix} 1 & 0 & 0 & \frac{1}{2} & -\frac{1}{2} & \frac{1}{2} \\ 0 & 1 & 0 & -\frac{1}{6} & -\frac{1}{6} & \frac{1}{2} \\ 0 & 0 & 1 & -\frac{2}{3} & \frac{1}{3} & 1 \end{pmatrix}$$

因为$\boldsymbol{A}$与单位矩阵$\boldsymbol{E}$行等价, 所以$\boldsymbol{A}$可逆, 且

$$\boldsymbol{A}^{-1}=\begin{pmatrix} \frac{1}{2} & -\frac{1}{2} & \frac{1}{2} \\ -\frac{1}{6} & -\frac{1}{6} & \frac{1}{2} \\ -\frac{2}{3} & \frac{1}{3} & 1 \end{pmatrix}$$

例 1.6.7　求矩阵$\boldsymbol{X}$, 使$\boldsymbol{AX}=\boldsymbol{B}$, 其中$\boldsymbol{A}=\begin{pmatrix} 1 & 2 & 3 \\ 2 & 2 & 1 \\ 3 & 4 & 3 \end{pmatrix}$, $\boldsymbol{B}=\begin{pmatrix} 2 & 5 \\ 3 & 1 \\ 4 & 3 \end{pmatrix}$.

解　若$\boldsymbol{A}$可逆, 则$\boldsymbol{X}=\boldsymbol{A}^{-1}\boldsymbol{B}$. 利用初等行变换求$\boldsymbol{X}=\boldsymbol{A}^{-1}\boldsymbol{B}$.

$$\begin{pmatrix} 1 & 2 & 3 & 2 & 5 \\ 2 & 2 & 1 & 3 & 1 \\ 3 & 4 & 3 & 4 & 3 \end{pmatrix}\xrightarrow[r_3-3r_1]{r_2-2r_1}\begin{pmatrix} 1 & 2 & 3 & 2 & 5 \\ 0 & -2 & -5 & -1 & -9 \\ 0 & -2 & -6 & -2 & -12 \end{pmatrix}\xrightarrow[r_3-r_2]{r_1+r_2}\begin{pmatrix} 1 & 0 & -2 & 1 & -4 \\ 0 & -2 & -5 & -1 & -9 \\ 0 & 0 & -1 & -1 & -3 \end{pmatrix}$$

$$\xrightarrow[r_2-5r_3]{r_1-2r_3}\begin{pmatrix}1&0&0&3&2\\0&-2&0&4&6\\0&0&-1&-1&-3\end{pmatrix}\xrightarrow[r_3\times(-1)]{r_2\times\left(-\frac{1}{2}\right)}\begin{pmatrix}1&0&0&3&2\\0&1&0&-2&-3\\0&0&1&1&3\end{pmatrix}$$

即 $\boldsymbol{X}=\boldsymbol{A}^{-1}\boldsymbol{B}=\begin{pmatrix}3&2\\-2&-3\\1&3\end{pmatrix}$.

1.7 矩阵的秩

在 1.5 节介绍拉普拉斯定理时，定义 1.5.3 介绍了矩阵的 k 阶子式的概念. 现在利用子式的概念定义矩阵的秩.

定义 1.7.1 设矩阵 $\boldsymbol{A}_{m\times n}$ 中有一个不等于零的 r 阶子式 D，且所有的 $r+1$ 阶子式(如果存在的话)都为零，那么称 D 为 $\boldsymbol{A}$ 的**最高阶非零子式**，数 r 称为矩阵的**秩**，记作 $R(\boldsymbol{A})=r$. 并规定零矩阵的秩为零.

显然，$R(\boldsymbol{A})\leqslant\min\{m,n\}$.

由行列式的性质可知，$\boldsymbol{A}$ 中所有 $r+1$ 阶子式都为零时，所有高于 $r+1$ 阶的子式也都为零，因此 $R(\boldsymbol{A})$ 是 $\boldsymbol{A}$ 的非零子式的最高阶数.

显然，对任意矩阵 $\boldsymbol{A}$，$R(\boldsymbol{A})$ 是唯一的，但其最高阶非零子式一般是不唯一的.

根据行列式的性质，$\boldsymbol{A}$ 与 $\boldsymbol{A}^{\mathrm{T}}$ 的非零子式的最高阶数相同，因此 $R(\boldsymbol{A})=R(\boldsymbol{A}^{\mathrm{T}})$.

定义 1.7.2 设 $\boldsymbol{A}$ 为 n 阶方阵，若 $R(\boldsymbol{A})=n$，则称 $\boldsymbol{A}$ 为**满秩矩阵**，否则称为**降秩矩阵**. 显然，满秩矩阵 $\boldsymbol{A}$ 为非奇异矩阵，即 $|\boldsymbol{A}|\neq 0$.

例 1.7.1 求下列矩阵 $\boldsymbol{A}$、$\boldsymbol{B}$ 的秩

$$\boldsymbol{A}=\begin{pmatrix}1&0&-1&2\\1&-1&2&3\\2&-2&4&6\end{pmatrix},\qquad \boldsymbol{B}=\begin{pmatrix}1&0&1&2&1\\0&2&1&5&0\\0&0&0&-3&2\\0&0&0&0&0\end{pmatrix}$$

解 $\boldsymbol{A}$ 矩阵存在二阶子式 $\begin{vmatrix}1&0\\1&-1\end{vmatrix}\neq 0$，并且所有的三阶子式都为零($\boldsymbol{A}$ 的二、三行成比例)，因此 $R(\boldsymbol{A})=2$.

对于行阶梯形矩阵 $\boldsymbol{B}$，显然所有的四阶子式都为零，但有三阶子式 $\begin{vmatrix}1&0&2\\0&2&5\\0&0&-3\end{vmatrix}\neq 0$，因此 $R(\boldsymbol{A})=3$.

对于一般的矩阵，利用定义 1.7.1 求秩不是一件容易的事. 然而，对于行阶梯形矩阵，其秩就等于它的非零行的行数. 因为任何矩阵，总可以经过有限次初等行变换把它们变为行阶梯形矩阵，所以我们期望能将一般矩阵的求秩问题转化为行阶梯形矩阵的

求秩问题.

定理 1.7.1　初等变换不改变矩阵的秩.

证　先证: 设 $\boldsymbol{A}_{m\times n}$ 经过一次初等行变换得到矩阵 $\boldsymbol{B}_{m\times n}$, 则 $R(\boldsymbol{A})=R(\boldsymbol{B})$.

对于初等行变换中的第一种和第二种变换, 因为变换后矩阵中的每一个子式均能在原来的矩阵中找到相应的子式, 它们之间或只是行的次序不同, 或只是某一行变成了 k 倍, 所以相应子式或同为零, 或同为非零, 则矩阵的秩没有变.

对于第三种初等行变换, 设

$$\boldsymbol{A}=\begin{pmatrix} a_{11} & a_{12} & \cdots & a_{1n} \\ a_{21} & a_{22} & \cdots & a_{2n} \\ \vdots & \vdots & & \vdots \\ a_{m1} & a_{m2} & \cdots & a_{mn} \end{pmatrix}$$

不妨考虑把 $\boldsymbol{A}$ 的第二行的 k 倍加到第 1 行, 得

$$\boldsymbol{B}=\begin{pmatrix} a_{11}+ka_{21} & a_{12}+ka_{22} & \cdots & a_{1n}+ka_{2n} \\ a_{21} & a_{22} & \cdots & a_{2n} \\ \vdots & \vdots & & \vdots \\ a_{m1} & a_{m2} & \cdots & a_{mn} \end{pmatrix}$$

设 $R(\boldsymbol{A})=r$, 即 $\boldsymbol{A}$ 中有 r 阶子式 A_r 不为零. 若 A_r 不包含第1行的元, 则在 $\boldsymbol{B}$ 中能找到与 A_r 完全相同的 r 阶子式, 因此 $R(\boldsymbol{B})\geqslant r$; 若 A_r 包含第1行的元, 即

$$A_r=\begin{vmatrix} a_{1j_1} & \cdots & a_{1j_r} \\ \vdots & & \vdots \\ a_{i_rj_1} & \cdots & a_{i_rj_r} \end{vmatrix}\neq 0$$

由行列式的性质可知

$$B_r=\begin{vmatrix} a_{1j_1}+ka_{2j_1} & \cdots & a_{1j_r}+ka_{2j_r} \\ \vdots & & \vdots \\ a_{i_rj_1} & \cdots & a_{i_rj_r} \end{vmatrix}=\begin{vmatrix} a_{1j_1} & \cdots & a_{1j_r} \\ \vdots & & \vdots \\ a_{i_rj_1} & \cdots & a_{i_rj_r} \end{vmatrix}+k\begin{vmatrix} a_{2j_1} & \cdots & a_{2j_r} \\ \vdots & & \vdots \\ a_{i_rj_1} & \cdots & a_{i_rj_r} \end{vmatrix}=A_r+kD$$

若 B_r 不包含第 2 行元, 则 B_r, D 中至少有一个不为零; 若 B_r 包含第 2 行的元, 则 B_r 不为零, 而以上两种情况 $\boldsymbol{B}$ 中总有 r 阶非零子式, 所以 $R(\boldsymbol{B})\geqslant r$. 因此, 若 $\boldsymbol{A}_{m\times n}$ 经过一次初等行变换得到矩阵 $\boldsymbol{B}_{m\times n}$, 则 $R(\boldsymbol{B})\geqslant R(\boldsymbol{A})$. 而 $\boldsymbol{B}$ 可通过该初等行变换的逆变换得到 $\boldsymbol{A}$, 类似上述证明可得到 $R(\boldsymbol{A})\geqslant R(\boldsymbol{B})$. 故 $R(\boldsymbol{B})=R(\boldsymbol{A})$.

$\boldsymbol{A}_{m\times n}$ 经过一次初等列变换得到矩阵 $\boldsymbol{B}_{m\times n}$ 就意味着 $\boldsymbol{A}^{\mathrm{T}}$ 经过一次初等行变换得到 $\boldsymbol{B}^{\mathrm{T}}$. 利用上述证明可得 $R(\boldsymbol{B}^{\mathrm{T}})=R(\boldsymbol{A}^{\mathrm{T}})$ 即有 $R(\boldsymbol{B})=R(\boldsymbol{A})$. 由此可知, 初等变换就是多次的 3 种行与列变换的累积, 综合上面的证明可得 $R(\boldsymbol{B})=R(\boldsymbol{A})$.

由以上讨论可得下面的矩阵秩的性质.

性质 1.7.1　若 $\boldsymbol{A}\cong\boldsymbol{B}$, 则 $R(\boldsymbol{A})=R(\boldsymbol{B})$.

性质 1.7.2　$R(\boldsymbol{A})=R(\boldsymbol{PA})=R(\boldsymbol{AQ})=R(\boldsymbol{PAQ})$, 其中 $\boldsymbol{P}$, $\boldsymbol{Q}$ 均为可逆矩阵.

证　因为 $\boldsymbol{P}$ 可逆，由定理 1.6.6, $\boldsymbol{P}$ 可以写为有限个初等矩阵 $\boldsymbol{P}_1,\boldsymbol{P}_2,\cdots,\boldsymbol{P}_l$ 的乘积，即 $\boldsymbol{P}=\boldsymbol{P}_1\boldsymbol{P}_2\cdots\boldsymbol{P}_l$，所以有 $\boldsymbol{PA}=\boldsymbol{P}_1\boldsymbol{P}_2\cdots\boldsymbol{P}_l\boldsymbol{A}$，即 $\boldsymbol{PA}$ 为对 $\boldsymbol{A}$ 实行了 l 次行初等变换得到的矩阵，于是由定理 1.7.1 可知，

$$R(\boldsymbol{A})=R(\boldsymbol{PA})$$

同理可证 $R(\boldsymbol{A})=R(\boldsymbol{AQ})=R(\boldsymbol{PAQ})$.

定理 1.7.1 给出初等变换求矩阵秩的方法：用初等行变换把矩阵变成为行阶梯形矩阵，行阶梯形矩阵中非零行的行数就是矩阵的秩.

例 1.7.2　求矩阵 $\boldsymbol{A}=\begin{pmatrix}2&-1&1\\4&-2&2\\6&-3&3\end{pmatrix}$ 的秩.

解　对矩阵 $\boldsymbol{A}$ 作初等行变换变成行阶梯形矩阵

$$\boldsymbol{A}=\begin{pmatrix}2&-1&1\\4&-2&2\\6&-3&3\end{pmatrix}\xrightarrow[r_3-3r_1]{r_2-2r_1}\begin{pmatrix}2&-1&1\\0&0&0\\0&0&0\end{pmatrix}$$

因为行阶梯形矩阵有 1 个非零行，所以 $R(\boldsymbol{A})=1$.

例 1.7.3　求矩阵 $\boldsymbol{A}=\begin{pmatrix}3&2&0&5&0\\3&-2&3&6&-1\\2&0&1&5&-3\\1&6&-4&-1&4\end{pmatrix}$ 的秩，并求 $\boldsymbol{A}$ 的一个最高阶非零子式.

解　用初等行变换将 $\boldsymbol{A}$ 化为行阶梯形矩阵

$$\boldsymbol{A}=\begin{pmatrix}3&2&0&5&0\\3&-2&3&6&-1\\2&0&1&5&-3\\1&6&-4&-1&4\end{pmatrix}\xrightarrow{r_1\leftrightarrow r_4}\begin{pmatrix}1&6&-4&-1&4\\3&-2&3&6&-1\\2&0&1&5&-3\\3&2&0&5&0\end{pmatrix}$$

$$\xrightarrow[\substack{r_3-2r_1\\r_4-3r_1}]{r_2-r_4}\begin{pmatrix}1&6&-4&-1&4\\0&-4&3&1&-1\\0&-12&9&7&-11\\0&-16&12&8&-12\end{pmatrix}\xrightarrow[r_4-4r_2]{r_3-3r_2}\begin{pmatrix}1&6&-4&-1&4\\0&-4&3&1&-1\\0&0&0&4&-8\\0&0&0&4&-8\end{pmatrix}$$

$$\xrightarrow{r_4-r_3}\begin{pmatrix}1&6&-4&-1&4\\0&-4&3&1&-1\\0&0&0&4&-8\\0&0&0&0&0\end{pmatrix}$$

由行阶梯形矩阵有三个非零行可知

$$R(\boldsymbol{A})=3$$

以下求 $\boldsymbol{A}$ 的一个最高阶非零子式. 由于 $R(\boldsymbol{A})=3$，矩阵 $\boldsymbol{A}$ 三阶子式共有 $C_4^3\cdot C_5^3=40$

个．考察 A 的行阶梯形矩阵．将矩阵 A 按列分块，$A=(a_1,a_2,a_3,a_4,a_5)$，则矩阵 $B=(a_1,a_2,a_4)$ 的行阶梯形矩阵为

$$\begin{pmatrix} 1 & 6 & -1 \\ 0 & -4 & 1 \\ 0 & 0 & 4 \\ 0 & 0 & 0 \end{pmatrix}$$

所以 B 中必有三阶非零子式．B 的三阶子式有 4 个．计算 B 的前 3 行构成的子式，即

$$\begin{vmatrix} 3 & 2 & 5 \\ 3 & -2 & 6 \\ 2 & 0 & 5 \end{vmatrix} = \begin{vmatrix} 3 & 2 & 5 \\ 6 & 0 & 11 \\ 2 & 0 & 5 \end{vmatrix} = -2\begin{vmatrix} 6 & 11 \\ 2 & 5 \end{vmatrix} = -16 \neq 0$$

则这个子式便是 A 的一个最高阶非零子式．

例 1.7.4 设矩阵 $A=\begin{pmatrix} k & 1 & 1 & 1 \\ 1 & k & 1 & 1 \\ 1 & 1 & k & 1 \\ 1 & 1 & 1 & k \end{pmatrix}$，且 $R(A)=3$，求 k 的值．

解

$$|A| = \begin{vmatrix} k & 1 & 1 & 1 \\ 1 & k & 1 & 1 \\ 1 & 1 & k & 1 \\ 1 & 1 & 1 & k \end{vmatrix} = \begin{vmatrix} k+3 & k+3 & k+3 & k+3 \\ 1 & k & 1 & 1 \\ 1 & 1 & k & 1 \\ 1 & 1 & 1 & k \end{vmatrix}$$

$$= (k+3)\begin{vmatrix} 1 & 1 & 1 & 1 \\ 1 & k & 1 & 1 \\ 1 & 1 & k & 1 \\ 1 & 1 & 1 & k \end{vmatrix} = (k+3)\begin{vmatrix} 1 & 1 & 1 & 1 \\ 0 & k-1 & 0 & 0 \\ 0 & 0 & k-1 & 0 \\ 0 & 0 & 0 & k-1 \end{vmatrix}$$

$$= (k+3)(k-1)^3$$

由 $R(A)=3$ 可得，$|A|=0$，所以 $k=-3$ 或者 1．而当 $k=1$ 时，显然 $R(A)=1$．可以验证当 $k=-3$ 时，$R(A)=3$．

下面介绍矩阵秩其他几个性质．

性质 1.7.3 设 A 为 $m\times n$ 矩阵，B 为 $m\times s$ 矩阵，则

$$\max\{R(A),R(B)\} \leqslant R(A,B) \leqslant R(A)+R(B)$$

证 由于 A，B 中的最高阶非零子式一定是 (A,B) 中的非零子式，所以

$$\max\{R(A),R(B)\} \leqslant R(A,B)$$

设 A^{T} 的行最简形矩阵为 $\tilde{A}$，B^{T} 的行最简形矩阵为 $\tilde{B}$，$R(A)=r$，$R(B)=t$，则

$\begin{pmatrix} A^{\mathrm{T}} \\ B^{\mathrm{T}} \end{pmatrix} \xrightarrow{\text{初等行变换}} \begin{pmatrix} \widetilde{A} \\ \widetilde{B} \end{pmatrix}$. 由矩阵秩的性质可得

$$R(A,B) = R\begin{pmatrix} A^{\mathrm{T}} \\ B^{\mathrm{T}} \end{pmatrix} = R\begin{pmatrix} \widetilde{A} \\ \widetilde{B} \end{pmatrix} \leqslant \begin{pmatrix} \widetilde{A} \\ \widetilde{B} \end{pmatrix}$$

中的非零行的行数$=r+t=R(A)+R(B)$.

性质 1.7.4 设 A, B 为 $m\times n$ 阶矩阵, 则 $R(A+B)\leqslant R(A)+R(B)$.

证 设 $A=(a_1,a_2,\cdots,a_n)$, $B=(b_1,b_2,\cdots,b_n)$, 那么

$$(A+B,B)=(a_1+b_1,\cdots,a_n+b_n,b_1,\cdots,b_n)\xrightarrow[j=1,\cdots,n]{c_j-c_{j+n}}(a_1,\cdots,a_n,b_1,\cdots,b_n)=(A,B)$$

故

$$(A+B,B)\cong(A,B)$$

由矩阵秩的性质可得

$$R(A+B,B)=R(A,B)\leqslant R(A)+R(B)$$

于是, $R(A+B)\leqslant R(A+B,B)=R(A,B)\leqslant R(A)+R(B)$.

性质 1.7.5 设 A 为 $m\times n$ 阶矩阵, B 为 $n\times s$ 阶矩阵, 则 $R(AB)\leqslant \min\{R(A),R(B)\}$.

证 设 $R(A)=r$, $F=\begin{pmatrix} E_r & O \\ O & O \end{pmatrix}$ 为 A 的标准形, 则 $A\cong F$. 由定理 1.6.7 得到存在 m 阶可逆矩阵 P, n 阶可逆矩阵 Q, 使得

$$A=P\begin{pmatrix} E_r & O \\ O & O \end{pmatrix}Q$$

令

$$QB=\begin{pmatrix} Q_1 \\ Q_2 \end{pmatrix}$$

其中: Q_1 为 $r\times s$ 矩阵; Q_2 为 $(n-r)\times s$ 矩阵. 那么

$$AB=P\begin{pmatrix} E_r & O \\ O & O \end{pmatrix}QB=P\begin{pmatrix} E_r & O \\ O & O \end{pmatrix}\begin{pmatrix} Q_1 \\ Q_2 \end{pmatrix}=P\begin{pmatrix} Q_1 \\ O \end{pmatrix}$$

可得 $R(AB)=R\left(P\begin{pmatrix} Q_1 \\ O \end{pmatrix}\right)=R\left(\begin{pmatrix} Q_1 \\ O \end{pmatrix}\right)\leqslant r=R(A)$. 同理可得

$$R(AB)=R\left((AB)^{\mathrm{T}}\right)=R\left(B^{\mathrm{T}}A^{\mathrm{T}}\right)\leqslant R(B^{\mathrm{T}})=R(B)$$

故 $R(AB)\leqslant \min\{R(A),R(B)\}$.

性质 1.7.6 设 A 为 $m\times n$ 阶矩阵, B 为 $n\times l$ 阶矩阵, 且 $AB=O$, 则 $R(A)+R(B)\leqslant n$. (证明将在第 2 章例 2.7.4 给出).

例 1.7.5 设 A 为 n 阶矩阵 $(n\geqslant 2)$，试证: $R(A^*)=\begin{cases} n, & R(A)=n, \\ 1, & R(A)=n-1, \\ 0, & R(A)<n-1. \end{cases}$

证 若 $R(A)=n$，即 $|A|\neq 0$，由 $|A||A^*|=|A|^n\neq 0$，得 $|A^*|\neq 0$. 故 $R(A^*)=n$.

若 $R(A)=n-1$，则 $|A|=0$，且 A 中至少有一个 $n-1$ 阶子式不为零, 故 $A^*\neq O$，所以 $R(A^*)\geqslant 1$. 由 $AA^*=O$ 和性质 1.7.6 得 $R(A)+R(A^*)\leqslant n$，$R(A^*)\leqslant 1$. 故 $R(A^*)=1$.

若 $R(A)<n-1$，则 A 中最高阶非零子式的阶数小于 $n-1$，故 A 中任意 $n-1$ 阶子式均为零, 所以 $A^*=O$. 故 $R(A^*)=0$.

1.8 应 用 举 例

1.8.1 婚姻状况计算模型

例 1.8.1 某城市有女性人数 100 万人, 其中已婚女性为 80 万人, 单身人数为 20 万人. 每年的结婚率为 10%. 离婚率为 20%. 假设女性总数为常数, 且结婚率和离婚率不变, 建立数学模型求 n 年后已婚女性和单身女性的人数.

解 设 $\boldsymbol{x}_i=\begin{pmatrix} m_i \\ s_i \end{pmatrix}$ 表示第 i 年后已婚女性(m_i)和单身女性(s_i)的人数组成的列向量, 则 $\boldsymbol{x}_0=\begin{pmatrix} 80 \\ 20 \end{pmatrix}$，建立如下婚姻状况计算模型

$$\begin{cases} m_{i+1}=m_i(1-20\%)+s_i 10\% \\ s_{i+1}=m_i 20\%+s_i(1-10\%) \\ m_0=80, s_0=20 \end{cases}$$

上述模型用矩阵表示为

$$\boldsymbol{x}_{i+1}=A\boldsymbol{x}_i$$

其中 $A=\begin{pmatrix} 0.8 & 0.1 \\ 0.2 & 0.9 \end{pmatrix}$. 事实上,

$$\boldsymbol{x}_n=A\boldsymbol{x}_{n-1}=AA\boldsymbol{x}_{n-2}=\cdots=A^n\boldsymbol{x}_0$$

n 年后已婚女性和单身女性的人数可以由 $A^n\boldsymbol{x}_0$ 求得.

1.8.2 斐波那契序列

例 1.8.2 斐波那契序列(Fibonacci sequence), 又称黄金分割数列, 因数学家斐波那契以兔子繁殖为例子而引入, 故又称为“兔子数列”. 兔子繁殖问题: 兔子在出生两个月后, 就有繁殖能力, 一对兔子每个月能生出一对小兔子.如果所有兔子都不死, 那么从一对刚

出生的兔子开始 n 个月以后有多少对兔子?

解　经过推算每个月的兔子总对数为 $1,1,2,3,5,8,13,21,34,\cdots$，这就是著名的斐波那契序列. 如果将上述数分别记为 $a_1,a_2,a_3,\cdots$，那么第 $n+1$ 个月的兔子对数 a_{n+1} 可以分成两部分，一部分是当月出生的小兔子，它们的数目恰好是前一个月(两个月前)的兔子对数 a_{n-1}，另外一部分是上个月的兔子对数 a_n，这样便有

$$\begin{cases} a_{n+1}=a_n+a_{n-1} \\ a_1=a_2=1 \end{cases}$$

这个问题可以有很多方法求解，比如利用特征方程(线性代数解法)、待定系数法构造等比数列(初等代数解法)以及母函数法，下面介绍矩阵的方法求解. 首先构造关系式

$$\begin{cases} a_{n+1}=a_n+a_{n-1} \\ a_n=a_n \end{cases}$$

设 $\boldsymbol{x}_i=\begin{pmatrix} a_{i+1} \\ a_i \end{pmatrix}$，$\boldsymbol{A}=\begin{pmatrix} 1 & 1 \\ 0 & 1 \end{pmatrix}$，则 $\boldsymbol{x}_1=\begin{pmatrix} a_2 \\ a_1 \end{pmatrix}=\begin{pmatrix} 1 \\ 1 \end{pmatrix}$，那么上述关系式可以表示成矩阵形式 $\boldsymbol{x}_n=\boldsymbol{A}\boldsymbol{x}_{n-1}\ (n=2,3,\cdots)$，实际上 $\boldsymbol{x}_n=\boldsymbol{A}\boldsymbol{x}_{n-1}=\boldsymbol{A}\boldsymbol{A}\boldsymbol{x}_{n-2}=\cdots=\boldsymbol{A}^{n-1}\boldsymbol{x}_1$. 于是求 a_n 的问题就可以归结为求 $\boldsymbol{x}_n$，即求 $\boldsymbol{A}^{n-1}$ 的问题.

拓展阅读

经典例题讲解

数学家——苏步青的数学人生

苏步青(1902—2003)，中国科学院院士，中国著名的数学家、教育家，中国微分几何学派创始人，主要从事微分几何学和计算几何学等方面的研究，在仿射微分几何学和射影微分几何学研究方面取得出色成果，在一般空间微分几何学、高维空间共轭理论、几何外型设计、计算机辅助几何设计等方面取得突出成就. 他创立了国际公认的浙江大学微分几何学派. 他的主要成就为四次(三阶)代数锥面. 他注重教书育人，将科研和教学相结合，为祖国培养了一大批优秀的数学人才.

习　题　1

(A)

一、填空题

1. 已知 $\begin{pmatrix} a & 1 & 1 \\ 3 & 0 & 1 \\ 0 & 2 & -1 \end{pmatrix}\begin{pmatrix} 3 \\ a \\ -3 \end{pmatrix}=\begin{pmatrix} b \\ 6 \\ -b \end{pmatrix}$，则 $a=$________；$b=$________.

2. $\begin{vmatrix} 0 & a & b & 0 \\ a & 0 & 0 & b \\ 0 & c & d & 0 \\ c & 0 & 0 & d \end{vmatrix} =$ ________.

3. 设 $\boldsymbol{A}=(a_{ij})$ 为三阶非零矩阵，A_{ij} 为 a_{ij} 的代数余子式. 若 $A_{ij}+a_{ij}=0\ \ (i,j=1,2,3)$，则 $|\boldsymbol{A}|=$ ________.

4. 已知矩阵 $\boldsymbol{A}$ 满足 $\boldsymbol{A}^2+2\boldsymbol{A}-3\boldsymbol{E}=\boldsymbol{O}$，则 $\boldsymbol{A}^{-1}=$ ________.

5. 设 $\boldsymbol{A}$ 是二阶方阵，且 $|\boldsymbol{A}|=5$，则 $\left|(5\boldsymbol{A}^*)^{-1}\right|=$ ________.

6. 矩阵 $\boldsymbol{A}=\begin{pmatrix} 4 & 0 & 0 & 0 \\ 0 & 6 & 0 & 0 \\ 0 & 0 & 0 & 4 \\ 0 & 0 & 6 & 0 \end{pmatrix}$ 的逆矩阵为________.

7. 设 $\boldsymbol{A}=\begin{pmatrix} 1 & 2 & -2 \\ 4 & a & 1 \\ 3 & -1 & 1 \end{pmatrix}$，$\boldsymbol{B}$ 为三阶非零矩阵，且 $\boldsymbol{AB}=\boldsymbol{O}$，则 $a=$ ________.

8. $\boldsymbol{A}$ 为五阶方阵，且 $R(\boldsymbol{A})=3$，则 $R(\boldsymbol{A}^*)=$ ________.

9. 设矩阵 $\boldsymbol{B}=\begin{pmatrix} 1 & 1 & -6 & -10 \\ 2 & 5 & a & 1 \\ 1 & 2 & -1 & -a \end{pmatrix}$ 的秩为 2，则 $a=$ ________.

10. 设 $\boldsymbol{A}=\begin{pmatrix} 1 & 1 & 0 \\ 2 & 0 & 0 \\ 0 & 0 & 1 \end{pmatrix}$，则 $\boldsymbol{A}^*=$ ________.

二、选择题

1. 设 $\boldsymbol{A}=\begin{pmatrix} a_{11} & a_{12} & a_{13} & a_{14} \\ a_{21} & a_{22} & a_{23} & a_{24} \\ a_{31} & a_{32} & a_{33} & a_{34} \\ a_{41} & a_{42} & a_{43} & a_{44} \end{pmatrix}$，$\boldsymbol{B}=\begin{pmatrix} a_{14} & a_{13} & a_{12} & a_{11} \\ a_{24} & a_{23} & a_{22} & a_{21} \\ a_{34} & a_{33} & a_{32} & a_{31} \\ a_{44} & a_{43} & a_{42} & a_{41} \end{pmatrix}$，$\boldsymbol{P}_1=\begin{pmatrix} 0 & 0 & 0 & 1 \\ 0 & 1 & 0 & 0 \\ 0 & 0 & 1 & 0 \\ 1 & 0 & 0 & 0 \end{pmatrix}$，$\boldsymbol{P}_2=\begin{pmatrix} 1 & 0 & 0 & 0 \\ 0 & 0 & 1 & 0 \\ 0 & 1 & 0 & 0 \\ 0 & 0 & 0 & 1 \end{pmatrix}$，若 $\boldsymbol{A}$ 可逆，则 $\boldsymbol{B}^{-1}=($　　$)$.

(A) $\boldsymbol{A}^{-1}\boldsymbol{P}_1\boldsymbol{P}_2$　　(B) $\boldsymbol{P}_2\boldsymbol{A}^{-1}\boldsymbol{P}_1$　　(C) $\boldsymbol{P}_1\boldsymbol{P}_2\boldsymbol{A}^{-1}$　　(D) $\boldsymbol{P}_1\boldsymbol{A}^{-1}\boldsymbol{P}_2$

2. 若 $\boldsymbol{A}$ 为 n 阶方阵，k 为非零常数，则 $|k\boldsymbol{A}|=($　　$)$.

(A) $k|\boldsymbol{A}|$　　(B) $|k||\boldsymbol{A}|$　　(C) $k^n|\boldsymbol{A}|$　　(D) $|k|^n|\boldsymbol{A}|$

3. 设 $\boldsymbol{A}$，$\boldsymbol{B}$ 为 n 阶可逆矩阵，下面各式恒正确的是(　　).

(A) $\left|(A+B)^{-1}\right|=\left|A^{-1}\right|+\left|B^{-1}\right|$　　(B) $\left|(AB)^{\mathrm{T}}\right|=|A||B|$

(C) $\left|(A^{-1}+B)^{\mathrm{T}}\right|=\left|A^{-1}\right|+|B|$　　(D) $(A+B)^{-1}=A^{-1}+B^{-1}$

4. 设 A 为三阶方阵，行列式 $|A|=1$，A^* 为 A 的伴随矩阵，则行列式 $\left|(2A)^{-1}-2A^*\right|=$ (　　).

(A) $-\dfrac{27}{8}$　(B) $-\dfrac{8}{27}$　(C) $\dfrac{27}{8}$　(D) $\dfrac{8}{27}$.

5. 设 A,B 为 n 阶方阵，满足关系 $AB=O$，则必有(　　).

(A) $A=B=O$　　(B) $A+B=O$

(C) $|A|=0$ 或 $|B|=0$　　(D) $|A|+|B|=O$

6. 设 n 阶方阵 A,B,C 满足关系式 $ABC=E$，则(　　).

(A) $ACB=E$　　(B) $CBA=E$

(C) $BAC=E$　　(D) $BCA=E$

7. 设 A 是 n 阶($n\geqslant 3$)的方阵，A^* 是其伴随矩阵，k 为常数，$k\neq 0$，则 $(kA)^*=$(　　)

(A) kA^*　(B) $k^{n-1}A^*$　(C) k^nA^*　(D) $k^{-1}A^*$

8. 设 A 为 $m\times n$ 阶矩阵，B 为 $n\times m$ 阶矩阵，则(　　).

(A) 当 $m>n$ 时，$|AB|\neq 0$　　(B) 当 $m>n$ 时，$|AB|=0$

(C) 当 $m<n$ 时，$|AB|\neq 0$　　(D) 当 $m<n$ 时，$|AB|=0$

9. 设 A,B,C 均为 n 阶矩阵，若 $B=E+AB$，$C=A+CA$，则 $B-C$ 为(　　).

(A) E　(B) $-E$　(C) A　(D) $-A$

10. 设 A 为 n 阶矩阵($n\geqslant 3$)，$A=\begin{pmatrix}1&a&a&\cdots&a\\a&1&a&\cdots&a\\a&a&1&\cdots&a\\\vdots&\vdots&\vdots&&\vdots\\a&a&a&\cdots&1\end{pmatrix}$. 若 $R(A)=n-1$，则 a 为(　　).

(A) 1　(B) $\dfrac{1}{1-n}$　(C) -1　(D) $\dfrac{1}{n-1}$

(B)

1. 设矩阵 $A=\begin{pmatrix}1&1&2\\1&1&-1\\2&-1&1\end{pmatrix}$，$B=\begin{pmatrix}1&2&3\\-1&-2&2\\0&3&-1\end{pmatrix}$，求 $3AB-2A^{\mathrm{T}}$ 与 $(AB)^{\mathrm{T}}$.

2. 已知矩阵 $A=\begin{pmatrix}4&1\\-1&1\\2&6\end{pmatrix}$，$B=\begin{pmatrix}1&0&3\\2&1&0\end{pmatrix}$，求 AB 与 BA.

3. 设 $\alpha=(1,2)$，$\beta=(-2,3)$，求 $\alpha\beta^{\mathrm{T}}$，$\alpha^{\mathrm{T}}\beta$，$(\alpha^{\mathrm{T}}\beta)^{100}$.

4. 下列等式或结论是否正确, 说明理由或举反例说明, 其中 $\boldsymbol{A},\boldsymbol{B}$ 均为 n 阶方阵, $\boldsymbol{O}$ 为零矩阵.

(1) 如果 $\boldsymbol{A}^2=\boldsymbol{O}$, 则 $\boldsymbol{A}=\boldsymbol{O}$;

(2) 如果 $\boldsymbol{A}^2=\boldsymbol{A}$, 则 $\boldsymbol{A}=\boldsymbol{O}$ 或 $\boldsymbol{A}=\boldsymbol{E}$;

(3) 如果 $\boldsymbol{AX}=\boldsymbol{AY}$, 则 $\boldsymbol{X}=\boldsymbol{Y}$;

(4) 方阵 $\boldsymbol{A}$ 和 $\boldsymbol{B}$ 的乘积 $\boldsymbol{AB}=\boldsymbol{O}$, 且 $\boldsymbol{A}\neq\boldsymbol{O}$, 则 $\boldsymbol{B}=\boldsymbol{O}$;

(5) 设方阵 $\boldsymbol{A},\boldsymbol{B}$ 均可逆, 则 $\boldsymbol{A}^{-1}+\boldsymbol{B}^{-1}$ 可逆.

5. 设矩阵 $\boldsymbol{A}$ 是 n 阶对称阵, $\boldsymbol{B}$ 是 n 阶方阵, 证明 $\boldsymbol{B}^{\mathrm{T}}\boldsymbol{AB},\boldsymbol{B}^{\mathrm{T}}\boldsymbol{B}$ 都是对称阵.

6. 设 $D=\begin{vmatrix}1&5&7&8\\1&1&1&1\\2&0&3&6\\1&2&3&4\end{vmatrix}$, 求 $M_{41}+M_{42}+M_{43}+M_{44}$, 其中 M_{4j} 为 $a_{4j}\ (j=1,2,3,4)$ 的余子式.

7. 计算下列行列式:

(1) $\begin{vmatrix}1&1&1&1\\1&2&3&4\\1&3&6&10\\1&4&10&20\end{vmatrix}$;　　(2) $\begin{vmatrix}3&1&1&1\\1&3&1&1\\1&1&3&1\\1&1&1&3\end{vmatrix}$;

(3) $D_n=\begin{vmatrix}x&a&a&\cdots&a\\a&x&a&\cdots&a\\a&a&x&\cdots&a\\\vdots&\vdots&\vdots&&\vdots\\a&a&a&\cdots&x\end{vmatrix}$;　　(4) $D_n=\begin{vmatrix}1&2&2&\cdots&2\\2&2&2&\cdots&2\\2&2&3&\cdots&2\\\vdots&\vdots&\vdots&&\vdots\\2&2&2&\cdots&n\end{vmatrix}$.

8. 设 $\boldsymbol{A}$ 为三阶矩阵, $|\boldsymbol{A}|=\dfrac{1}{2}$, 计算 $\left|(3\boldsymbol{A})^{-1}-2\boldsymbol{A}^*\right|$.

9. 设 $\boldsymbol{A}$ 可逆, 证明其伴随矩阵 $\boldsymbol{A}^*$ 也可逆, 且 $(\boldsymbol{A}^*)^{-1}=(\boldsymbol{A}^{-1})^*$.

10. 设矩阵 $\boldsymbol{A}$ 是 n 阶方阵, $\boldsymbol{A}\neq\boldsymbol{O}$ 且存在正整数 $k\geqslant 2$, 使 $\boldsymbol{A}^k=\boldsymbol{O}$. 证明 $\boldsymbol{E}-\boldsymbol{A}$ 可逆, 且 $(\boldsymbol{E}-\boldsymbol{A})^{-1}=\boldsymbol{E}+\boldsymbol{A}+\boldsymbol{A}^2+\cdots+\boldsymbol{A}^{k-1}$.

11. 已知 n 阶方阵 $\boldsymbol{A}$ 满足 $\boldsymbol{A}^2-2\boldsymbol{A}-2\boldsymbol{E}=\boldsymbol{O}$, 证明: $\boldsymbol{A}$ 可逆, 并求 $\boldsymbol{A}^{-1}$.

12. 设 $\boldsymbol{A}=\begin{pmatrix}0&1&0\\0&0&1\\0&0&0\end{pmatrix}$, 求 $(\boldsymbol{E}-\boldsymbol{A})^{-1}$.

13. 用初等行变换把矩阵 $\boldsymbol{A}=\begin{pmatrix}2&1&-3\\1&2&-2\\-1&3&2\end{pmatrix}$ 化成标准形.

14. 求下列矩阵的逆矩阵.

(1) $\begin{pmatrix}1&0&0\\1&2&0\\1&2&3\end{pmatrix}$; (2) $\begin{pmatrix}2&2&3\\1&-1&0\\-1&2&1\end{pmatrix}$; (3) $\begin{pmatrix}5&2&0&0\\2&1&0&0\\0&0&1&-2\\0&0&1&1\end{pmatrix}$;

(4) $\begin{pmatrix}5&2&0&0\\2&1&0&0\\0&0&8&3\\0&0&5&2\end{pmatrix}$; (5) $\begin{pmatrix}0&0&\frac{1}{5}\\2&1&0\\4&3&0\end{pmatrix}$.

15. 设$\boldsymbol{P}=\begin{pmatrix}1&2\\1&4\end{pmatrix}$, $\boldsymbol{\Lambda}=\begin{pmatrix}1&0\\0&2\end{pmatrix}$, $\boldsymbol{AP}=\boldsymbol{P\Lambda}$, 求$\boldsymbol{A}^n$.

16. 设$n(n\geqslant 2)$阶矩阵$\boldsymbol{A}$的伴随矩阵为$\boldsymbol{A}^*$, 证明: $\left|\boldsymbol{A}^*\right|=\left|\boldsymbol{A}\right|^{n-1}$.

17. 设$\boldsymbol{A}=\begin{pmatrix}0&3&3\\1&1&0\\-1&2&3\end{pmatrix}$, $\boldsymbol{AB}=\boldsymbol{A}+2\boldsymbol{B}$, 求$\boldsymbol{B}$.

18. 设$\boldsymbol{A}=\begin{pmatrix}1&0&1\\0&2&0\\1&0&1\end{pmatrix}$, 且$\boldsymbol{AB}+\boldsymbol{E}=\boldsymbol{A}^2+\boldsymbol{B}$, 求$\boldsymbol{B}$.

19. 计算$\begin{pmatrix}1&2&1&0\\0&1&0&1\\0&0&2&1\\0&0&0&3\end{pmatrix}\begin{pmatrix}1&0&3&1\\0&1&2&-1\\0&0&-2&3\\0&0&0&-3\end{pmatrix}$.

20. 设$\boldsymbol{A},\boldsymbol{B}$都是$n$阶对称矩阵, 证明$\boldsymbol{AB}$是对称矩阵的充分必要条件是$\boldsymbol{AB}=\boldsymbol{BA}$.

(C)

1. 设n阶矩阵$\boldsymbol{A}$及s阶矩阵$\boldsymbol{B}$都可逆, 求$\begin{pmatrix}\boldsymbol{O}&\boldsymbol{A}\\\boldsymbol{B}&\boldsymbol{O}\end{pmatrix}^{-1}$.

2. 设$\boldsymbol{A}$为$m\times n(m\leqslant n)$矩阵, 证明$R(\boldsymbol{A})=m$的充分必要条件是存在$n\times m$矩阵$\boldsymbol{B}$, 使得$\boldsymbol{AB}=\boldsymbol{E}_m$.

3. 已知矩阵$\boldsymbol{A}$的伴随矩阵$\boldsymbol{A}^*=\mathrm{diag}(1,1,1,8)$, 且$\boldsymbol{ABA}^{-1}=\boldsymbol{BA}^{-1}+3\boldsymbol{E}$, 求$\boldsymbol{B}$.

4. 已知$\boldsymbol{A}=\mathrm{diag}(1,-2,1)$, $\boldsymbol{A}^*\boldsymbol{BA}=2\boldsymbol{BA}-8\boldsymbol{E}$, 求$\boldsymbol{B}$.

5. 证明: 秩为r的矩阵可表示成r个秩为1的矩阵之和.

6. 设$\boldsymbol{C}$为三阶矩阵, 且$R(\boldsymbol{C})=1$. 证明:

(1) 存在3×1阶矩阵$\boldsymbol{A}=\begin{pmatrix}a_1\\a_2\\a_3\end{pmatrix}$和$1\times 3$阶矩阵$\boldsymbol{B}=(b_1,b_2,b_3)$, 使$\boldsymbol{C}=\boldsymbol{AB}$;

(2) $\boldsymbol{C}^2=k\boldsymbol{C}$ (k为常数).

7. 设矩阵 $A=\begin{pmatrix}1 & -1 & 1 & 2\\ 3 & \lambda & -1 & 2\\ 5 & 3 & \mu & 6\end{pmatrix}$ 的秩为 2, 求 λ 与 μ 的值.

8. 设矩阵 A 满足 $A^2-3A+2E=O$, 证明 $A+4E$ 为可逆矩阵, 并求逆. 设 n 为整数, 那么 $A+nE$ 为可逆矩阵吗?

9. 设 $A=E-\alpha\alpha^{\mathrm{T}}$, 其中 α 是 n 维非零列向量, 证明:

(1) $A^2=A$ 的充分必要条件是 $\alpha^{\mathrm{T}}\alpha=1$;

(2) 当 $\alpha^{\mathrm{T}}\alpha=1$ 时, A 是不可逆矩阵.

10. 设 A 为 n 阶方阵, 证明 $A=O$ 的充要条件是 $A^{\mathrm{T}}A=O$.

第 2 章　线性方程组

本章首先介绍线性方程组有解的充分必要条件和求解的方法, 为深入地研究与此有关的问题, 我们引入向量和向量空间的概念, 介绍向量的线性运算, 讨论向量组的线性相关性、向量组的最大线性无关组、向量组的秩与矩阵的秩之间的关系、向量的内积和正交性, 最后研究线性方程组的解的性质和结构.

2.1　线性方程组和高斯消元法

2.1.1　线性方程组的概念

在自然科学和工程技术中所涉及的很多计算问题都可以归结为线性方程组的求解问题, 本节中, 我们将介绍线性方程组的一般概念, 并介绍求解线性方程组的一般解的高斯消元法.

一般地, 一个线性方程组可以写成如下形式

$$\begin{cases} a_{11}x_1 + a_{12}x_2 + \cdots + a_{1n}x_n = b_1 \\ a_{21}x_1 + a_{22}x_2 + \cdots + a_{2n}x_n = b_2 \\ \quad\cdots\cdots \\ a_{m1}x_1 + a_{m2}x_2 + \cdots + a_{mn}x_n = b_m \end{cases} \tag{2.1.1}$$

其中, x_1, $x_2,\cdots,x_n$ 为**未知量**, a_{ij} 表示第 i 个方程未知量 x_j 的**系数**, b_i 称为**常数项**. 显然, 这是一个由 m 个线性方程组成的关于 n 个未知量的线性方程组.

若一个线性方程组的常数项都为零, 则称式(2.1.1)为**齐次线性方程组**, 否则称为**非齐次线性方程组**. 若将线性方程组(2.1.1)的常数项全部改为零, 得到齐次线性方程组

$$\begin{cases} a_{11}x_1 + a_{12}x_2 + \cdots + a_{1n}x_n = 0 \\ a_{21}x_1 + a_{22}x_2 + \cdots + a_{2n}x_n = 0 \\ \quad\cdots\cdots \\ a_{m1}x_1 + a_{m2}x_2 + \cdots + a_{mn}x_n = 0 \end{cases} \tag{2.1.2}$$

称方程组(2.1.2)是与方程组(2.1.1)**对应的齐次线性方程组**.

如果令

$$\boldsymbol{A} = \begin{pmatrix} a_{11} \cdots a_{1n} \\ \vdots \quad\quad \vdots \\ a_{m1} \cdots a_{mn} \end{pmatrix}, \quad \boldsymbol{x} = \begin{pmatrix} x_1 \\ x_2 \\ \vdots \\ x_n \end{pmatrix}, \quad \boldsymbol{b} = \begin{pmatrix} b_1 \\ b_2 \\ \vdots \\ b_m \end{pmatrix}$$

可以将线性方程组(2.1.1)改写为矩阵方程的形式:

$$\boldsymbol{A}\boldsymbol{x}=\boldsymbol{b} \tag{2.1.3}$$

称矩阵 $\boldsymbol{A}$ 为线性方程组(2.1.1)的**系数矩阵**, 称分块矩阵 $(\boldsymbol{A},\boldsymbol{b})$ 为线性方程组(2.1.1)的**增广矩阵**.

一个值得注意的事实: 线性方程组与其增广矩阵是一一对应的, 即任意的线性方程组(2.1.1), 可以找到其唯一存在的增广矩阵 $(\boldsymbol{A},\boldsymbol{b})$; 反之, 对任意的分块矩阵 $(\boldsymbol{A},\boldsymbol{b})$, 也一定可以找到一个线性方程组(2.1.1), 使得其增广矩阵正好是 $(\boldsymbol{A},\boldsymbol{b})$.

若

$$x_1=c_1,x_2=c_2,\cdots,x_n=c_n$$

使得方程组(2.1.1)中每一个方程都成为恒等式, 则称这一组数 $c_1,c_2\cdots,c_n$ 是方程组(2.1.1)的**解**. 或者说

$$\boldsymbol{x}=\begin{pmatrix}c_1\\c_2\\\vdots\\c_n\end{pmatrix}$$

是方程组(2.1.1)的**解**(或**解向量**).

注意, 在本书后面章节将不区分解和解向量.

如果线性方程组(2.1.1)有解, 称方程组(2.1.1)是**相容**的. 否则, 称方程组(2.1.1)是**不相容**的.

一个线性方程组的解(向量)的全体构成的集合称为这个线性方程组的**解集**, 称两个具有相同解集的线性方程组为**同解的线性方程组**.

线性方程组的全部解的表达式称为线性方程组的**通解**.

2.1.2 高斯消元法

为求解一般的线性方程组, 可使用在初中学过的**高斯消元法**, 它是将一般的线性方程组转化成**阶梯形方程组**, 即对应的增广矩阵是阶梯形矩阵. 具体实现是通过对方程组中方程之间的一些运算, 将某些方程中的一些未知量消去, 将其化成阶梯形方程组, 然后再求方程组的解. 由第 1 章的讨论可知, 这些消元的运算可以通过相应的增广矩阵的初等行变换来实现.

这里, 理论上有这样的问题: 为何这样的对于线性方程组的转化是保持其解集不变的?

设线性方程组的增广矩阵是 $(\boldsymbol{A},\boldsymbol{b})$, 我们假定这种转化对应的初等行变换将其化成了矩阵 $(\boldsymbol{A}_1,\boldsymbol{b}_1)$, 与 $(\boldsymbol{A}_1,\boldsymbol{b}_1)$ 对应的线性方程组是

$$\boldsymbol{A}_1x=\boldsymbol{b}_1 \tag{2.1.4}$$

下面来证明线性方程组(2.1.4)和方程组(2.1.1)是同解的.

事实上, 若 $(\boldsymbol{A},\boldsymbol{b})$ 经过一些初等行变换化为 $(\boldsymbol{A}_1,\boldsymbol{b}_1)$, 则存在可逆阵 $\boldsymbol{C}$ 使得 $\boldsymbol{C}(\boldsymbol{A},\boldsymbol{b})=(\boldsymbol{A}_1,\boldsymbol{b}_1)$, 即有 $(\boldsymbol{CA},\boldsymbol{Cb})=(\boldsymbol{A}_1,\boldsymbol{b}_1)$, 故有 $\boldsymbol{CA}=\boldsymbol{A}_1$, $\boldsymbol{Cb}=\boldsymbol{b}_1$. 如果 $\boldsymbol{\eta}$ 是线性方程组(2.1.1)的解, 即 $\boldsymbol{A\eta}=\boldsymbol{b}$. 两边左乘可逆阵 $\boldsymbol{C}$ 有 $\boldsymbol{CA\eta}=\boldsymbol{Cb}$, 即 $\boldsymbol{A}_1\boldsymbol{\eta}=\boldsymbol{b}_1$, 所以 $\boldsymbol{\eta}$ 是线性方程组(2.1.4)的解.

反之，如果 $\boldsymbol{\eta}$ 是线性方程组(2.1.4)的解，即 $\boldsymbol{A}_1\boldsymbol{\eta}=\boldsymbol{b}_1$．两边左乘可逆阵 $\boldsymbol{C}$ 的逆有 $\boldsymbol{C}^{-1}\boldsymbol{A}_1\boldsymbol{\eta}=\boldsymbol{C}^{-1}\boldsymbol{b}_1$ 即 $\boldsymbol{A}\boldsymbol{\eta}=\boldsymbol{b}$，所以 $\boldsymbol{\eta}$ 也是线性方程组(2.1.1)的解.

从上面的讨论中可知：对增广矩阵作初等行变换不会改变相应的线性方程组的解，在求解线性方程组时，我们当然希望先用初等行变换化简给定的线性方程组，然后再求其解. 那么化成什么样的矩阵就会使对应的方程组容易求解呢？下面的例题将会看到，阶梯形矩阵对应的方程组极为容易求解. 这种先用初等行变换将增广矩阵化成阶梯形矩阵，然后再求方程组的解的方法就是**高斯消元法**.

例 2.1.1 求解线性方程组 $\begin{cases}3x_1+x_2+x_3=2,\\ x_1+2x_2+2x_3=-1,\\ -x_1+2x_2+x_3=-5.\end{cases}$

解 方程组的增广矩阵是 $\boldsymbol{B}=\left(\begin{array}{ccc:c}3&1&1&2\\1&2&2&-1\\-1&2&1&-5\end{array}\right)$. 先要用初等变换将其化成行阶梯形矩阵

$$\boldsymbol{B}=\left(\begin{array}{ccc:c}3&1&1&2\\1&2&2&-1\\-1&2&1&-5\end{array}\right)\xrightarrow{r_1\leftrightarrow r_2}\left(\begin{array}{ccc:c}1&2&2&-1\\3&1&1&2\\-1&2&1&-5\end{array}\right)$$

$$\xrightarrow[r_3+r_1]{r_2-3r_1}\left(\begin{array}{ccc:c}1&2&2&-1\\0&-5&-5&5\\0&4&3&-6\end{array}\right)\xrightarrow{r_2\div(-5)}\left(\begin{array}{ccc:c}1&2&2&-1\\0&1&1&-1\\0&4&3&-6\end{array}\right)$$

$$\xrightarrow{r_3-4r_2}\left(\begin{array}{ccc:c}1&2&2&-1\\0&1&1&-1\\0&0&-1&-2\end{array}\right)$$

于是，原线性方程组与阶梯形方程组

$$\begin{cases}x_1+2x_2+2x_3=-1\\ \qquad x_2+x_3=-1\\ \qquad\qquad -x_3=-2\end{cases}$$

同解. 原线性方程组的解可以用“回代”法，从这个阶梯形方程组得到：由第三个方程解得 $x_3=2$；将之代入第二个方程，得 $x_2=-3$；再将 x_3,x_2 代入第一个方程，得 $x_1=1$. 因此，原线性方程组的解为

$$x_1=1,\quad x_2=-3,\quad x_3=2$$

例 2.1.2 求解线性方程组 $\begin{cases}x_1+x_2-2x_3+x_4=4,\\ 2x_1-x_2-x_3+x_4=2,\\ 2x_1-3x_2+x_3-x_4=2,\\ 3x_1+6x_2-9x_3+7x_4=9.\end{cases}$

解　方程组的增广矩阵是

$$B=\left(\begin{array}{cccc|c}1&1&-2&1&4\\2&-1&-1&1&2\\2&-3&1&-1&2\\3&6&-9&7&9\end{array}\right)$$

先用初等行变换将其化成行阶梯形矩阵

$$B=\left(\begin{array}{cccc|c}1&1&-2&1&4\\2&-1&-1&1&2\\2&-3&1&-1&2\\3&6&-9&7&9\end{array}\right)\xrightarrow[r_4-3r_1]{\substack{r_2-r_3\\r_3-2r_1}}\left(\begin{array}{cccc|c}1&1&-2&1&4\\0&2&-2&2&0\\0&-5&5&-3&-6\\0&3&-3&4&-3\end{array}\right)$$

$$\xrightarrow{r_2\div 2}\left(\begin{array}{cccc|c}1&1&-2&1&4\\0&1&-1&1&0\\0&-5&5&-3&-6\\0&3&-3&4&-3\end{array}\right)\xrightarrow[r_4-3r_2]{r_3+5r_2}\left(\begin{array}{cccc|c}1&1&-2&1&4\\0&1&-1&1&0\\0&0&0&2&-6\\0&0&0&1&-3\end{array}\right)$$

$$\xrightarrow[r_4-r_3]{r_3\div 2}\left(\begin{array}{cccc|c}1&1&-2&1&4\\0&1&-1&1&0\\0&0&0&1&-3\\0&0&0&0&0\end{array}\right)$$

于是, 原线性方程组与阶梯形方程组

$$\begin{cases}x_1+x_2-2x_3+x_4=4\\ \qquad x_2-x_3+x_4=0\\ \qquad\qquad\quad x_4=-3\\ \qquad\qquad\quad 0=0\end{cases}$$

同解. 最后一个方程是恒成立的. 可从第三个方程知 $x_4=-3$，将其代入第二个方程, 得 $x_2-x_3=3$，其中有两个未知量, 将其中之一任意取值从而得出另一个未知量的值. 例如将 x_3 任意取值, 解出另一个未知量 $x_2=x_3+3$，最后将这一切代入第一个方程得 $x_1=x_3+4$. 于是, 得到原方程组的通解

$$x_1=x_3+4,\quad x_2=x_3+3,\quad x_4=-3$$

其中: x_3 称为**自由未知量**. 或者令 $x_3=c$，方程组的解可记作

$$\boldsymbol{x}=\begin{pmatrix}x_1\\x_2\\x_3\\x_4\end{pmatrix}=\begin{pmatrix}c+4\\c+3\\c\\-3\end{pmatrix}$$

即

$$\boldsymbol{x}=c\begin{pmatrix}1\\1\\1\\0\end{pmatrix}+\begin{pmatrix}4\\3\\0\\-3\end{pmatrix}$$

其中: c 为任意常数.

例 2.1.3　求解线性方程组$\begin{cases}x_1-2x_2+3x_3-\ \ x_4=1,\\3x_1\ \ -x_2+5x_3-3x_4=2,\\2x_1\ \ +x_2+2x_3-2x_4=3.\end{cases}$

解　用初等变换将方程组的增广矩阵化成行阶梯形矩阵

$$\boldsymbol{B}=\left(\begin{array}{cccc|c}1&-2&3&-1&1\\3&-1&5&-3&2\\2&1&2&-2&3\end{array}\right)\xrightarrow[r_3-2r_1]{r_2-3r_1}\left(\begin{array}{cccc|c}1&-2&3&-1&1\\0&5&-4&0&-1\\0&5&-4&0&1\end{array}\right)$$

$$\xrightarrow{r_3-r_2}\left(\begin{array}{cccc|c}1&-2&3&-1&1\\0&5&-4&0&-1\\0&0&0&0&2\end{array}\right)$$

因此, 原线性方程组与下述阶梯形方程组同解

$$\begin{cases}x_1-2x_2+3x_3-x_4=1\\\qquad 5x_2-4x_3\qquad=-1\\\qquad\qquad\qquad 0=2\end{cases}$$

这个方程组中最后一个方程是一个矛盾方程, 故原方程组无解.

以上的解方程组的方法可以推广到一般情况, 因为任何一个矩阵可以经过有限次的初等行变换变成阶梯形矩阵. 一般来说, 如果用初等行变换将线性方程组(2.1.1)的增广矩阵 $(\boldsymbol{A},\boldsymbol{b})$ 化成阶梯形矩阵 $(\boldsymbol{A}_1,\boldsymbol{b}_1)$, 便能够快速从阶梯形矩阵 $(\boldsymbol{A}_1,\boldsymbol{b}_1)$ 判断方程组(2.1.1)的解的情况. 一般地, 有如下结论. (我们将在接下来的定理中证明).

(1) 线性方程组(2.1.1)是相容的当且仅当 $(\boldsymbol{A}_1,\boldsymbol{b}_1)$ 的最后一个非零行不是形如 $(0,\cdots,0,d)$ ($d\neq 0$)的向量.

(2) 当线性方程组(2.1.1)相容时, 方程组(2.1.1)有唯一解的充要条件是 $(\boldsymbol{A}_1,\boldsymbol{b}_1)$ 中非零行的行数与未知量的个数相同, 都等于 n.

如果用初等行变换将线性方程组(2.1.1)的增广矩阵 $(\boldsymbol{A},\boldsymbol{b})$ 化成阶梯形矩阵 $(\boldsymbol{A}_1,\boldsymbol{b}_1)$, 根据阶梯形矩阵 $(\boldsymbol{A}_1,\boldsymbol{b}_1)$ 所对应的线性方程组, 用“回代”的方法求出方程组(2.1.1)的所有解; 将系数在 $(\boldsymbol{A}_1,\boldsymbol{b}_1)$ 中不是非零首元的未知量取作自由未知量, 从最下面的方程开始, 自下而上地将其余的未知量用这些自由未知量表示. 这样就能得到线性方程组(2.1.1)的通解.

但是, 对于有些方程组的求解过程来说, 上述的“回代”过程可能仍然会显得有些烦琐. 其实, 如果用初等行变换将阶梯形矩阵 $(\boldsymbol{A}_1,\boldsymbol{b}_1)$ 进一步简化成第 1 章中所讨论过的行最简形矩阵, 那么, 我们不必经过这样的“回代”, 只需要通过“移项”就可得到线性方程组(2.1.1)的通解.

回忆第 1 章中“行最简形矩阵”的定义：同时满足下面两个条件的阶梯形矩阵 $\boldsymbol{M}$，称为行最简形矩阵：

(1) $\boldsymbol{M}$ 中的非零首元都是 1；

(2) $\boldsymbol{M}$ 中的非零首元所在列只有一个数不为零.

例如，在例 2.1.2 中，如果用初等行变换将增广矩阵进一步化成行最简形矩阵，那么，求解过程会更简便：

$$\boldsymbol{B}=\left(\begin{array}{cccc:c}1&1&-2&1&4\\2&-1&-1&1&2\\2&-3&1&-1&2\\3&6&-9&7&9\end{array}\right)\xrightarrow[r_4-3r_1]{\substack{r_2-r_3\\r_3-2r_1}}\left(\begin{array}{cccc:c}1&1&-2&1&4\\0&2&-2&2&0\\0&-5&5&-3&-6\\0&3&-3&4&-3\end{array}\right)$$

$$\xrightarrow{r_2\div 2}\left(\begin{array}{cccc:c}1&1&-2&1&4\\0&1&-1&1&0\\0&-5&5&-3&-6\\0&3&-3&4&-3\end{array}\right)\xrightarrow[r_4-3r_2]{r_3+5r_2}\left(\begin{array}{cccc:c}1&1&-2&1&4\\0&1&-1&1&0\\0&0&0&2&-6\\0&0&0&1&-3\end{array}\right)$$

$$\xrightarrow[r_4-r_3]{r_3\div 2}\left(\begin{array}{cccc:c}1&1&-2&1&4\\0&1&-1&1&0\\0&0&0&1&-3\\0&0&0&0&0\end{array}\right)\xrightarrow[r_1-r_2]{\substack{r_2-r_3\\r_1-r_3}}\left(\begin{array}{cccc:c}1&0&-1&0&4\\0&1&-1&0&3\\0&0&0&1&-3\\0&0&0&0&0\end{array}\right)$$

根据这个行最简形矩阵，原线性方程组与下述阶梯形方程组是同解的

$$\begin{cases}x_1\quad -x_3\;=4\\ \quad x_2-x_3\;=3\\ \qquad\quad x_4=-3\\ \qquad\quad 0=0\end{cases}$$

在 4 个未知量中，阶梯形矩阵的非零行非零首元分别是 x_1,x_2,x_4 的系数，如果将剩下的未知量 x_3 取作自由未知量，那么，只需经过“移项”就可以得到方程组的通解

$$x_1=x_3+4,\quad x_2=x_3+3,\quad x_4=-3$$

2.1.3 线性方程组解的判定

对于线性方程组，利用系数矩阵 $\boldsymbol{A}$ 和增广矩阵 $(\boldsymbol{A},\boldsymbol{b})$ 的秩，可以方便地讨论方程组是否有解以及有解时解是否唯一等问题，结论是下面的定理.

定理 2.1.1 n 元线性方程组

$$\boldsymbol{Ax}=\boldsymbol{b}$$

(1) 无解的充分必要条件是 $R(\boldsymbol{A})<R(\boldsymbol{A},\boldsymbol{b})$；

(2) 有唯一解的充分必要条件是 $R(\boldsymbol{A})=R(\boldsymbol{A},\boldsymbol{b})=n$；

(3) 有无穷多解的充分必要条件是 $R(\boldsymbol{A})=R(\boldsymbol{A},\boldsymbol{b})<n$.

证 在此只证明条件的充分性，因为(1),(2),(3)中条件的必要性依次是(2)(3), (1)(3),

(1)(2)中条件的充分性的逆否命题.

设 $R(\boldsymbol{A})=r$，由于 $R(\boldsymbol{A})\leqslant R(\boldsymbol{B})\leqslant R(\boldsymbol{A})+1$，可设增广矩阵 $\boldsymbol{B}=(\boldsymbol{A},\boldsymbol{b})$ 的行最简形为(作行初等变换或将变量重新编号)

$$\boldsymbol{B}_1=\begin{pmatrix}1&0&\cdots&0&c_{11}&\cdots&c_{1,n-r}&d_1\\0&1&\cdots&0&c_{21}&\cdots&c_{2,n-r}&d_2\\\vdots&\vdots&&\vdots&\vdots&&\vdots&\vdots\\0&0&\cdots&1&c_{r1}&\cdots&c_{r,n-r}&d_r\\0&0&\cdots&0&0&\cdots&0&d_{r+1}\\0&0&\cdots&0&0&\cdots&0&0\\\vdots&\vdots&&\vdots&\vdots&&\vdots&\vdots\\0&0&\cdots&0&0&\cdots&0&0\end{pmatrix}$$

(1) 若 $R(\boldsymbol{A})<R(\boldsymbol{B})$，则 $\boldsymbol{B}_1$ 中的 $d_{r+1}=1$，于是 $\boldsymbol{B}_1$ 的第 $r+1$ 行对应的是矛盾方程 $0=1$，故方程组 $\boldsymbol{Ax}=\boldsymbol{b}$ 无解.

(2) 若 $R(\boldsymbol{A})=R(\boldsymbol{B})=n$，则 $\boldsymbol{B}_1$ 中的 $d_{n+1}=0$，于是

$$\boldsymbol{B}_1=\begin{pmatrix}1&0&\cdots&0&d_1\\0&1&\cdots&0&d_2\\\vdots&\vdots&&\vdots&\vdots\\0&0&\cdots&1&d_n\\0&0&\cdots&0&0\\\vdots&\vdots&&\vdots&\vdots\\0&0&\cdots&0&0\end{pmatrix}$$

其中，$\boldsymbol{B}_1$ 对应的线性方程组为

$$\begin{cases}x_1=d_1\\x_2=d_2\\\quad\vdots\\x_n=d_n\end{cases}$$

故方程组 $\boldsymbol{Ax}=\boldsymbol{b}$ 有唯一解.

(3) 若 $R(\boldsymbol{A})=R(\boldsymbol{B})=r<n$，则 $\boldsymbol{B}_1$ 中的 $d_{r+1}=0$，于是

$$\boldsymbol{B}_1=\begin{pmatrix}1&0&\cdots&0&c_{11}&\cdots&c_{1,n-r}&d_1\\0&1&\cdots&0&c_{21}&\cdots&c_{2,n-r}&d_2\\\vdots&\vdots&&\vdots&\vdots&&\vdots&\vdots\\0&0&\cdots&1&c_{r1}&\cdots&c_{r,n-r}&d_r\\0&0&\cdots&0&0&\cdots&0&0\\0&0&\cdots&0&0&\cdots&0&0\\\vdots&\vdots&&\vdots&\vdots&&\vdots&\vdots\\0&0&\cdots&0&0&\cdots&0&0\end{pmatrix}$$

其中，$\boldsymbol{B}_1$ 对应的线性方程组为

$$\begin{cases} x_1 \quad\quad\quad +c_{11}x_{r+1}+c_{12}x_{r+2}+\cdots+c_{1,n-r}x_n=d_1 \\ \quad x_2 \quad\quad +c_{21}x_{r+1}+c_{22}x_{r+2}+\cdots+c_{2,n-r}x_n=d_2 \\ \quad\quad\quad\quad \vdots \\ \quad\quad\quad x_r +c_{r1}x_{r+1}+c_{r2}x_{r+2}+\cdots+c_{r,n-r}x_n=d_r \end{cases}$$

称 $x_{r+1},x_{r+2},\cdots,x_n$ 为上述方程组的**自由未知量**. 令 $x_{r+1}=c_1,x_{r+2}=c_2,\cdots,x_n=c_{n-r}$，可得方程组 $\boldsymbol{Ax}=\boldsymbol{b}$ 的含有 $n-r$ 个参数的解:

$$\begin{pmatrix} x_1 \\ x_2 \\ \vdots \\ x_r \\ x_{r+1} \\ x_{r+2} \\ \vdots \\ x_n \end{pmatrix}=\begin{pmatrix} -c_{11}c_1-c_{12}c_2-\cdots-c_{1,n-r}c_{n-r} \\ -c_{21}c_1-c_{22}c_2-\cdots-c_{2,n-r}c_{n-r} \\ \vdots \\ -c_{r1}c_1-c_{r2}c_2-\cdots-c_{r,n-r}c_{n-r} \\ c_1 \\ c_2 \\ \vdots \\ c_{n-r} \end{pmatrix}+\begin{pmatrix} d_1 \\ d_2 \\ \vdots \\ d_r \\ 0 \\ 0 \\ \vdots \\ 0 \end{pmatrix}$$

用列矩阵(列向量)的形式表示为

$$\begin{pmatrix} x_1 \\ x_2 \\ \vdots \\ x_r \\ x_{r+1} \\ x_{r+2} \\ \vdots \\ x_n \end{pmatrix}=c_1\begin{pmatrix} -c_{11} \\ -c_{21} \\ \vdots \\ -c_{r1} \\ 1 \\ 0 \\ \vdots \\ 0 \end{pmatrix}+c_2\begin{pmatrix} -c_{12} \\ -c_{22} \\ \vdots \\ -c_{r2} \\ 0 \\ 1 \\ \vdots \\ 0 \end{pmatrix}+\cdots+c_{n-r}\begin{pmatrix} -c_{1,n-r} \\ -c_{2,n-r} \\ \vdots \\ -c_{r,n-r} \\ 0 \\ 0 \\ \vdots \\ 1 \end{pmatrix}+\begin{pmatrix} d_1 \\ d_2 \\ \vdots \\ d_r \\ 0 \\ 0 \\ \vdots \\ 0 \end{pmatrix}$$

由于参数 $c_1,c_2,\cdots,c_{n-r}$ 可任意取值, 所以方程组 $\boldsymbol{Ax}=\boldsymbol{b}$ 有无穷多解.

当 $R(\boldsymbol{A})=R(\boldsymbol{B})=r<n$ 时, 含有 $n-r$ 个参数的解可以表示线性方程组 $\boldsymbol{Ax}=\boldsymbol{b}$ 的任意解(此结论待后面证明). 称此解为线性方程组 $\boldsymbol{Ax}=\boldsymbol{b}$ 的**通解**.

求解线性方程组 $\boldsymbol{Ax}=\boldsymbol{b}$ 的步骤过程归纳如下:

对非齐次方程组 $\boldsymbol{Ax}=\boldsymbol{b}$，将其增广矩阵 $\boldsymbol{B}=(\boldsymbol{A},\boldsymbol{b})$ 化为行阶梯形后, 可知 $R(\boldsymbol{A})=R(\boldsymbol{B})$ 是否成立, 若不成立, 则方程组无解.

若 $R(\boldsymbol{A})=R(\boldsymbol{B})$ 成立, 则方程组有解. 进一步将 $\boldsymbol{B}$ 化为行最简形; 对齐次方程组 $\boldsymbol{Ax}=\boldsymbol{0}$，则直接将其系数矩阵 $\boldsymbol{A}$ 化为行最简形.

设 $R(\boldsymbol{A})=R(\boldsymbol{B})=r$，把行最简形中 r 个非零行的非零首元所对应的未知量取作非自由未知量, 其余 $n-r$ 个未知量取作自由未知量, 并令自由未知量分别取 $c_1,c_2,\cdots,c_{n-r}$，由 $\boldsymbol{B}$ (或 $\boldsymbol{A}$)的行最简形即可写出含有 $n-r$ 个参数的通解.

由定理 2.1.1 可得下列定理.

定理 2.1.2　线性方程组 $\boldsymbol{Ax}=\boldsymbol{b}$ 有解的充分必要条件是 $R(\boldsymbol{A})=R(\boldsymbol{A},\boldsymbol{b})$.

定理 2.1.3　n 元齐次线性方程组 $\boldsymbol{Ax}=\boldsymbol{0}$

(1) 有非零解的充分必要条件是 $R(\boldsymbol{A})<n$.

(2) 只有零解的充分必要条件是 $R(\boldsymbol{A})=n$.

由定理 2.1.3 可以得到如下推论.

推论 2.1.1　如果 $\boldsymbol{A}$ 是方阵, 则齐次线性方程组 $\boldsymbol{Ax}=\boldsymbol{0}$ 有非零解的充要条件是行列式 $|\boldsymbol{A}|=0$.

将定理 2.1.2 推广到矩阵方程情形可得如下定理.

定理 2.1.4　矩阵方程 $\boldsymbol{AX}=\boldsymbol{B}$ 有解的充分必要条件是 $R(\boldsymbol{A})=R(\boldsymbol{A},\boldsymbol{B})$.

证　设 $\boldsymbol{A},\boldsymbol{B}$ 分别为 $m\times n, m\times l$ 矩阵, 则 $\boldsymbol{X}$ 为 $n\times l$ 矩阵, 把 $\boldsymbol{X}$ 和 $\boldsymbol{B}$ 按列分块, 记为

$$\boldsymbol{X}=\left(\boldsymbol{x}_1,\boldsymbol{x}_2,\cdots,\boldsymbol{x}_l\right),\qquad \boldsymbol{B}=\left(\boldsymbol{b}_1,\boldsymbol{b}_2,\cdots,\boldsymbol{b}_l\right)$$

则矩阵方程 $\boldsymbol{AX}=\boldsymbol{B}$ 等价于 l 个向量方程

$$\boldsymbol{Ax}_i=\boldsymbol{b}_i\quad (i=1,2,\cdots,l)$$

充分性　若 $R(\boldsymbol{A})=R(\boldsymbol{A},\boldsymbol{B})$, 则因 $R(\boldsymbol{A})\leqslant R(\boldsymbol{A},\boldsymbol{b}_i)\leqslant R(\boldsymbol{A},\boldsymbol{B})$, 故 $R(\boldsymbol{A})=R(\boldsymbol{A},\boldsymbol{b}_i)$, 即 l 个向量方程 $\boldsymbol{Ax}_i=\boldsymbol{b}_i(i=1,2,\cdots,l)$ 都有解, 从而, 矩阵方程 $\boldsymbol{AX}=\boldsymbol{B}$ 有解.

必要性　设矩阵方程 $\boldsymbol{AX}=\boldsymbol{B}$ 有解, 即 l 个向量方程 $\boldsymbol{Ax}_i=\boldsymbol{b}_i(i=1,2,\cdots,l)$ 有解, 不妨设其为

$$\boldsymbol{x}_i=\begin{pmatrix}\lambda_{1i}\\ \lambda_{2i}\\ \vdots\\ \lambda_{ni}\end{pmatrix}\quad (i=1,2,\cdots,l)$$

若记 $\boldsymbol{A}=\left(\boldsymbol{a}_1,\boldsymbol{a}_2,\cdots,\boldsymbol{a}_n\right)$, 则有

$$\lambda_{1i}\boldsymbol{a}_1+\lambda_{2i}\boldsymbol{a}_2+\cdots+\lambda_{ni}\boldsymbol{a}_n=\boldsymbol{b}_i\quad (i=1,2,\cdots,l)$$

对矩阵 $(\boldsymbol{A},\boldsymbol{B})=(\boldsymbol{a}_1,\boldsymbol{a}_2,\cdots,\boldsymbol{a}_n,\boldsymbol{b}_1,\boldsymbol{b}_2,\cdots,\boldsymbol{b}_l)$ 作初等列变换

$$\boldsymbol{c}_{n+i}-\lambda_{1i}\boldsymbol{c}_1-\lambda_{2i}\boldsymbol{c}_2-\cdots-\lambda_{ni}\boldsymbol{c}_n\quad (i=1,2,\cdots,l)$$

将 $(\boldsymbol{A},\boldsymbol{B})$ 的后 l 列, 即 $\boldsymbol{B}$ 所在的列都变成 0 列, 故

$$(\boldsymbol{A},\boldsymbol{B})\to(\boldsymbol{A},\boldsymbol{O})$$

因此, $R(\boldsymbol{A})=R(\boldsymbol{A},\boldsymbol{O})=R(\boldsymbol{A},\boldsymbol{B})$.

例 2.1.4　求解齐次线性方程组 $\begin{cases}x_1+2x_2+2x_3+x_4=0,\\ 2x_1+x_2-2x_3-2x_4=0,\\ x_1-x_2-4x_3-3x_4=0.\end{cases}$

解　对系数矩阵 $\boldsymbol{A}$ 做初等行变换:

$$\boldsymbol{A}=\begin{pmatrix}1&2&2&1\\ 2&1&-2&-2\\ 1&-1&-4&-3\end{pmatrix}\xrightarrow[r_3-r_1]{r_2-2r_1}\begin{pmatrix}1&2&2&1\\ 0&-3&-6&-4\\ 0&-3&-6&-4\end{pmatrix}$$

$$\xrightarrow[r_2\div(-3)]{r_3-r_2}\begin{pmatrix}1&2&2&1\\0&1&2&\frac{4}{3}\\0&0&0&0\end{pmatrix}\xrightarrow{r_1-2r_2}\begin{pmatrix}1&0&-2&-\frac{5}{3}\\0&1&2&\frac{4}{3}\\0&0&0&0\end{pmatrix}$$

求得与原方程组同解的方程组

$$\begin{cases}x_1-2x_3-\dfrac{5}{3}x_4=0\\x_2+2x_3+\dfrac{4}{3}x_4=0\end{cases}$$

由此即得

$$\begin{cases}x_1=\ \ 2x_3+\dfrac{5}{3}x_4\\x_2=-2x_3-\dfrac{4}{3}x_4\end{cases}$$

其中 x_3,x_4 为任意常数. 令 $x_3=c_1,x_4=c_2$，把它写成参数形式

$$\begin{cases}x_1=\ \ 2c_1+\dfrac{5}{3}c_2\\x_2=-2c_1-\dfrac{4}{3}c_2\\x_3=\quad c_1\\x_4=\qquad\quad c_2\end{cases}$$

其中: c_1,c_2 为任意常数, 或写成向量形式

$$\begin{pmatrix}x_1\\x_2\\x_3\\x_4\end{pmatrix}=c_1\begin{pmatrix}2\\-2\\1\\0\end{pmatrix}+c_2\begin{pmatrix}\frac{5}{3}\\-\frac{4}{3}\\0\\1\end{pmatrix}$$

例 2.1.5 求解非齐次线性方程组 $\begin{cases}x_1-2x_2+3x_3-\ x_4=1,\\3x_1-\ x_2+5x_3-3x_4=2,\\2x_1+\ x_2+2x_3-2x_4=3.\end{cases}$

解 对增广矩阵 $\boldsymbol{B}$ 进行初等行变换,

$$\boldsymbol{B}=\left(\begin{array}{cccc:c}1&-2&3&-1&1\\3&-1&5&-3&2\\2&1&2&-2&3\end{array}\right)\xrightarrow[r_3-2r_1]{r_2-3r_1}\left(\begin{array}{cccc:c}1&-2&3&-1&1\\0&5&-4&0&-1\\0&5&-4&0&1\end{array}\right)$$

$$\xrightarrow{r_3-r_2}\left(\begin{array}{cccc|c}1&-2&3&-1&1\\0&5&-4&0&-1\\0&0&0&0&2\end{array}\right)$$

显然 $R(\boldsymbol{A})=2,R(\boldsymbol{B})=3$，故方程组无解.

例 2.1.6　求解非齐次方程组

$$\begin{cases}x_1-x_2-x_3+x_4=0\\x_1-x_2+x_3-3x_4=1\\x_1-x_2-2x_3+3x_4=-\dfrac{1}{2}\end{cases}$$

解　对增广矩阵 $\boldsymbol{B}$ 进行初等行变换

$$\boldsymbol{B}=\left(\begin{array}{cccc|c}1&-1&-1&1&0\\1&-1&1&-3&1\\1&-1&-2&3&-\dfrac{1}{2}\end{array}\right)\xrightarrow[r_3-r_1]{r_2-r_1}\left(\begin{array}{cccc|c}1&-1&-1&1&0\\0&0&2&-4&1\\0&0&-1&2&-\dfrac{1}{2}\end{array}\right)$$

$$\xrightarrow[r_1+r_2]{\substack{r_2\div 2\\ r_3-r_2}}\left(\begin{array}{cccc|c}1&-1&0&-1&\dfrac{1}{2}\\0&0&1&-2&\dfrac{1}{2}\\0&0&0&0&0\end{array}\right)$$

显然，$R(\boldsymbol{A})=R(\boldsymbol{B})=2$，故方程组有解，且有其通解为

$$\begin{cases}x_1=x_2+x_4+\dfrac{1}{2}\\x_3=\qquad 2x_4+\dfrac{1}{2}\end{cases}$$

其中：x_2,x_4 为任意常数. 令 $x_2=c_1,x_4=c_2$，把它写成向量形式

$$\begin{pmatrix}x_1\\x_2\\x_3\\x_4\end{pmatrix}=c_1\begin{pmatrix}1\\1\\0\\0\end{pmatrix}+c_2\begin{pmatrix}1\\0\\2\\1\end{pmatrix}+\begin{pmatrix}\dfrac{1}{2}\\0\\\dfrac{1}{2}\\0\end{pmatrix}$$

其中：c_1,c_2 为任意常数.

例 2.1.7　试证：方程组

$$\begin{cases} x_1 - x_2 = a_1 \\ x_2 - x_3 = a_2 \\ x_3 - x_4 = a_3 \\ x_4 - x_5 = a_4 \\ x_5 - x_1 = a_5 \end{cases}$$

有解的充要条件是$a_1 + a_2 + a_3 + a_4 + a_5 = 0$. 在有解的情况下, 求出它的通解.

证　对增广矩阵 $\boldsymbol{B}$ 进行初等行变换.方程组的增广矩阵 $\boldsymbol{B}$ 为

$$\boldsymbol{B} = \left(\begin{array}{ccccc:c} 1 & -1 & 0 & 0 & 0 & a_1 \\ 0 & 1 & -1 & 0 & 0 & a_2 \\ 0 & 0 & 1 & -1 & 0 & a_3 \\ 0 & 0 & 0 & 1 & -1 & a_4 \\ -1 & 0 & 0 & 0 & 1 & a_5 \end{array}\right) \xrightarrow[\substack{r_5+r_3 \\ r_5+r_4}]{\substack{r_5+r_1 \\ r_5+r_2}} \left(\begin{array}{ccccc:c} 1 & -1 & 0 & 0 & 0 & a_1 \\ 0 & 1 & -1 & 0 & 0 & a_2 \\ 0 & 0 & 1 & -1 & 0 & a_3 \\ 0 & 0 & 0 & 1 & -1 & a_4 \\ 0 & 0 & 0 & 0 & 0 & \sum\limits_{i=1}^{5} a_i \end{array}\right)$$

所以, 方程组有解$\Leftrightarrow R(\boldsymbol{A}) = R(\boldsymbol{B}) \Leftrightarrow \sum\limits_{i=1}^{5} a_i = 0.$

在有解的情况下, 原方程组的等价方程组为

$$\begin{cases} x_1 - x_2 = a_1 \\ x_2 - x_3 = a_2 \\ x_3 - x_4 = a_3 \\ x_4 - x_5 = a_4 \end{cases}$$

其通解为

$$\begin{cases} x_1 = a_1 + a_2 + a_3 + a_4 + c_1 \\ x_2 = a_2 + a_3 + a_4 + c_1 \\ x_3 = a_3 + a_4 + c_1 \\ x_4 = a_4 + c_1 \\ x_5 = c_1 \end{cases}$$

其中: c_1 为任意常数.

例 2.1.8　解非齐次方程组

$$\begin{cases} x_1 + x_2 + x_3 + x_4 + x_5 = 1 \\ 3x_1 + 2x_2 + x_3 + x_4 - 3x_5 = a \\ x_2 + 2x_3 + 2x_4 + 6x_5 = 3 \\ 5x_1 + 4x_2 + 3x_3 + 3x_4 - x_5 = b \end{cases}$$

解　对增广矩阵 $\boldsymbol{B} = (\boldsymbol{A}, \boldsymbol{b})$ 作初等行变换把它变为行阶梯形矩阵, 有

$$B=\left(\begin{array}{ccccc|c}1&1&1&1&1&1\\3&2&1&1&-3&a\\0&1&2&2&6&3\\5&4&3&3&-1&b\end{array}\right)\xrightarrow[r_4-5r_1]{r_2-3r_1}\left(\begin{array}{ccccc|c}1&1&1&1&1&1\\0&-1&-2&-2&-6&a-3\\0&1&2&2&6&3\\0&-1&-2&-2&-6&b-5\end{array}\right)$$

$$\xrightarrow{r_2\leftrightarrow r_3}\left(\begin{array}{ccccc|c}1&1&1&1&1&1\\0&1&2&2&6&3\\0&-1&-2&-2&-6&a-3\\0&-1&-2&-2&-6&b-5\end{array}\right)\xrightarrow[r_4+r_2]{r_3+r_2}\left(\begin{array}{ccccc|c}1&1&1&1&1&1\\0&1&2&2&6&3\\0&0&0&0&0&a\\0&0&0&0&0&b-2\end{array}\right)$$

(1) 当 $a\neq 0$ 或者 $b\neq 2$ 时，$R(A)=2<R(A,b)$，方程组无解;

(2) 当 $a=0$ 且 $b=2$ 时，$R(A)=R(A,b)=2$，方程组有无穷多解, 这时

$$B\to\left(\begin{array}{ccccc|c}1&1&1&1&1&1\\0&1&2&2&6&3\\0&0&0&0&0&0\\0&0&0&0&0&0\end{array}\right)\xrightarrow{r_1-r_2}\left(\begin{array}{ccccc|c}1&0&-1&-1&-5&-2\\0&1&2&2&6&3\\0&0&0&0&0&0\\0&0&0&0&0&0\end{array}\right)$$

由此便得通解

$$\begin{cases}x_1=-2+x_3+\ \ x_4+5x_5\\x_2=3-2x_3-2x_4-6x_5\end{cases}$$

其中: x_3,x_4,x_5 为任意常数. 令 $x_3=c_1,x_4=c_2,x_5=c_3$，把它写成向量形式

$$x=c_1\begin{pmatrix}1\\-2\\1\\0\\0\end{pmatrix}+c_2\begin{pmatrix}1\\-2\\0\\1\\0\end{pmatrix}+c_3\begin{pmatrix}5\\-6\\0\\0\\1\end{pmatrix}+\begin{pmatrix}-2\\3\\0\\0\\0\end{pmatrix}$$

其中: c_1,c_2,c_3 为任意常数.

2.2 *n* 维 向 量

定义 2.2.1 由 n 个数 $a_1,a_2,\cdots,a_n$ 组成的有序数组 $(a_1,a_2,\cdots,a_n)$ 称为 n **维向量**, 这 n 个数称为该向量的 n 个分量, 其中的第 i 个数 a_i 称为这个向量的**第 i 个分量**. 分量全为实数的向量称为**实向量**; 分量全为复数的向量称为**复向量**.

如无特殊声明, 本书中的向量均指实向量. 例如, $(1,2,\cdots,n)$ 为 n 维实向量, $(1+2\mathrm{i},2+3\mathrm{i},\cdots,n+(n+1)\mathrm{i})$ 为 n 维复向量.

本书中写成一列的 n 维向量, 称为**列向量**, 通常用 $\boldsymbol{a},\boldsymbol{b},\boldsymbol{\alpha},\boldsymbol{\beta}$ 等表示, 如

$$\boldsymbol{\alpha}=\begin{pmatrix}a_1\\a_2\\\vdots\\a_n\end{pmatrix}$$

写成一行的 n 维向量，称为**行向量**，通常用 $\boldsymbol{a}^{\mathrm{T}},\boldsymbol{b}^{\mathrm{T}},\boldsymbol{\alpha}^{\mathrm{T}},\boldsymbol{\beta}^{\mathrm{T}}$ 等表示，如

$$\boldsymbol{\alpha}^{\mathrm{T}}=(a_1,a_2,\cdots,a_n)$$

按照第 1 章的规定，行向量和列向量分别称为行矩阵和列矩阵，行向量和列向量都按矩阵的运算规则进行运算. 行向量和列向量总被看作是不同的向量. 当没有明确说明是行向量还是列向量时，都当作列向量.

所有分量都为零的向量称为**零向量**，记作 $\mathbf{0}$.

设 $\boldsymbol{\alpha}=(a_1,a_2,\cdots,a_n)$ 为 n 维向量，则称

$$(-a_1,-a_2,\cdots,-a_n)$$

为 $\boldsymbol{\alpha}$ 的**负向量**，记作 $-\boldsymbol{\alpha}$.

当两个向量作为矩阵相等时，称这两个向量是相等的.

向量作为特殊的矩阵，向量之间也可以有加(减)法和数乘运算.

定义 2.2.2 设 n 维向量

$$\boldsymbol{\alpha}=\begin{pmatrix}a_1\\a_2\\\vdots\\a_n\end{pmatrix},\qquad \boldsymbol{\beta}=\begin{pmatrix}b_1\\b_2\\\vdots\\b_n\end{pmatrix}$$

称向量 $\begin{pmatrix}a_1\pm b_1\\a_2\pm b_2\\\vdots\\a_n\pm b_n\end{pmatrix}$ 为 $\boldsymbol{\alpha},\boldsymbol{\beta}$ 的**和(差)**，记作 $\boldsymbol{\alpha}\pm\boldsymbol{\beta}$. 如果 k 是数，称向量 $\begin{pmatrix}ka_1\\ka_2\\\vdots\\ka_n\end{pmatrix}$ 为数 k 与向量 $\boldsymbol{\alpha}$ 的**数乘**，记作 $k\boldsymbol{\alpha}$.

向量的加法和数乘统称为向量的**线性运算**.

利用上述定义，容易验证向量的线性运算满足下面 8 条运算法则.

性质 2.2.1 设 $\boldsymbol{\alpha}$，$\boldsymbol{\beta}$，$\boldsymbol{\gamma}$ 为 n 维向量，k，l 是常数，则

(1) $\boldsymbol{\alpha}+\boldsymbol{\beta}=\boldsymbol{\beta}+\boldsymbol{\alpha}$;

(2) $(\boldsymbol{\alpha}+\boldsymbol{\beta})+\boldsymbol{\gamma}=\boldsymbol{\alpha}+(\boldsymbol{\beta}+\boldsymbol{\gamma})$;

(3) $\boldsymbol{\alpha}+\mathbf{0}=\boldsymbol{\alpha}$;

(4) $\boldsymbol{\alpha}+(-\boldsymbol{\alpha})=\mathbf{0}$;

(5) $1\boldsymbol{\alpha}=\boldsymbol{\alpha}$;

(6) $k(\boldsymbol{\alpha}+\boldsymbol{\beta})=k\boldsymbol{\alpha}+k\boldsymbol{\beta}$;

(7) $(k+l)\boldsymbol{\alpha}=k\boldsymbol{\alpha}+l\boldsymbol{\alpha}$;

(8) $(kl)\boldsymbol{\alpha}=k(l\boldsymbol{\alpha})$.

所有三维向量的全体组成的集合记为

$$\mathbf{R}^3=\{x=(x_1,x_2,x_3)^{\mathrm{T}}\mid x_1,x_2,x_3\in\mathbf{R}\}$$

所有 n 维向量的全体组成的集合记为

$$\mathbf{R}^n=\{x=(x_1,x_2,\cdots,x_n)^{\mathrm{T}}\,|\,x_1,x_2,\cdots,x_n\in\mathbf{R}\}.$$

不难看出, 按向量的加法和数乘, $\mathbf{R}^3$ 和 $\mathbf{R}^n$ 都满足 8 大运算法则.

定义 2.2.3　若干个同维数的列向量(或者同维数的行向量)所组成的集合称为**向量组**.

一个 $m\times n$ 矩阵 $\boldsymbol{A}=\begin{pmatrix}a_{11}&a_{12}&\cdots&a_{1n}\\a_{21}&a_{22}&\cdots&a_{2n}\\\vdots&\vdots&&\vdots\\a_{m1}&a_{m2}&\cdots&a_{mn}\end{pmatrix}$ 的全体列向量 $\boldsymbol{a}_j=\begin{pmatrix}a_{1j}\\a_{2j}\\\vdots\\a_{mj}\end{pmatrix}(j=1,2,\cdots,n)$ 构成一个含 n 个 m 维列向量的列向量组 $A:\boldsymbol{a}_1,\boldsymbol{a}_2,\cdots,\boldsymbol{a}_n$. 反之, 一个含 n 个 m 维列向量的列向量组 $A:\boldsymbol{a}_1,\boldsymbol{a}_2,\cdots,\boldsymbol{a}_n$ 构成一个 $m\times n$ 矩阵 $\boldsymbol{A}=(\boldsymbol{a}_1,\boldsymbol{a}_2,\cdots,\boldsymbol{a}_n)$. 因此, 含有限个向量的有序向量组可以与矩阵一一对应.

定义 2.2.4　给定向量组 $A:\boldsymbol{a}_1,\boldsymbol{a}_2,\cdots,\boldsymbol{a}_m$, 对于任何一组实数 $k_1,k_2,\cdots,k_m$, 表达式

$$k_1\boldsymbol{a}_1+k_2\boldsymbol{a}_2+\cdots+k_m\boldsymbol{a}_m$$

称为向量组 A 的一个**线性组合**, $k_1,k_2,\cdots,k_m$ 称为这个线性组合的**系数**.

给定向量组 $A:\boldsymbol{a}_1,\boldsymbol{a}_2,\cdots,\boldsymbol{a}_m$ 和向量 $\boldsymbol{b}$, 如果存在一组数 $\lambda_1,\lambda_2,\cdots,\lambda_m$, 使

$$\boldsymbol{b}=\lambda_1\boldsymbol{a}_1+\lambda_2\boldsymbol{a}_2+\cdots+\lambda_m\boldsymbol{a}_m$$

那么向量 $\boldsymbol{b}$ 是向量组 A 的线性组合, 这时称**向量 $\boldsymbol{b}$ 能由向量组 A 线性表示**.

向量 $\boldsymbol{b}$ 能由向量组 A 线性表示, 也就是方程组

$$x_1\boldsymbol{a}_1+x_2\boldsymbol{a}_2+\cdots+x_m\boldsymbol{a}_m=(\boldsymbol{a}_1,\boldsymbol{a}_2,\cdots,\boldsymbol{a}_m)\begin{pmatrix}x_1\\x_2\\\vdots\\x_m\end{pmatrix}=\boldsymbol{b}$$

有解. 向量组 A 构成的矩阵, 记作 $\boldsymbol{A}=(\boldsymbol{a}_1,\boldsymbol{a}_2,\cdots,\boldsymbol{a}_m)$, 上述方程组可以写为 $\boldsymbol{Ax}=\boldsymbol{b}$.

定理 2.2.1　向量 $\boldsymbol{b}$ 能由向量组 $A:\boldsymbol{a}_1,\boldsymbol{a}_2,\cdots,\boldsymbol{a}_m$ 线性表示的充分必要条件是矩阵 $\boldsymbol{A}=(\boldsymbol{a}_1,\boldsymbol{a}_2,\cdots,\boldsymbol{a}_m)$ 的秩等于矩阵 $\boldsymbol{B}=(\boldsymbol{a}_1,\boldsymbol{a}_2,\cdots,\boldsymbol{a}_m,\boldsymbol{b})$ 的秩, 即 $R(\boldsymbol{A})=R(\boldsymbol{B})$.

定义 2.2.5　设有两个向量组 $A:\boldsymbol{a}_1,\boldsymbol{a}_2,\cdots,\boldsymbol{a}_m$ 及向量组 $B:\boldsymbol{b}_1,\boldsymbol{b}_2,\cdots,\boldsymbol{b}_n$, 若向量组 B 的每个向量可由向量组 A 线性表示, 则称**向量组 B 可由向量组 A 线性表示**. 若向量组 A 与向量组 B 能相互线性表示, 则称这两个**向量组等价**.

记矩阵 $\boldsymbol{A}=(\boldsymbol{a}_1,\boldsymbol{a}_2,\cdots,\boldsymbol{a}_m)$, 矩阵 $\boldsymbol{B}=(\boldsymbol{b}_1,\boldsymbol{b}_2,\cdots,\boldsymbol{b}_n)$, 向量组 B 可由向量组 A 线性表示, 即对每个向量 $\boldsymbol{b}_j\ (j=1,2,\cdots,n)$ 存在数 $k_{1j},k_{2j},\cdots,k_{mj}$, 使

$$\boldsymbol{b}_j=k_{1j}\boldsymbol{a}_1+k_{2j}\boldsymbol{a}_2+\cdots+k_{mj}\boldsymbol{a}_m=(\boldsymbol{a}_1,\boldsymbol{a}_2,\cdots,\boldsymbol{a}_m)\begin{pmatrix}k_{1j}\\k_{2j}\\\vdots\\k_{mj}\end{pmatrix}$$

从而

$$(\boldsymbol{b}_1,\boldsymbol{b}_2,\cdots,\boldsymbol{b}_n)=(\boldsymbol{a}_1,\boldsymbol{a}_2,\cdots,\boldsymbol{a}_m)\begin{pmatrix} k_{11} & k_{12} & \cdots & k_{1n} \\ k_{21} & k_{22} & \cdots & k_{2n} \\ \vdots & \vdots & & \vdots \\ k_{m1} & k_{m2} & \cdots & k_{mn} \end{pmatrix}$$

其中, 矩阵 $\boldsymbol{K}=(k_{ij})_{m\times n}$ 称为这一线性表示的系数矩阵.

由上述讨论可知, 若 $\boldsymbol{C}_{m\times n}=\boldsymbol{A}_{m\times s}\boldsymbol{B}_{s\times n}$, 则矩阵 $\boldsymbol{C}$ 的列向量组能由矩阵 $\boldsymbol{A}$ 的列向量组线性表示, $\boldsymbol{B}$ 为这一表示的系数矩阵:

$$(\boldsymbol{c}_1,\boldsymbol{c}_2,\cdots,\boldsymbol{c}_n)=(\boldsymbol{a}_1,\boldsymbol{a}_2,\cdots,\boldsymbol{a}_s)\begin{pmatrix} b_{11} & b_{12} & \cdots & b_{1n} \\ b_{21} & b_{22} & \cdots & b_{2n} \\ \vdots & \vdots & & \vdots \\ b_{s1} & b_{s2} & \cdots & b_{sn} \end{pmatrix}$$

同时, $\boldsymbol{C}$ 的行向量组能由 $\boldsymbol{B}$ 的行向量组线性表示, $\boldsymbol{A}$ 为这一表示的系数矩阵:

$$\begin{pmatrix} \boldsymbol{\gamma}_1^{\mathrm{T}} \\ \boldsymbol{\gamma}_2^{\mathrm{T}} \\ \vdots \\ \boldsymbol{\gamma}_m^{\mathrm{T}} \end{pmatrix}=\begin{pmatrix} a_{11} & a_{12} & \cdots & a_{1s} \\ a_{21} & a_{22} & \cdots & a_{2s} \\ \vdots & \vdots & & \vdots \\ a_{m1} & a_{m2} & \cdots & a_{ms} \end{pmatrix}\begin{pmatrix} \boldsymbol{\beta}_1^{\mathrm{T}} \\ \boldsymbol{\beta}_2^{\mathrm{T}} \\ \vdots \\ \boldsymbol{\beta}_s^{\mathrm{T}} \end{pmatrix}$$

由定义 2.2.5 可知, 向量组 $B:\boldsymbol{b}_1,\boldsymbol{b}_2,\cdots,\boldsymbol{b}_n$ 能由向量组 $A:\boldsymbol{a}_1,\boldsymbol{a}_2,\cdots,\boldsymbol{a}_m$ 线性表示, 即存在矩阵 $\boldsymbol{K}=(k_{ij})_{m\times n}$, 使 $(\boldsymbol{b}_1,\boldsymbol{b}_2,\cdots,\boldsymbol{b}_n)=(\boldsymbol{a}_1,\boldsymbol{a}_2,\cdots,\boldsymbol{a}_m)\boldsymbol{K}$, 也就是矩阵方程

$$(\boldsymbol{a}_1,\boldsymbol{a}_2,\cdots,\boldsymbol{a}_m)\boldsymbol{X}=(\boldsymbol{b}_1,\boldsymbol{b}_2,\cdots,\boldsymbol{b}_n)$$

有解.

定理 2.2.2　向量组 $B:\boldsymbol{b}_1,\boldsymbol{b}_2,\cdots,\boldsymbol{b}_n$ 能由向量组 $A:\boldsymbol{a}_1,\boldsymbol{a}_2,\cdots,\boldsymbol{a}_m$ 线性表示的充分必要条件是矩阵 $\boldsymbol{A}=(\boldsymbol{a}_1,\boldsymbol{a}_2,\cdots,\boldsymbol{a}_m)$ 的秩等于矩阵 $(\boldsymbol{A},\boldsymbol{B})=(\boldsymbol{a}_1,\boldsymbol{a}_2,\cdots,\boldsymbol{a}_m,\boldsymbol{b}_1,\boldsymbol{b}_2,\cdots,\boldsymbol{b}_n)$ 的秩, 即 $R(\boldsymbol{A})=R(\boldsymbol{A},\boldsymbol{B})$.

推论 2.2.1　向量组 $A:\boldsymbol{a}_1,\boldsymbol{a}_2,\cdots,\boldsymbol{a}_m$ 与向量组 $B:\boldsymbol{b}_1,\boldsymbol{b}_2,\cdots,\boldsymbol{b}_n$ 等价的充分必要条件是 $R(\boldsymbol{A})=R(\boldsymbol{B})=R(\boldsymbol{A},\boldsymbol{B})$, 其中矩阵

$$\boldsymbol{A}=(\boldsymbol{a}_1,\boldsymbol{a}_2,\cdots,\boldsymbol{a}_m),\qquad \boldsymbol{B}=(\boldsymbol{b}_1,\boldsymbol{b}_2,\cdots,\boldsymbol{b}_n)$$

由定理 2.2.2 和矩阵秩的性质可得:

定理 2.2.3　若向量组 $B:\boldsymbol{b}_1,\boldsymbol{b}_2,\cdots,\boldsymbol{b}_n$ 能由向量组 $A:\boldsymbol{a}_1,\boldsymbol{a}_2,\cdots,\boldsymbol{a}_m$ 线性表示, 则 $R(\boldsymbol{B})\leqslant R(\boldsymbol{A})$, 其中矩阵 $\boldsymbol{A}=(\boldsymbol{a}_1,\boldsymbol{a}_2,\cdots,\boldsymbol{a}_m)$, $\boldsymbol{B}=(\boldsymbol{b}_1,\boldsymbol{b}_2,\cdots,\boldsymbol{b}_n)$.

例 2.2.1　设 n 维向量组 $A:\boldsymbol{a}_1,\boldsymbol{a}_2,\cdots,\boldsymbol{a}_m$ 构成矩阵 $\boldsymbol{A}=(\boldsymbol{a}_1,\boldsymbol{a}_2,\cdots,\boldsymbol{a}_m)$, n 阶单位矩阵 $\boldsymbol{E}=(\boldsymbol{e}_1,\boldsymbol{e}_2,\cdots,\boldsymbol{e}_n)$ 的列向量称为 n **维单位坐标向量**. 试证: n 维单位坐标向量组能由向量组 A 线性表示的充分必要条件是 $R(\boldsymbol{A})=n$.

证　由定理 2.2.2 可知, 向量组 $\boldsymbol{e}_1,\boldsymbol{e}_2,\cdots,\boldsymbol{e}_n$ 能由向量组 A 线性表示的充分必要条件是

$R(\boldsymbol{A})=R(\boldsymbol{A},\boldsymbol{E})$. 由矩阵秩的性质可知 $R(\boldsymbol{A},\boldsymbol{E})\geqslant R(\boldsymbol{E})=n$. 而矩阵只含有 n 行，知 $R(\boldsymbol{A},\boldsymbol{E})\leqslant n$，故 $R(\boldsymbol{A},\boldsymbol{E})=n$. 因此向量组 $\boldsymbol{e}_1,\boldsymbol{e}_2,\cdots,\boldsymbol{e}_n$ 能由向量组 A 线性表示的充分必要条件是 $R(\boldsymbol{A})=n$.

2.3　向量组的线性相关性

定义 2.3.1　给定向量组 $A:\boldsymbol{a}_1,\boldsymbol{a}_2,\cdots,\boldsymbol{a}_m$，若存在不全为零的数 $k_1,k_2,\cdots,k_m$，使

$$k_1\boldsymbol{a}_1+k_2\boldsymbol{a}_2+\cdots+k_m\boldsymbol{a}_m=\boldsymbol{0}$$

则称向量组 A 是**线性相关的**，否则称它是**线性无关的**. 显然，向量组线性无关当且仅当数 $k_1=k_2=\cdots=k_m=0$ 时上式才能成立.

根据定义，有以下简单性质:

(1) 含有零向量的向量组一定线性相关.

(2) 两个向量 $\boldsymbol{a}_1,\boldsymbol{a}_2$ 构成的向量组线性相关的充分必要条件是 $\boldsymbol{a}_1,\boldsymbol{a}_2$ 对应的分量成比例，其几何意义是 $\boldsymbol{a}_1,\boldsymbol{a}_2$ 共线.

(3) 单个向量 $\boldsymbol{a}$，当 $\boldsymbol{a}=\boldsymbol{0}$ 时必线性相关，当 $\boldsymbol{a}\neq\boldsymbol{0}$ 时必线性无关.

结合齐次线性方程组解的情况有以下定理.

定理 2.3.1　设向量组 $A:\boldsymbol{a}_1,\boldsymbol{a}_2,\cdots,\boldsymbol{a}_m(m\geqslant 2)$，令 $\boldsymbol{A}=(\boldsymbol{a}_1,\boldsymbol{a}_2,\cdots,\boldsymbol{a}_m)$，则下列命题等价:

(1) 向量组 $A:\boldsymbol{a}_1,\boldsymbol{a}_2,\cdots,\boldsymbol{a}_m$ 线性相关;

(2) 线性方程组 $\boldsymbol{Ax}=\boldsymbol{0}$ 有非零解;

(3) $R(\boldsymbol{A})<m$;

(4) 向量组 A 中至少有一个向量能由其余 $m-1$ 个向量线性表示.

证　(1) $\Rightarrow$ (2) 因为向量组 $A:\boldsymbol{a}_1,\boldsymbol{a}_2,\cdots,\boldsymbol{a}_m$ 线性相关，所以存在不全为零的数 $k_1,k_2,\cdots,k_m$，使 $k_1\boldsymbol{a}_1+k_2\boldsymbol{a}_2+\cdots+k_m\boldsymbol{a}_m=\boldsymbol{0}$，故

$$(\boldsymbol{a}_1,\boldsymbol{a}_2,\cdots,\boldsymbol{a}_m)\begin{pmatrix}k_1\\k_2\\\vdots\\k_m\end{pmatrix}=\boldsymbol{0}$$

即

$$\boldsymbol{Ax}=\boldsymbol{0}$$

有非零解.

(2) $\Rightarrow$ (3) 由定理 2.1.3 可得若 $\boldsymbol{Ax}=\boldsymbol{0}$ 有非零解，则 $R(\boldsymbol{A})<m$.

(3) $\Rightarrow$ (4) 由定理 2.1.3 可得若 $R(\boldsymbol{A})<m$，则 $\boldsymbol{Ax}=\boldsymbol{0}$ 有非零解，即存在不全为零的数 $k_1,k_2,\cdots,k_m$，使

$$(\boldsymbol{a}_1,\boldsymbol{a}_2,\cdots,\boldsymbol{a}_m)\begin{pmatrix}k_1\\k_2\\\vdots\\k_m\end{pmatrix}=\boldsymbol{0}$$

即

$$k_1\boldsymbol{a}_1+k_2\boldsymbol{a}_2+\cdots+k_m\boldsymbol{a}_m=\boldsymbol{0}$$

不妨设$k_i\neq 0$，则

$$\boldsymbol{a}_i=-\frac{k_1}{k_i}\boldsymbol{a}_1-\frac{k_2}{k_i}\boldsymbol{a}_2-\cdots-\frac{k_{i-1}}{k_i}\boldsymbol{a}_{i-1}-\frac{k_{i+1}}{k_i}\boldsymbol{a}_{i+1}\cdots-\frac{k_m}{k_i}\boldsymbol{a}_m$$

(4)$\Rightarrow$(1)不妨设$\boldsymbol{a}_m=\lambda_1\boldsymbol{a}_1+\lambda_2\boldsymbol{a}_2+\cdots+\lambda_{m-1}\boldsymbol{a}_{m-1}$，则$\lambda_1\boldsymbol{a}_1+\lambda_2\boldsymbol{a}_2+\cdots+\lambda_{m-1}\boldsymbol{a}_{m-1}-\boldsymbol{a}_m=\boldsymbol{0}$. 因为$\lambda_1,\lambda_2,\cdots,\lambda_{m-1},-1$这$m$个数不全为零(至少$-1\neq 0$)，所以向量组$A:\boldsymbol{a}_1,\boldsymbol{a}_2,\cdots,\boldsymbol{a}_m$线性相关.

定理 2.3.2　设向量组$A:\boldsymbol{a}_1,\boldsymbol{a}_2,\cdots,\boldsymbol{a}_m(m\geqslant 2)$，令$\boldsymbol{A}=(\boldsymbol{a}_1,\boldsymbol{a}_2,\cdots,\boldsymbol{a}_m)$，则下列命题等价:

(1) 向量组$A:\boldsymbol{a}_1,\boldsymbol{a}_2,\cdots,\boldsymbol{a}_m$线性无关;

(2) 线性方程组$\boldsymbol{Ax}=\boldsymbol{0}$只有零解;

(3) $R(\boldsymbol{A})=m$;

(4) 向量组A中任何一个向量都不能由其余$m-1$个向量线性表示.

证　(1)$\Rightarrow$(2)向量组$A:\boldsymbol{a}_1,\boldsymbol{a}_2,\cdots,\boldsymbol{a}_m$线性无关，根据定义 2.3.1，$k_1\boldsymbol{a}_1+k_2\boldsymbol{a}_2+\cdots+k_m\boldsymbol{a}_m=\boldsymbol{0}$当且仅当$k_1=k_2=\cdots=k_m=0$时成立，即

$$(\boldsymbol{a}_1,\boldsymbol{a}_2,\cdots,\boldsymbol{a}_m)\begin{pmatrix}k_1\\k_2\\\vdots\\k_m\end{pmatrix}=\boldsymbol{0}$$

当且仅当$k_1=k_2=\cdots=k_m=0$时成立，故$\boldsymbol{Ax}=\boldsymbol{0}$只有零解.

(2)$\Rightarrow$(3)由定理 2.1.3 可得若$\boldsymbol{Ax}=\boldsymbol{0}$只有零解，则$R(\boldsymbol{A})=m$.

(3)$\Rightarrow$(4)反证法. 假设向量组$A:\boldsymbol{a}_1,\boldsymbol{a}_2,\cdots,\boldsymbol{a}_m$有某一个向量能由其余$m-1$个向量线性表示，由定理 2.3.1 可得$R(\boldsymbol{A})<m$，这与$R(\boldsymbol{A})=m$矛盾.

(4)$\Rightarrow$(1)反证法. 假设向量组$A:\boldsymbol{a}_1,\boldsymbol{a}_2,\cdots,\boldsymbol{a}_m$线性相关，由定理 2.3.1 可得向量组$A$中至少有一个向量能由其余$m-1$个向量线性表示，这和题设矛盾.

例 2.3.1　讨论n维单位坐标向量组的线性相关性.

解　n维单位坐标向量组构成的矩阵为n阶单位矩阵$\boldsymbol{E}=(\boldsymbol{e}_1,\boldsymbol{e}_2,\cdots,\boldsymbol{e}_n)$. 由于$|\boldsymbol{E}|=1\neq 0$，所以$R(\boldsymbol{E})=n$，即$R(\boldsymbol{E})$等于向量组中向量的个数. 由定理 2.3.2 得此向量组线性无关.

例 2.3.2　讨论向量组$\boldsymbol{a}_1,\boldsymbol{a}_2,\boldsymbol{a}_3$和$\boldsymbol{a}_1,\boldsymbol{a}_2$的线性相关性，其中

$$\boldsymbol{a}_1=\begin{pmatrix}1\\1\\1\end{pmatrix},\quad \boldsymbol{a}_2=\begin{pmatrix}0\\2\\5\end{pmatrix},\quad \boldsymbol{a}_3=\begin{pmatrix}2\\4\\7\end{pmatrix}$$

解　$$(\boldsymbol{a}_1,\boldsymbol{a}_2,\boldsymbol{a}_3)=\begin{pmatrix}1&0&2\\1&2&4\\1&5&7\end{pmatrix}\xrightarrow[r_3-r_1]{r_2-r_1}\begin{pmatrix}1&0&2\\0&2&2\\0&5&5\end{pmatrix}\xrightarrow[r_3-5r_2]{r_2\times\frac{1}{2}}\begin{pmatrix}1&0&2\\0&1&1\\0&0&0\end{pmatrix}$$

因为$R(\boldsymbol{a}_1,\boldsymbol{a}_2,\boldsymbol{a}_3)=2<3$，所以$\boldsymbol{a}_1,\boldsymbol{a}_2,\boldsymbol{a}_3$线性相关. 而$R(\boldsymbol{a}_1,\boldsymbol{a}_2)=2$，则$\boldsymbol{a}_1,\boldsymbol{a}_2$线性无关.

例 2.3.3　已知向量组$\boldsymbol{a}_1,\boldsymbol{a}_2,\boldsymbol{a}_3$线性无关，$\boldsymbol{b}_1=\boldsymbol{a}_1+\boldsymbol{a}_2$，$\boldsymbol{b}_2=\boldsymbol{a}_2+\boldsymbol{a}_3$，$\boldsymbol{b}_3=\boldsymbol{a}_3+\boldsymbol{a}_1$，试证: 向量组$\boldsymbol{b}_1,\boldsymbol{b}_2,\boldsymbol{b}_3$线性无关.

证　在此给出三种证明方法.

(1) 设有x_1,x_2,x_3使$x_1\boldsymbol{b}_1+x_2\boldsymbol{b}_2+x_3\boldsymbol{b}_3=\boldsymbol{0}$，即

$$x_1(\boldsymbol{a}_1+\boldsymbol{a}_2)+x_2(\boldsymbol{a}_2+\boldsymbol{a}_3)+x_3(\boldsymbol{a}_3+\boldsymbol{a}_1)=\boldsymbol{0}$$

也即

$$(x_1+x_3)\boldsymbol{a}_1+(x_1+x_2)\boldsymbol{a}_2+(x_2+x_3)\boldsymbol{a}_3=\boldsymbol{0}$$

因为$\boldsymbol{a}_1,\boldsymbol{a}_2,\boldsymbol{a}_3$线性无关, 所以

$$\begin{cases}x_1+x_3=0\\x_1+x_2=0\\x_2+x_3=0\end{cases}$$

由于此方程组的系数矩阵$\boldsymbol{K}=\begin{pmatrix}1&0&1\\1&1&0\\0&1&1\end{pmatrix}$的行列式$|\boldsymbol{K}|\neq0$，则方程组只有零解$x_1=x_2=x_3=0$，所以向量组$\boldsymbol{b}_1,\boldsymbol{b}_2,\boldsymbol{b}_3$线性无关.

(2) 由题意可得

$$(\boldsymbol{b}_1,\boldsymbol{b}_2,\boldsymbol{b}_3)=(\boldsymbol{a}_1,\boldsymbol{a}_2,\boldsymbol{a}_3)\begin{pmatrix}1&0&1\\1&1&0\\0&1&1\end{pmatrix}$$

记作$\boldsymbol{B}=\boldsymbol{AK}$.

设$\boldsymbol{Bx}=\boldsymbol{0}$，以$\boldsymbol{B}=\boldsymbol{AK}$代入得$\boldsymbol{A}(\boldsymbol{Kx})=\boldsymbol{0}$. 因为矩阵$\boldsymbol{A}$的列向量组线性无关, 由向量组线性无关的定义可知$\boldsymbol{Kx}=\boldsymbol{0}$. 因为$\boldsymbol{K}$可逆, 所以$\boldsymbol{Kx}=\boldsymbol{0}$只有零解$\boldsymbol{x}=\boldsymbol{0}$. 因此矩阵$\boldsymbol{B}$的列向量组$\boldsymbol{b}_1,\boldsymbol{b}_2,\boldsymbol{b}_3$线性无关.

(3) 由题意可得

$$(\boldsymbol{b}_1,\boldsymbol{b}_2,\boldsymbol{b}_3)=(\boldsymbol{a}_1,\boldsymbol{a}_2,\boldsymbol{a}_3)\begin{pmatrix}1&0&1\\1&1&0\\0&1&1\end{pmatrix}$$

令$\boldsymbol{B}=\boldsymbol{AK}$，因$\boldsymbol{K}$可逆, 可由矩阵秩的性质得$R(\boldsymbol{B})=R(\boldsymbol{A})$. 由定理 2.3.2 可知$R(\boldsymbol{B})=R(\boldsymbol{A})=3$，矩阵$\boldsymbol{B}$的列向量组$\boldsymbol{b}_1,\boldsymbol{b}_2,\boldsymbol{b}_3$线性无关.

由定理 2.3.1 和定理 2.3.2, 可得到有关向量组线性相关性的一些结论.

定理 2.3.3　(1) 向量组$A:\boldsymbol{a}_1,\boldsymbol{a}_2,\cdots,\boldsymbol{a}_m$线性相关, 则向量组$B:\boldsymbol{a}_1,\boldsymbol{a}_2,\cdots,\boldsymbol{a}_m,\boldsymbol{a}_{m+1}$也线性

相关. 反之, 若向量组 B 线性无关, 则向量组 A 也线性无关.

(2) m 个 n 维向量组成的向量组, 当维数 n 小于向量个数 m 时一定线性相关.

(3) 设向量组 $A:\boldsymbol{a}_1,\boldsymbol{a}_2,\cdots,\boldsymbol{a}_m$ 线性无关, 而向量组 $B:\boldsymbol{a}_1,\boldsymbol{a}_2,\cdots,\boldsymbol{a}_m,\boldsymbol{b}$ 线性相关, 则向量 $\boldsymbol{b}$ 必能由向量组 A 线性表示, 且表达式是唯一的.

(4) 设

$$\boldsymbol{\alpha}_j=\begin{pmatrix}a_{1j}\\a_{2j}\\\vdots\\a_{rj}\end{pmatrix},\quad \boldsymbol{\beta}_j=\begin{pmatrix}a_{1j}\\a_{2j}\\\vdots\\a_{rj}\\a_{r+1,j}\end{pmatrix}\quad (j=1,2,\cdots,m)$$

即 $\boldsymbol{\alpha}_j$ 添上一个分量后得向量 $\boldsymbol{\beta}_j$. 若向量组 $A:\boldsymbol{\alpha}_1,\boldsymbol{\alpha}_2,\cdots,\boldsymbol{\alpha}_m$ 线性无关, 则向量组 $B:\boldsymbol{\beta}_1,\boldsymbol{\beta}_2,\cdots,\boldsymbol{\beta}_m$ 也线性无关; 反之, 若向量组 B 线性相关, 则向量组 A 也线性相关.

证 (1) 记

$$\boldsymbol{A}=(\boldsymbol{a}_1,\boldsymbol{a}_2,\cdots,\boldsymbol{a}_m),\qquad \boldsymbol{B}=(\boldsymbol{a}_1,\boldsymbol{a}_2,\cdots,\boldsymbol{a}_m,\boldsymbol{a}_{m+1})$$

则有 $R(\boldsymbol{B})\leqslant R(\boldsymbol{A})+1$. 若向量组 A 线性相关, 则由定理 2.3.1 知 $R(\boldsymbol{A})<m$, 从而 $R(\boldsymbol{B})\leqslant R(\boldsymbol{A})+1<m+1$.

因此, 根据定理 2.3.1 得, 向量组 B 线性相关.

结论: 一个向量组若有线性相关的部分组, 则该向量组必线性相关. 特别地, 含有零向量的向量组必线性相关; 反之, 若一个向量组线性无关, 则它的任何部分组都线性无关.

(2) m 个 n 维向量 $\boldsymbol{a}_1,\boldsymbol{a}_2,\cdots,\boldsymbol{a}_m$ 构成的矩阵

$$\boldsymbol{A}=(\boldsymbol{a}_1,\boldsymbol{a}_2,\cdots,\boldsymbol{a}_m)_{n\times m}$$

则有 $R(\boldsymbol{A})\leqslant n$;

若 $n<m$, 则 $R(\boldsymbol{A})<m$, 故 m 个 n 维向量 $\boldsymbol{a}_1,\boldsymbol{a}_2,\cdots,\boldsymbol{a}_m$ 线性相关. 因此, 当向量维数 n 小于向量组向量个数 m 时, 由定理 2.3.1 知, 该向量组一定线性相关.

(3) 记 $\boldsymbol{A}=(\boldsymbol{a}_1,\boldsymbol{a}_2,\cdots,\boldsymbol{a}_m)$, $\boldsymbol{B}=(\boldsymbol{a}_1,\boldsymbol{a}_2,\cdots,\boldsymbol{a}_m,\boldsymbol{b})$, 则有 $R(\boldsymbol{A})\leqslant R(\boldsymbol{B})$, 根据定理 2.3.1 和定理 2.3.2, 由向量组 A 线性无关得 $R(\boldsymbol{A})=m$, 由向量组 B 线性相关得, $R(\boldsymbol{B})<m+1$, 故 $m\leqslant R(\boldsymbol{B})<m+1$, 即有 $R(\boldsymbol{B})=m$. 再由 $R(\boldsymbol{A})=R(\boldsymbol{B})=m$, 方程组 $\boldsymbol{Ax}=\boldsymbol{b}$ 有唯一解, 即向量 $\boldsymbol{b}$ 能由向量组 A 线性表示, 且表示式唯一.

(4) 记 $\boldsymbol{A}=(\boldsymbol{\alpha}_1,\boldsymbol{\alpha}_2,\cdots,\boldsymbol{\alpha}_m)_{r\times m}$, $\boldsymbol{B}=(\boldsymbol{\beta}_1,\boldsymbol{\beta}_2,\cdots,\boldsymbol{\beta}_m)_{(r+1)\times m}$, 则有 $R(\boldsymbol{A})\leqslant R(\boldsymbol{B})$, 根据定理 2.3.2, 由向量组 A 线性无关得 $R(\boldsymbol{A})=m$, 从而有 $R(\boldsymbol{B})\geqslant m$, 但 $R(\boldsymbol{B})\leqslant m$(因 $\boldsymbol{B}$ 只有 m 列), 故 $R(\boldsymbol{B})=m$. 因此, 根据定理 2.3.2 得, 向量组 B 线性无关.

结论(4)是对增加一个分量(即维数增加 1 维)而言的, 增加多个分量时, 结论也成立. 反言之, 若 B 线性相关, 那么有 $R(\boldsymbol{B})<m$, 另外 $R(\boldsymbol{A})\leqslant R(\boldsymbol{B})$, 所以 $R(\boldsymbol{A})<m$, 由定理 2.3.1 知 A 线性相关.

2.4　向量组的秩和最大线性无关组

考虑向量组 $\boldsymbol{a}_1=(0,1,1)$，$\boldsymbol{a}_2=(0,2,2)$，$\boldsymbol{a}_3=(1,1,1)$，可以验证，$\boldsymbol{a}_1,\boldsymbol{a}_2,\boldsymbol{a}_3$ 线性相关，但向量组 $\boldsymbol{a}_1,\boldsymbol{a}_3$ 与向量组 $\boldsymbol{a}_2,\boldsymbol{a}_3$ 都线性无关，且它们都含有两个线性无关的向量. 在 $\boldsymbol{a}_1,\boldsymbol{a}_3$ 及 $\boldsymbol{a}_2,\boldsymbol{a}_3$ 这两个线性无关向量组中，如果再添加一个向量进去，那么它们就变成线性相关. 可见它们在该向量组中作为一个线性无关向量组，所包含的向量个数达到了最多. 为此，我们引入向量组的秩和最大线性无关组.

定义 2.4.1　设有向量组 A，如果在 A 中能选出 r 个向量 $\boldsymbol{a}_1,\boldsymbol{a}_2,\cdots,\boldsymbol{a}_r$，满足

(1) 向量组 $A_0:\boldsymbol{a}_1,\boldsymbol{a}_2,\cdots,\boldsymbol{a}_r$ 线性无关;

(2) 向量组 A 中任意 $r+1$ 个向量(若 A 中有 $r+1$ 个向量)线性相关，那么称向量组 A_0 是向量组 A 的**最大线性无关组**，简称**最大无关组**，最大无关组所含向量个数 r 称为向量组的**秩**，记作 R_A.

规定只含零向量的向量组的秩为零.

根据定义 2.4.1 可知向量组 $\boldsymbol{a}_1=(0,1,1)$，$\boldsymbol{a}_2=(0,2,2)$，$\boldsymbol{a}_3=(1,1,1)$ 的秩为 2，最大无关组为向量组 $\boldsymbol{a}_1,\boldsymbol{a}_3$ 或向量组 $\boldsymbol{a}_2,\boldsymbol{a}_3$. 由此可知向量组的最大无关组不一定是唯一的.

向量组 A 和它的最大无关组 A_0 是等价的. 因为向量组 A_0 中的向量是向量组 A 中的一部分，故向量组 A_0 可由向量组 A 线性表示. 另一方面，由条件(2)可知 A 中的任意向量 $\boldsymbol{a}$，如果 $\boldsymbol{a}\in A_0$，显然向量 $\boldsymbol{a}$ 可由向量组 A_0 线性表示; 如果 $\boldsymbol{a}\notin A_0$，由定义 2.4.1 知 $r+1$ 个向量 $\boldsymbol{a}_1,\boldsymbol{a}_2,\cdots,\boldsymbol{a}_r,\boldsymbol{a}$ 线性相关，而 $\boldsymbol{a}_1,\boldsymbol{a}_2,\cdots,\boldsymbol{a}_r$ 线性无关，根据定理 2.3.3 可知 $\boldsymbol{a}$ 能由向量组 A_0 线性表示. 所以向量组 A 能由向量组 A_0 线性表示. 所以向量组 A 与向量组 A_0 等价.

由此可得最大线性无关组的等价定义.

推论 2.4.1 (最大线性无关组的等价定义)　设向量组 $A_0:\boldsymbol{a}_1,\boldsymbol{a}_2,\cdots,\boldsymbol{a}_r$ 是向量组 A 的一个部分组，且满足:

(1) 向量组 A_0 线性无关;

(2) 向量组 A 中的任一向量都能由向量组 A_0 线性表示，那么向量组 A_0 便是向量组 A 的一个最大无关组.

证　只需证明向量组 A 中任意 $r+1$ 个向量(若 A 中有 $r+1$ 个向量)线性相关. 设 $\boldsymbol{b}_1,\boldsymbol{b}_2,\cdots,\boldsymbol{b}_{r+1}$ 是 A 中任意 $r+1$ 个向量，由条件(2)可知 $r+1$ 个向量能由向量组 A_0 线性表示，由定理 2.2.3 知

$$R(\boldsymbol{b}_1,\boldsymbol{b}_2,\cdots,\boldsymbol{b}_{r+1})\leqslant R(\boldsymbol{a}_1,\boldsymbol{a}_2,\cdots,\boldsymbol{a}_r)=r$$

再由定理 2.3.1 得 $r+1$ 个向量 $\boldsymbol{b}_1,\boldsymbol{b}_2,\cdots,\boldsymbol{b}_{r+1}$ 线性相关. 因此向量组 A_0 满足定义 2.4.1 中所规定的最大无关组的条件.

例 2.4.1　求向量组 $\boldsymbol{a}_1=\begin{pmatrix}1\\3\\1\\4\end{pmatrix}$，$\boldsymbol{a}_2=\begin{pmatrix}2\\12\\-2\\12\end{pmatrix}$，$\boldsymbol{a}_3=\begin{pmatrix}2\\-3\\8\\2\end{pmatrix}$ 的秩和一个最大无关组，并判断

向量组的线性相关性.

解　因为

$$A=\begin{pmatrix}1&2&2\\3&12&-3\\1&-2&8\\4&12&2\end{pmatrix}\xrightarrow[r_4-4r_1]{\substack{r_2-3r_1\\r_3-r_1}}\begin{pmatrix}1&2&2\\0&6&-9\\0&-4&6\\0&4&-6\end{pmatrix}\xrightarrow[r_4-2r_2]{\substack{r_2\times\frac{1}{3}\\r_3+2r_2}}\begin{pmatrix}1&2&2\\0&2&-3\\0&0&0\\0&0&0\end{pmatrix}$$

所以 $R(A)=2$，因而 a_1,a_2,a_3 线性相关. 由于 $R(a_1,a_2)=2$，因此 a_1,a_2 是 a_1,a_2,a_3 的一个最大无关组.

对于只含有限个 n 维向量的向量组 $A:a_1,a_2,\cdots,a_m$，它可以构成矩阵 $A=(a_1,a_2,\cdots,a_m)$. 把定义 2.4.1 和第 1 章矩阵的最高阶非零子式及矩阵的秩的定义做比较, 可得向量组 A 的秩等于矩阵 A 的秩.

定理 2.4.1　矩阵的秩等于它的列向量组的秩, 也等于它的行向量组的秩.

证　设 $A=(a_1,a_2,\cdots,a_m)$，$R(A)=r$，并设 r 阶子式 $D_r\neq 0$. 根据定理 2.3.2, 由 $D_r\neq 0$ 知 D_r 所在的 r 列构成的 $n\times r$ 矩阵的秩为 r，故此 r 个列向量线性无关; 又因 A 中所有 $r+1$ 阶子式均为零, 知 A 中任意 $r+1$ 个列向量构成的矩阵的秩小于 $r+1$, 故 $r+1$ 个列向量线性相关. 因此 D_r 所在的 r 列是 A 的列向量组的一个最大无关组, 所以列向量组的秩为 r.

类似可证矩阵的行向量组的秩也等于 $R(A)=r$.

今后向量组 $a_1,a_2,\cdots,a_m$ 的秩也记作 $R(a_1,a_2,\cdots,a_m)$.

从定理 2.4.1 的证明可见: 若 D_r 是矩阵 A 的一个最高阶非零子式, 则 D_r 所在的 r 列即是 A 的列向量组的一个最大无关组，D_r 所在的 r 行即是 A 的行向量组的一个最大无关组.

例 2.4.2　设矩阵 $A=\begin{pmatrix}1&1&2&3\\2&1&3&4\\1&0&1&2\end{pmatrix}$, 求矩阵的列向量组的一个最大无关组, 并把不属于最大无关组的列向量用最大无关组线性表示.

解　把 A 按列分块即 $A=(a_1,a_2,a_3,a_4)$, 对 A 施行初等行变换变为行最简形矩阵

$$A\xrightarrow{r}\begin{pmatrix}1&0&1&0\\0&1&1&0\\0&0&0&1\end{pmatrix}=B$$

可知 $R(A)=3$, 故列向量组的最大无关组含有 3 个向量. 而三个非零行的首非零元在 1、2、4 三列, 故 a_1,a_2,a_4 为列向量组的一个最大无关组.

事实上

$$(a_1,a_2,a_4)=\begin{pmatrix}1&1&3\\2&1&4\\1&0&2\end{pmatrix}\to\begin{pmatrix}1&0&0\\0&1&0\\0&0&1\end{pmatrix}$$

可知 $R(\boldsymbol{a}_1,\boldsymbol{a}_2,\boldsymbol{a}_4)=3$，所以 $\boldsymbol{a}_1,\boldsymbol{a}_2,\boldsymbol{a}_4$ 线性无关.

记 $\boldsymbol{B}=(\boldsymbol{b}_1,\boldsymbol{b}_2,\boldsymbol{b}_3,\boldsymbol{b}_4)$，由于方程 $\boldsymbol{Ax}=\boldsymbol{0}$ 与方程 $\boldsymbol{Bx}=\boldsymbol{0}$ 同解，即方程

$$x_1\boldsymbol{a}_1+x_2\boldsymbol{a}_2+x_3\boldsymbol{a}_3+x_4\boldsymbol{a}_4=\boldsymbol{0}$$

$$x_1\boldsymbol{b}_1+x_2\boldsymbol{b}_2+x_3\boldsymbol{b}_3+x_4\boldsymbol{b}_4=\boldsymbol{0}$$

同解，因此向量 $\boldsymbol{a}_1,\boldsymbol{a}_2,\boldsymbol{a}_3,\boldsymbol{a}_4$ 之间的线性关系与向量 $\boldsymbol{b}_1,\boldsymbol{b}_2,\boldsymbol{b}_3,\boldsymbol{b}_4$ 之间的线性关系是相同的，容易看出 $\boldsymbol{b}_3=\begin{pmatrix}1\\1\\0\end{pmatrix}=\begin{pmatrix}1\\0\\0\end{pmatrix}+\begin{pmatrix}0\\1\\0\end{pmatrix}=\boldsymbol{b}_1+\boldsymbol{b}_2$，因此 $\boldsymbol{a}_3=\boldsymbol{a}_1+\boldsymbol{a}_2$.

例 2.4.2 的解法表明：如果矩阵 $\boldsymbol{A}$ 与 $\boldsymbol{B}$ 的行向量组等价，那么方程 $\boldsymbol{Ax}=\boldsymbol{0}$ 与 $\boldsymbol{Bx}=\boldsymbol{0}$ 同解，从而 $\boldsymbol{A}$ 的列向量组各向量之间与 $\boldsymbol{B}$ 的列向量组各向量之间有相同的线性关系. 如果 $\boldsymbol{B}$ 是行最简形矩阵，那么容易看出 $\boldsymbol{B}$ 的列向量组各向量之间所具有的线性关系，从而也就得到 $\boldsymbol{A}$ 的列向量组各向量之间的线性关系.

根据向量组秩的定义和定理 2.4.1，可知在定理 2.2.1～2.2.3、推论 2.2.1、定理 2.3.1 和定理 2.3.2 中矩阵的秩都可换成向量组的秩.

2.5　向量空间

定义 2.5.1　设 V 为 $\mathbf{R}^n$ 的非空子集. 若集合 V 对向量的加法及数乘两种运算封闭，即：若 $\boldsymbol{a}\in V$，$\boldsymbol{b}\in V$，则 $\boldsymbol{a}+\boldsymbol{b}\in V$；若 $\boldsymbol{a}\in V$，$\lambda\in\mathbf{R}$，则 $\lambda\boldsymbol{a}\in V$，则称集合 V 为**向量空间**.

例 2.5.1　三维向量全体是一个向量空间. 因为任意两个三维向量之和仍为三维向量，数 λ 乘三维向量也是三维向量. 因此，$\mathbf{R}^3$ 关于三维向量的线性运算是封闭的. 同样可以证明，$\mathbf{R}^n$ 是一个向量空间.

例 2.5.2　集合

$$V=\{\boldsymbol{x}=(x_1,0,x_3)^{\mathrm{T}}\mid x_1,x_3\in\mathbf{R}\}$$

是一个向量空间. 因为若

$$\boldsymbol{a}=(a_1,0,a_3)^{\mathrm{T}}\in V,\quad \boldsymbol{b}=(b_1,0,b_3)^{\mathrm{T}}\in V,\quad \lambda\in\mathbf{R}$$

则

$$\boldsymbol{a}+\boldsymbol{b}=(a_1+b_1,0,a_3+b_3)^{\mathrm{T}}\in V,\qquad \lambda\boldsymbol{a}=(\lambda a_1,0,\lambda a_3)^{\mathrm{T}}\in V$$

例 2.5.3　集合

$$V=\{x=(x_1,1,x_3)^{\mathrm{T}}\mid x_1,x_3\in\mathbf{R}\}$$

不是一个向量空间. 因为若

$$\boldsymbol{a}=(a_1,1,a_3)^{\mathrm{T}}\in V,\qquad 2\boldsymbol{a}=(2a_1,2,2a_3)^{\mathrm{T}}\notin V$$

定义 2.5.2　设有 n 维向量 $\boldsymbol{a}_1,\boldsymbol{a}_2,\cdots,\boldsymbol{a}_m$，则集合

$$L=\{\boldsymbol{x}=\lambda_1\boldsymbol{a}_1+\lambda_2\boldsymbol{a}_2+\cdots+\lambda_m\boldsymbol{a}_m \mid \lambda_1,\lambda_2,\cdots,\lambda_m\in\mathbf{R}\}$$

关于向量的线性运算封闭, 从而构成一个向量空间. 称 L 是由向量组 $\boldsymbol{a}_1,\boldsymbol{a}_2,\cdots,\boldsymbol{a}_m$ 生成的**向量空间**, 记作 $V=L(\boldsymbol{a}_1,\boldsymbol{a}_2,\cdots,\boldsymbol{a}_m)$, 称 $\boldsymbol{a}_1,\boldsymbol{a}_2,\cdots,\boldsymbol{a}_m$ 是这个空间的**生成元**.

定义 2.5.3　设有向量空间 V_1 及 V_2, 若 $V_1\subseteq V_2$, 就称 V_1 是 V_2 的**子空间**.

例如, 任何 n 维向量所组成的向量空间 V, 总有 $V\subseteq\mathbf{R}^n$, 这样的向量空间总是 $\mathbf{R}^n$ 的子空间. 例 2.5.2 的向量空间是 $\mathbf{R}^3$ 的子空间.

定义 2.5.4　设 V 为向量空间, 如果 V 中向量 $\boldsymbol{a}_1,\boldsymbol{a}_2,\cdots,\boldsymbol{a}_r$ 满足

(1) $\boldsymbol{a}_1,\boldsymbol{a}_2,\cdots,\boldsymbol{a}_r$ 线性无关;

(2) V 中每个向量都可由 $\boldsymbol{a}_1,\boldsymbol{a}_2,\cdots,\boldsymbol{a}_r$ 线性表示, 那么向量组 $\boldsymbol{a}_1,\boldsymbol{a}_2,\cdots,\boldsymbol{a}_r$ 就称为向量空间 V 的一个**基**, r 称为向量空间的**维数**, 并称 V 为 r **维向量空间**.

由定义可得, V 作为向量组, 向量空间的任意两个基都是等价的. 由此可得, 若 V 的一个基中含有 r 个向量, 则其中任一基中均含 r 个向量.

如果向量空间 V 没有基, 那么 V 的维数为 0. 零维向量空间只含一个零向量.

例 2.5.4　求 $V=\{x=(x_1,0,x_3)^{\mathrm{T}}\mid x_1,x_3\in\mathbf{R}\}$ 的基和维数.

解　因为

$$\boldsymbol{\zeta}_1=\begin{pmatrix}1\\0\\0\end{pmatrix},\qquad \boldsymbol{\zeta}_2=\begin{pmatrix}0\\0\\1\end{pmatrix}\in V$$

是线性无关的, 且对任意 $\boldsymbol{a}=\begin{pmatrix}x_1\\0\\x_3\end{pmatrix}\in V$, 有

$$\boldsymbol{a}=\begin{pmatrix}x_1\\0\\x_3\end{pmatrix}=x_1\boldsymbol{\zeta}_1+x_3\boldsymbol{\zeta}_2$$

即 $\boldsymbol{a}$ 可由 $\boldsymbol{\zeta}_1$, $\boldsymbol{\zeta}_2$ 线性表示. 因此, $\boldsymbol{\zeta}_1$, $\boldsymbol{\zeta}_2$ 是 V 的一个基, 从而向量空间 V 的维数为 2.

例 2.5.5　求 $\mathbf{R}^n$ 的维数和基.

解　因 n 维单位坐标向量组 $\boldsymbol{e}_1,\boldsymbol{e}_2,\cdots,\boldsymbol{e}_n$ 是线性无关的, 且 $\mathbf{R}^n$ 中的任一向量都可由它们线性表示, 故 $\boldsymbol{e}_1,\boldsymbol{e}_2,\cdots,\boldsymbol{e}_n$ 是 $\mathbf{R}^n$ 的基, 从而 $\mathbf{R}^n$ 的维数为 n.

定理 2.5.1　设向量组 $\boldsymbol{a}_1,\boldsymbol{a}_2,\cdots,\boldsymbol{a}_m$ 所生成的向量空间为

$$L=\{\boldsymbol{x}=\lambda_1\boldsymbol{a}_1+\lambda_2\boldsymbol{a}_2+\cdots+\lambda_m\boldsymbol{a}_m \mid \lambda_1,\lambda_2,\cdots,\lambda_m\in\mathbf{R}\}$$

则向量组 $\boldsymbol{a}_1,\boldsymbol{a}_2,\cdots,\boldsymbol{a}_m$ 的最大无关组是 L 的一个基, 向量组 $\boldsymbol{a}_1,\boldsymbol{a}_2,\cdots,\boldsymbol{a}_m$ 的秩是 L 的维数.

证　向量空间 L 与向量组 $\boldsymbol{a}_1,\boldsymbol{a}_2,\cdots,\boldsymbol{a}_m$ 等价, 所以向量组 $\boldsymbol{a}_1,\boldsymbol{a}_2,\cdots,\boldsymbol{a}_m$ 的最大无关组就是 L 的一个基, 向量组 $\boldsymbol{a}_1,\boldsymbol{a}_2,\cdots,\boldsymbol{a}_m$ 的秩就是 L 的维数.

定义 2.5.5　设 $\boldsymbol{a}_1,\boldsymbol{a}_2,\cdots,\boldsymbol{a}_r$ 是向量空间 V 的一个基, 那么 V 中任一向量 $\boldsymbol{\alpha}$ 可唯一地表示为 $\boldsymbol{\alpha}=x_1\boldsymbol{a}_1+x_2\boldsymbol{a}_2+\cdots+x_r\boldsymbol{a}_r$, 数组 $x_1,x_2,\cdots,x_r$ 称为向量 $\boldsymbol{\alpha}$ 在基 $\boldsymbol{a}_1,\boldsymbol{a}_2,\cdots,\boldsymbol{a}_r$ 中的**坐标**.

例 2.5.6　由例 2.5.4 可知 $\boldsymbol{\zeta}_1=\begin{pmatrix}1\\0\\0\end{pmatrix}$，$\boldsymbol{\zeta}_2=\begin{pmatrix}0\\0\\1\end{pmatrix}$ 是 $V=\{\boldsymbol{x}=(x_1,0,x_3)^{\mathrm{T}}\mid x_1,x_3\in\mathbf{R}\}$ 的基. 设 $\boldsymbol{a}=\begin{pmatrix}x_1\\0\\x_3\end{pmatrix}\in V$，有 $\boldsymbol{a}=\begin{pmatrix}x_1\\0\\x_3\end{pmatrix}=x_1\boldsymbol{\zeta}_1+x_3\boldsymbol{\zeta}_2$，因此 $\boldsymbol{a}$ 在基 $\boldsymbol{\zeta}_1$，$\boldsymbol{\zeta}_2$ 中的坐标为 x_1，x_3.

例 2.5.7　由例 2.5.5 可知 $\boldsymbol{e}_1,\boldsymbol{e}_2,\cdots,\boldsymbol{e}_n$ 是 $\mathbf{R}^n$ 的基. 设 $\boldsymbol{\alpha}=\begin{pmatrix}x_1\\x_2\\\vdots\\x_n\end{pmatrix}$，则

$$\boldsymbol{\alpha}=x_1\boldsymbol{e}_1+x_2\boldsymbol{e}_2+\cdots+x_n\boldsymbol{e}_n$$

因此，$\boldsymbol{\alpha}$ 在基 $\boldsymbol{e}_1,\boldsymbol{e}_2,\cdots,\boldsymbol{e}_n$ 中的坐标为 $x_1,x_2,\cdots,x_n$.

向量空间的基不是唯一的，一个向量在不同的基下有不同的坐标. 下面讨论向量在不同基下的坐标间的关系.

定义 2.5.6　设 $\boldsymbol{a}_1,\boldsymbol{a}_2,\cdots,\boldsymbol{a}_r$ 和 $\boldsymbol{b}_1,\boldsymbol{b}_2,\cdots,\boldsymbol{b}_r$ 是向量空间 V 的基，如果对每个 j，$\boldsymbol{b}_j$ 在 V 的基 $\boldsymbol{a}_1,\boldsymbol{a}_2,\cdots,\boldsymbol{a}_r$ 中的坐标为

$$\boldsymbol{p}_j=\begin{pmatrix}p_{1j}\\p_{2j}\\\vdots\\p_{rj}\end{pmatrix}$$

令矩阵 $\boldsymbol{P}=(\boldsymbol{p}_1,\ \boldsymbol{p}_2,\ \cdots,\ \boldsymbol{p}_r)$，则 $\boldsymbol{P}$ 是 r 阶可逆矩阵. 称 $\boldsymbol{P}$ 是从基 $\boldsymbol{a}_1,\boldsymbol{a}_2,\cdots,\boldsymbol{a}_r$ 到基 $\boldsymbol{b}_1,\boldsymbol{b}_2,\cdots,\boldsymbol{b}_r$ 的**过渡矩阵**.

例 2.5.8　在 $\mathbf{R}^3$ 中取定一个基 $\boldsymbol{a}_1,\boldsymbol{a}_2,\boldsymbol{a}_3$，再取一个基 $\boldsymbol{b}_1,\boldsymbol{b}_2,\boldsymbol{b}_3$，设

$$\boldsymbol{A}=(\boldsymbol{a}_1,\boldsymbol{a}_2,\boldsymbol{a}_3),\qquad \boldsymbol{B}=(\boldsymbol{b}_1,\boldsymbol{b}_2,\boldsymbol{b}_3)$$

求从基 $\boldsymbol{a}_1,\boldsymbol{a}_2,\boldsymbol{a}_3$ 到基 $\boldsymbol{b}_1,\boldsymbol{b}_2,\boldsymbol{b}_3$ 的过渡矩阵 $\boldsymbol{P}$，并求向量在两个基中的坐标之间的关系式(**坐标变换公式**).

解　因为

$$(\boldsymbol{a}_1,\boldsymbol{a}_2,\boldsymbol{a}_3)=(\boldsymbol{e}_1,\boldsymbol{e}_2,\boldsymbol{e}_3)\boldsymbol{A},\qquad (\boldsymbol{e}_1,\boldsymbol{e}_2,\boldsymbol{e}_3)=(\boldsymbol{a}_1,\boldsymbol{a}_2,\boldsymbol{a}_3)\boldsymbol{A}^{-1}$$

所以

$$(\boldsymbol{b}_1,\boldsymbol{b}_2,\boldsymbol{b}_3)=(\boldsymbol{e}_1,\boldsymbol{e}_2,\boldsymbol{e}_3)\boldsymbol{B}=(\boldsymbol{a}_1,\boldsymbol{a}_2,\boldsymbol{a}_3)\boldsymbol{A}^{-1}\boldsymbol{B}$$

即 $(\boldsymbol{b}_1,\boldsymbol{b}_2,\boldsymbol{b}_3)=(\boldsymbol{a}_1,\boldsymbol{a}_2,\boldsymbol{a}_3)\boldsymbol{A}^{-1}\boldsymbol{B}$. 故过渡矩阵为 $\boldsymbol{P}=\boldsymbol{A}^{-1}\boldsymbol{B}$.

设向量 $\boldsymbol{x}$ 在基 $\boldsymbol{a}_1,\boldsymbol{a}_2,\boldsymbol{a}_3$ 中的坐标为 y_1,y_2,y_3，在基 $\boldsymbol{b}_1,\boldsymbol{b}_2,\boldsymbol{b}_3$ 中的坐标为 z_1,z_2,z_3，即

$$\boldsymbol{x}=(\boldsymbol{a}_1,\boldsymbol{a}_2,\boldsymbol{a}_3)\begin{pmatrix}y_1\\y_2\\y_3\end{pmatrix},\qquad \boldsymbol{x}=(\boldsymbol{b}_1,\boldsymbol{b}_2,\boldsymbol{b}_3)\begin{pmatrix}z_1\\z_2\\z_3\end{pmatrix}$$

故 $A\begin{pmatrix} y_1 \\ y_2 \\ y_3 \end{pmatrix} = B\begin{pmatrix} z_1 \\ z_2 \\ z_3 \end{pmatrix}$，得 $\begin{pmatrix} z_1 \\ z_2 \\ z_3 \end{pmatrix} = B^{-1}A\begin{pmatrix} y_1 \\ y_2 \\ y_3 \end{pmatrix}$，即

$$\begin{pmatrix} z_1 \\ z_2 \\ z_3 \end{pmatrix} = P^{-1}\begin{pmatrix} y_1 \\ y_2 \\ y_3 \end{pmatrix}$$

这就是从坐标 y_1, y_2, y_3 到坐标 z_1, z_2, z_3 的坐标变换公式.

2.6 n 维向量空间的正交性

在几何空间中，不仅要考虑向量间的线性关系，还要考虑有关向量的长度与向量间的夹角等度量概念. 向量的长度与向量间的夹角都可以用内积来定义. 因此，我们先将几何空间中内积的概念推广到 n 维向量空间 $\mathbf{R}^n$，再进一步讨论向量的长度、夹角及向量的正交性.

定义 2.6.1 设 $\boldsymbol{x} = \begin{pmatrix} x_1 \\ x_2 \\ \vdots \\ x_n \end{pmatrix}$，$\boldsymbol{y} = \begin{pmatrix} y_1 \\ y_2 \\ \vdots \\ y_n \end{pmatrix}$ 是 $\mathbf{R}^n$ 中的两个向量，令

$$[\boldsymbol{x}, \boldsymbol{y}] = x_1y_1 + x_2y_2 + \cdots + x_ny_n$$

称 $[\boldsymbol{x}, \boldsymbol{y}]$ 为 $\boldsymbol{x}$ 与 $\boldsymbol{y}$ 的**内积**.

它们的内积也可以用矩阵的乘积表示为

$$[\boldsymbol{x}, \boldsymbol{y}] = \boldsymbol{x}^{\mathrm{T}}\boldsymbol{y}$$

性质 2.6.1 向量的内积具有下述性质(其中 $\boldsymbol{x}, \boldsymbol{y}, \boldsymbol{z} \in \mathbf{R}^n$，$\lambda \in \mathbf{R}$).

(1) $[\boldsymbol{x}, \boldsymbol{y}] = [\boldsymbol{y}, \boldsymbol{x}]$;

(2) $[\lambda\boldsymbol{x}, \boldsymbol{y}] = \lambda[\boldsymbol{y}, \boldsymbol{x}]$;

(3) $[\boldsymbol{x} + \boldsymbol{y}, \boldsymbol{z}] = [\boldsymbol{x}, \boldsymbol{z}] + [\boldsymbol{y}, \boldsymbol{z}]$;

(4) 当 $\boldsymbol{x} \neq \boldsymbol{0}$ 时，$[\boldsymbol{x}, \boldsymbol{x}] > 0$；当 $\boldsymbol{x} = \boldsymbol{0}$ 时，$[\boldsymbol{x}, \boldsymbol{x}] = 0$.

柯西(Cauchy)不等式可以用内积表示成

$$\left|[\boldsymbol{x}, \boldsymbol{y}]\right| \leqslant \sqrt{[\boldsymbol{x}, \boldsymbol{x}]}\sqrt{[\boldsymbol{y}, \boldsymbol{y}]}$$

定义 2.6.2 令 $\|\boldsymbol{x}\| = \sqrt{[\boldsymbol{x}, \boldsymbol{x}]} = \sqrt{x_1^2 + x_2^2 + \cdots + x_n^2}$，其中 $\|\boldsymbol{x}\|$ 称为 n 维向量 $\boldsymbol{x}$ 的**长度**(或**范数**).

向量的长度具有下述性质.

性质 2.6.2 对于 n 维向量 $\boldsymbol{x}$ 与 $\boldsymbol{y}$ 及实数 k，有

(1) 非负性：$\|\boldsymbol{x}\| \geqslant 0$，且 $\|\boldsymbol{x}\| = 0$ 当且仅当 $\boldsymbol{x} = \boldsymbol{0}$；

(2) 齐次性: $\|kx\|=|k|\|x\|$;

(3) 三角不等式 $\|x+y\|\leqslant\|x\|+\|y\|$.

若 $\|x\|=1$, 则称 x 是单位向量. 于是, 若 x 是非零向量, 则 $\dfrac{1}{\|x\|}x$ 一定是单位向量. 求这个单位向量的过程叫作将向量**单位化**.

定义 2.6.3　当 $x\neq 0$, $y\neq 0$ 时, $\theta=\arccos\dfrac{[x,y]}{\|x\|\|y\|}$ 称为 n 维向量 x 与 y 的**夹角**. 当 $[x,y]=0$ 时, 称向量 x 与 y 正交. 显然, 若 $x=0$, 则 x 与任何向量都正交.

定义 2.6.4　由两两正交的非零向量所构成的向量组称为**正交向量组**; 由两两正交的单位向量所构成的向量组称为**标准正交向量组**. 标准正交向量组又称为**规范正交向量组**.

定理 2.6.1　正交向量组是线性无关的.

证　设 $a_1,a_2,\cdots,a_r$ 是正交向量组, 有 $\lambda_1,\lambda_2,\cdots,\lambda_r$ 使

$$\lambda_1 a_1+\lambda_2 a_2+\cdots+\lambda_r a_r=0$$

将上式两端与任意 $a_i(1\leqslant i\leqslant r)$ 做内积, 当 $i\neq j$ 时 $[a_i,a_j]=0$, 得 $\lambda_i[a_i,a_i]=0$. 因为 $a_i(1\leqslant i\leqslant r)$ 是非零向量, 故 $[a_i,a_i]\neq 0$, 所以 $\lambda_i=0$. 因此 $a_1,a_2,\cdots,a_r$ 是线性无关的.

特别注意, 线性无关的向量组未必是正交向量组.

定义 2.6.5　设 n 维向量 $a_1,a_2,\cdots,a_r$ 是向量空间 V $(V\subseteq \mathbf{R}^n)$ 的一个基, 如果 $a_1,a_2,\cdots,a_r$ 两两正交, 且都是单位向量, 则称 $a_1,a_2,\cdots,a_r$ 是 V 的一个**标准正交基**. 标准正交基又称为**规范正交基**.

例如

$$\varepsilon_1=\begin{pmatrix}1\\0\\0\\0\end{pmatrix},\quad \varepsilon_2=\begin{pmatrix}0\\1\\0\\0\end{pmatrix},\quad \varepsilon_3=\begin{pmatrix}0\\0\\1\\0\end{pmatrix},\quad \varepsilon_4=\begin{pmatrix}0\\0\\0\\1\end{pmatrix}$$

与

$$e_1=\begin{pmatrix}\frac{1}{\sqrt{2}}\\ \frac{1}{\sqrt{2}}\\0\\0\end{pmatrix},\quad e_2=\begin{pmatrix}\frac{1}{\sqrt{2}}\\ -\frac{1}{\sqrt{2}}\\0\\0\end{pmatrix},\quad e_3=\begin{pmatrix}0\\0\\ \frac{1}{\sqrt{2}}\\ \frac{1}{\sqrt{2}}\end{pmatrix},\quad e_4=\begin{pmatrix}0\\0\\ \frac{1}{\sqrt{2}}\\ -\frac{1}{\sqrt{2}}\end{pmatrix}$$

都是 $\mathbf{R}^4$ 的标准正交基.

例 2.6.1　设 $e_1,e_2,\cdots,e_r$ 是向量空间 V 的一组标准正交基, 求 V 中向量 α 在该基中的坐标.

解　V 中的任一向量 α 可由 $e_1,e_2,\cdots,e_r$ 线性表示, 设表示式为

$$\boldsymbol{\alpha} = \lambda_1\boldsymbol{e}_1 + \lambda_2\boldsymbol{e}_2 + \cdots + \lambda_r\boldsymbol{e}_r$$

上式两边对$\boldsymbol{e}_i\ (i=1,2,\cdots,r)$求内积，得

$$[\boldsymbol{\alpha},\boldsymbol{e}_i] = [\lambda_1\boldsymbol{e}_1 + \lambda_2\boldsymbol{e}_2 + \cdots + \lambda_r\boldsymbol{e}_r, \boldsymbol{e}_i] = \sum_{k=1}^{n}\lambda_k[\boldsymbol{e}_k,\boldsymbol{e}_i] = \lambda_i[\boldsymbol{e}_i,\boldsymbol{e}_i] = \lambda_i$$

故$\boldsymbol{\alpha}$在基$\boldsymbol{e}_1,\boldsymbol{e}_2,\cdots,\boldsymbol{e}_r$中的坐标为$\lambda_i = [\boldsymbol{\alpha},\boldsymbol{e}_i]\ (i=1,2,\cdots r)$.

这是向量在规范正交基中的坐标(即线性表示系数)的计算公式. 利用该公式可方便计算向量在规范正交基中的坐标，因此常取向量空间的规范正交基.

已知$\boldsymbol{a}_1,\boldsymbol{a}_2,\cdots,\boldsymbol{a}_r$是向量空间$V$的一组基，求$V$的一组规范正交基，就是要找一组两两正交的单位向量$\boldsymbol{e}_1,\boldsymbol{e}_2,\cdots,\boldsymbol{e}_r$，使$\boldsymbol{e}_1,\boldsymbol{e}_2,\cdots,\boldsymbol{e}_r$与$\boldsymbol{a}_1,\boldsymbol{a}_2,\cdots,\boldsymbol{a}_r$等价，这称为把基$\boldsymbol{a}_1,\boldsymbol{a}_2,\cdots,\boldsymbol{a}_r$**标准正交化**.

下面介绍的**施密特正交化方法**，给出了经由一个线性无关向量组得到一组标准正交向量组的方法，这也告诉我们如何求向量空间的标准正交基.

利用施密特正交化方法将给定的向量组$\boldsymbol{a}_1,\boldsymbol{a}_2,\cdots,\boldsymbol{a}_r$规范正交化，分成以下两个步骤：

(1) **正交化**，取

$$\boldsymbol{b}_1 = \boldsymbol{a}_1$$

$$\boldsymbol{b}_2 = \boldsymbol{a}_2 - \frac{[\boldsymbol{b}_1,\boldsymbol{a}_2]}{[\boldsymbol{b}_1,\boldsymbol{b}_1]}\boldsymbol{b}_1$$

$$\cdots\cdots$$

$$\boldsymbol{b}_r = \boldsymbol{a}_r - \frac{[\boldsymbol{b}_1,\boldsymbol{a}_r]}{[\boldsymbol{b}_1,\boldsymbol{b}_1]}\boldsymbol{b}_1 - \frac{[\boldsymbol{b}_2,\boldsymbol{a}_r]}{[\boldsymbol{b}_2,\boldsymbol{b}_2]}\boldsymbol{b}_2 - \frac{[\boldsymbol{b}_3,\boldsymbol{a}_r]}{[\boldsymbol{b}_3,\boldsymbol{b}_3]}\boldsymbol{b}_3 - \cdots - \frac{[\boldsymbol{b}_{r-1},\boldsymbol{a}_r]}{[\boldsymbol{b}_{r-1},\boldsymbol{b}_{r-1}]}\boldsymbol{b}_{r-1}$$

容易验证，这样得到的向量组$\boldsymbol{b}_1,\boldsymbol{b}_2,\cdots,\boldsymbol{b}_r$中的每个向量和其前面的所有向量都是正交的，而且$\boldsymbol{b}_1,\boldsymbol{b}_2,\cdots,\boldsymbol{b}_r$与$\boldsymbol{a}_1,\boldsymbol{a}_2,\cdots,\boldsymbol{a}_r$等价. 因此$\boldsymbol{b}_1,\boldsymbol{b}_2,\cdots,\boldsymbol{b}_r$是与$\boldsymbol{a}_1,\boldsymbol{a}_2,\cdots,\boldsymbol{a}_r$等价的正交向量组.

(2) **单位化**，取

$$\boldsymbol{e}_1 = \frac{1}{\|\boldsymbol{b}_1\|}\boldsymbol{b}_1, \boldsymbol{e}_2 = \frac{1}{\|\boldsymbol{b}_2\|}\boldsymbol{b}_2, \cdots, \boldsymbol{e}_r = \frac{1}{\|\boldsymbol{b}_r\|}\boldsymbol{b}_r$$

则$\boldsymbol{e}_1,\boldsymbol{e}_2,\cdots,\boldsymbol{e}_r$是与$\boldsymbol{a}_1,\boldsymbol{a}_2,\cdots,\boldsymbol{a}_r$等价的标准正交向量组.

例 2.6.2 用施密特正交化方法求一个与线性无关向量组

$$\boldsymbol{a}_1 = (1,1,1,1),\quad \boldsymbol{a}_2 = (1,-1,\ 0,\ 4),\quad \boldsymbol{a}_3 = (3,\ 5,\ 1,-1)$$

等价的标准正交向量组.

解 取

$$\boldsymbol{b}_1 = \boldsymbol{a}_1$$

$$\boldsymbol{b}_2 = \boldsymbol{a}_2 - \frac{[\boldsymbol{a}_2,\boldsymbol{b}_1]}{[\boldsymbol{b}_1,\boldsymbol{b}_1]}\boldsymbol{b}_1 = (1,-1,\ 0,\ 4) - \frac{1-1+4}{1+1+1+1}(1,1,1,1) = (0,-2,-1,3)$$

$$\boldsymbol{b}_3 = \boldsymbol{a}_3 - \frac{[\boldsymbol{a}_3,\boldsymbol{b}_1]}{[\boldsymbol{b}_1,\boldsymbol{b}_1]}\boldsymbol{b}_1 - \frac{[\boldsymbol{a}_3,\boldsymbol{b}_2]}{[\boldsymbol{b}_2,\boldsymbol{b}_2]}\boldsymbol{b}_2 = (3,5,1,-1) - \frac{8}{4}(1,1,1,1) - \frac{-14}{14}(0,-2,-1,3) = (1,1,-2,0)$$

再把它们单位化, 得

$$e_1=\frac{b_1}{\|b_1\|}=\frac{1}{2}(1,1,1,1)=\left(\frac{1}{2},\frac{1}{2},\frac{1}{2},\frac{1}{2}\right)$$

$$e_2=\frac{b_2}{\|b_2\|}=\frac{1}{\sqrt{14}}(0,-2,-1,3)=\left(0,\frac{-2}{\sqrt{14}},\frac{-1}{\sqrt{14}},\frac{3}{\sqrt{14}}\right)$$

$$e_3=\frac{b_3}{\|b_3\|}=\frac{1}{\sqrt{6}}(1,1,-2,0)=\left(\frac{1}{\sqrt{6}},\frac{1}{\sqrt{6}},\frac{-2}{\sqrt{6}},0\right)$$

即 e_1,e_2,e_3 为与 a_1,a_2,a_3 等价的标准正交向量组.

例 2.6.3　用施密特正交化方法求一个与线性无关向量组

$$a_1=\begin{pmatrix}1\\2\\-1\end{pmatrix},\quad a_2=\begin{pmatrix}-1\\3\\1\end{pmatrix},\quad a_3=\begin{pmatrix}4\\-1\\0\end{pmatrix}$$

等价的标准正交向量组.

解　取

$$b_1=a_1$$

$$b_2=a_2-\frac{[a_2,b_1]}{[b_1,b_1]}b_1=\begin{pmatrix}-1\\3\\1\end{pmatrix}-\frac{4}{6}\begin{pmatrix}1\\2\\-1\end{pmatrix}=\frac{5}{3}\begin{pmatrix}-1\\1\\1\end{pmatrix}$$

$$b_3=a_3-\frac{[a_3,b_1]}{[b_1,b_1]}b_1-\frac{[a_3,b_2]}{[b_2,b_2]}b_2=\begin{pmatrix}4\\-1\\0\end{pmatrix}-\frac{1}{3}\begin{pmatrix}1\\2\\-1\end{pmatrix}+\frac{5}{3}\begin{pmatrix}-1\\1\\1\end{pmatrix}=2\begin{pmatrix}1\\0\\1\end{pmatrix}$$

再把它们单位化, 取

$$e_1=\frac{1}{\|b_1\|}b_1=\frac{1}{\sqrt{6}}\begin{pmatrix}1\\2\\-1\end{pmatrix},\quad e_2=\frac{1}{\|b_2\|}b_2=\frac{1}{\sqrt{3}}\begin{pmatrix}-1\\1\\1\end{pmatrix},\quad e_3=\frac{1}{\|b_3\|}b_3=\frac{1}{\sqrt{2}}\begin{pmatrix}1\\0\\1\end{pmatrix}$$

即 e_1,e_2,e_3 为与 a_1,a_2,a_3 等价的标准正交向量组.

定义 2.6.6　如果 n 阶实矩阵 A 满足 $A^{\mathrm{T}}A=E$, 则称 A 是**正交矩阵**, 简称**正交阵**. 由定义可知, 实矩阵 A 是正交矩阵的充分必要条件是 A 可逆且 $A^{-1}=A^{\mathrm{T}}$.

定理 2.6.2　A 为正交矩阵的充要条件是 A 的列向量都是单位向量且两两正交.

证　将 A 用其列向量表示为 $A=(a_1,\ a_2,\ \cdots,\ a_n)$, 则

$$A^{\mathrm{T}}A=E\Leftrightarrow\begin{pmatrix}a_{11}&a_{21}&\cdots&a_{n1}\\a_{12}&a_{22}&\cdots&a_{n2}\\\vdots&\vdots&&\vdots\\a_{1n}&a_{2n}&\cdots&a_{nn}\end{pmatrix}\begin{pmatrix}a_{11}&a_{12}&\cdots&a_{1n}\\a_{21}&a_{22}&\cdots&a_{2n}\\\vdots&\vdots&&\vdots\\a_{n1}&a_{n2}&\cdots&a_{nn}\end{pmatrix}=E$$

$$\Leftrightarrow \begin{pmatrix} \boldsymbol{a}_1^{\mathrm{T}} \\ \boldsymbol{a}_2^{\mathrm{T}} \\ \vdots \\ \boldsymbol{a}_n^{\mathrm{T}} \end{pmatrix} (\boldsymbol{a}_1, \ \boldsymbol{a}_2, \ \cdots, \ \boldsymbol{a}_n) = \boldsymbol{E}$$

$$\Leftrightarrow \begin{pmatrix} \boldsymbol{a}_1^{\mathrm{T}}\boldsymbol{a}_1 & \boldsymbol{a}_1^{\mathrm{T}}\boldsymbol{a}_2 & \cdots & \boldsymbol{a}_1^{\mathrm{T}}\boldsymbol{a}_n \\ \boldsymbol{a}_2^{\mathrm{T}}\boldsymbol{a}_1 & \boldsymbol{a}_2^{\mathrm{T}}\boldsymbol{a}_2 & \cdots & \boldsymbol{a}_2^{\mathrm{T}}\boldsymbol{a}_n \\ \vdots & \vdots & & \vdots \\ \boldsymbol{a}_n^{\mathrm{T}}\boldsymbol{a}_1 & \boldsymbol{a}_n^{\mathrm{T}}\boldsymbol{a}_2 & \cdots & \boldsymbol{a}_n^{\mathrm{T}}\boldsymbol{a}_n \end{pmatrix} = \boldsymbol{E}$$

因 $\boldsymbol{a}_i^{\mathrm{T}}\boldsymbol{a}_j = [\boldsymbol{a}_i, \boldsymbol{a}_j]$，$\boldsymbol{A}$ 是正交矩阵当且仅当 $[\boldsymbol{a}_i, \boldsymbol{a}_j] = \begin{cases} 1, & i = j, \\ 0, & i \neq j, \end{cases}$ 即 $\boldsymbol{a}_1, \boldsymbol{a}_2, \cdots, \boldsymbol{a}_n$ 是标准正交向量组. 故方阵 $\boldsymbol{A}$ 是正交矩阵的充分必要条件是 $\boldsymbol{A}$ 的列向量都是单位向量, 且两两正交.

由于 $\boldsymbol{A}^{\mathrm{T}}\boldsymbol{A} = \boldsymbol{E}$ 与 $\boldsymbol{A}\boldsymbol{A}^{\mathrm{T}} = \boldsymbol{E}$ 等价, 所以定理 2.6.2 对 $\boldsymbol{A}$ 的行向量组也成立, 即方阵 $\boldsymbol{A}$ 是正交矩阵的充分必要条件是 $\boldsymbol{A}$ 的行向量都是单位向量, 且两两正交.

例 2.6.4　判别下列矩阵是否为正交阵.

(1) $\begin{pmatrix} 1 & -\frac{1}{2} & \frac{1}{3} \\ -\frac{1}{2} & 1 & \frac{1}{2} \\ \frac{1}{3} & \frac{1}{2} & -1 \end{pmatrix}$;　　(2) $\begin{pmatrix} \frac{1}{9} & -\frac{8}{9} & -\frac{4}{9} \\ -\frac{8}{9} & \frac{1}{9} & -\frac{4}{9} \\ -\frac{4}{9} & -\frac{4}{9} & \frac{7}{9} \end{pmatrix}$;

(3) $\begin{pmatrix} \frac{1}{2} & -\frac{1}{2} & \frac{1}{2} & -\frac{1}{2} \\ \frac{1}{2} & -\frac{1}{2} & -\frac{1}{2} & \frac{1}{2} \\ \frac{1}{\sqrt{2}} & \frac{1}{\sqrt{2}} & 0 & 0 \\ 0 & 0 & \frac{1}{\sqrt{2}} & \frac{1}{\sqrt{2}} \end{pmatrix}$.

解　(1) 考察矩阵的第一列和第二列. 由于

$$1 \times \left(-\frac{1}{2}\right) + \left(-\frac{1}{2}\right) \times 1 + \frac{1}{3} \times \frac{1}{2} \neq 0$$

所以(1)不是正交矩阵.

(2) 该矩阵为对称矩阵, 则

$$\frac{1}{9}\begin{pmatrix} 1 & -8 & -4 \\ -8 & 1 & -4 \\ -4 & -4 & 7 \end{pmatrix}^{\mathrm{T}} \frac{1}{9}\begin{pmatrix} 1 & -8 & -4 \\ -8 & 1 & -4 \\ -4 & -4 & 7 \end{pmatrix} = \begin{pmatrix} 1 & 0 & 0 \\ 0 & 1 & 0 \\ 0 & 0 & 1 \end{pmatrix}$$

所以(2)是正交矩阵.

(3) $\boldsymbol{P}$ 的每个列(行)向量都是单位向量, 且两两正交, 所以 $\boldsymbol{P}$ 是正交矩阵.

正交矩阵有下述性质.

性质 2.6.3 (1) 若 $\boldsymbol{A}$ 为正交矩阵, 则 $\boldsymbol{A}^{-1}=\boldsymbol{A}^{\mathrm{T}}$ 也是正交矩阵, 且 $|\boldsymbol{A}|=1$ 或 -1;

(2) 若 $\boldsymbol{A}$ 和 $\boldsymbol{B}$ 都是正交矩阵, 则 $\boldsymbol{AB}$ 也是正交矩阵.

证 (1) $\boldsymbol{A}$ 为正交矩阵, 所以 $\boldsymbol{A}$ 可逆, 且 $\boldsymbol{A}^{-1}=\boldsymbol{A}^{\mathrm{T}}$, 那么有

$$\boldsymbol{A}\boldsymbol{A}^{-1}=\boldsymbol{E},\qquad \boldsymbol{A}\boldsymbol{A}^{\mathrm{T}}=\boldsymbol{E}$$

注意, 因 $(\boldsymbol{A}^{\mathrm{T}})^{\mathrm{T}}=\boldsymbol{A}$, 故

$$(\boldsymbol{A}^{\mathrm{T}})^{\mathrm{T}}\boldsymbol{A}^{\mathrm{T}}=\boldsymbol{E}$$

所以, $\boldsymbol{A}^{-1}=\boldsymbol{A}^{\mathrm{T}}$ 也是正交矩阵.

在 $\boldsymbol{A}^{\mathrm{T}}\boldsymbol{A}=\boldsymbol{E}$ 两边取行列式得 $|\boldsymbol{A}^{\mathrm{T}}\boldsymbol{A}|=|\boldsymbol{E}|$, 有 $|\boldsymbol{A}^{\mathrm{T}}||\boldsymbol{A}|=1$, 由 $|\boldsymbol{A}^{\mathrm{T}}|=|\boldsymbol{A}|$ 可得 $|\boldsymbol{A}|^2=1$, 则 $|\boldsymbol{A}|=1$ 或 -1.

(2) $\boldsymbol{A}$ 和 $\boldsymbol{B}$ 都是正交矩阵, 故 $\boldsymbol{A}^{\mathrm{T}}\boldsymbol{A}=\boldsymbol{E}$, $\boldsymbol{B}^{\mathrm{T}}\boldsymbol{B}=\boldsymbol{E}$, 那么

$$(\boldsymbol{AB})^{\mathrm{T}}\boldsymbol{AB}=\boldsymbol{B}^{\mathrm{T}}(\boldsymbol{A}^{\mathrm{T}}\boldsymbol{A})\boldsymbol{B}=\boldsymbol{B}^{\mathrm{T}}\boldsymbol{E}\boldsymbol{B}=\boldsymbol{B}^{\mathrm{T}}\boldsymbol{B}=\boldsymbol{E}$$

$\boldsymbol{AB}$ 也是正交矩阵.

定义 2.6.7 若 $\boldsymbol{P}$ 为正交阵, 则线性变换 $\boldsymbol{y}=\boldsymbol{Px}$ 称为正交变换.

性质 2.6.4 正交变换保持向量的长度不变.

证 设线性变换 $\boldsymbol{y}=\boldsymbol{Px}$ 为正交变换, 则有

$$\|\boldsymbol{y}\|=\sqrt{\boldsymbol{y}^{\mathrm{T}}\boldsymbol{y}}=\sqrt{\boldsymbol{x}^{\mathrm{T}}\boldsymbol{P}^{\mathrm{T}}\boldsymbol{Px}}=\sqrt{\boldsymbol{x}^{\mathrm{T}}\boldsymbol{x}}=\|\boldsymbol{x}\|$$

2.7　线性方程组解的结构

在数学理论和实际应用中, 线性方程组是经常出现的, 因此, 我们有必要系统地研究线性方程组的解法及一般理论.

2.7.1　齐次线性方程组

本小节首先讨论齐次线性方程组, 在 2.7.2 节中将讨论非齐次线性方程组. 在此可看到齐次线性方程组的理论与非齐次线性方程组的理论有重要的联系.

首先观察: 任何齐次线性方程组一定是相容的, 因为, 每个未知量都取零所得到的解(向量), 就是其解. 这样的解称为**零解**, 或**平凡解**. 其余的解(如果存在的话)称为**非零解**, 或**非平凡解**. 因此, 对于齐次线性方程组来说, 重要的问题是要知道其有没有非零解. 在本小节, 将讨论齐次线性方程组有非零解的充要条件, 讨论齐次线性方程组不同解(如果存在的话)之间的关系, 进而给出齐次线性方程组的基础解系概念.

将齐次线性方程组(2.1.2)的系数矩阵按列分块写成分块矩阵 $\boldsymbol{A}=(\boldsymbol{a}_1,\boldsymbol{a}_2\cdots,\boldsymbol{a}_n)$, 则齐次线性方程组(2.1.2)可以写成与之等价的向量方程的形式

$$x_1\boldsymbol{a}_1 + x_2\boldsymbol{a}_2 + \cdots x_n\boldsymbol{a}_n = \boldsymbol{0} \tag{2.7.1}$$

这里，可看到齐次线性方程组是否有非零解完全转化为向量组 $\boldsymbol{a}_1,\boldsymbol{a}_2\cdots,\boldsymbol{a}_n$ 是否线性相关的问题.

关于齐次线性方程组的解，可得到下列重要结论.

(1) 齐次线性方程组(2.1.2)有非零解，当且仅当系数矩阵 $\boldsymbol{A}$ 的秩小于未知量的个数 n；

(2) 若 $m < n$，则任意含 n 个未知量 m 个方程的齐次线性方程组一定有非零解；

(3) 若 $\boldsymbol{A}$ 是方阵，则齐次线性方程组 $\boldsymbol{Ax}=\boldsymbol{0}$ 有非零解的充要条件是行列式 $|\boldsymbol{A}|=0$.

齐次线性方程组 $\boldsymbol{Ax}=\boldsymbol{0}$ 的解有下面几个重要性质.

性质 2.7.1　若 $\boldsymbol{\xi}_1,\boldsymbol{\xi}_2$ 都是齐次线性方程组 $\boldsymbol{Ax}=\boldsymbol{0}$ 的解，则 $\boldsymbol{\xi}_1+\boldsymbol{\xi}_2$ 也是 $\boldsymbol{Ax}=\boldsymbol{0}$ 的解.

证　因为 $\boldsymbol{\xi}_1,\boldsymbol{\xi}_2$ 都是齐次线性方程组 $\boldsymbol{Ax}=\boldsymbol{0}$ 的解，所以 $\boldsymbol{A\xi}_1=\boldsymbol{0}$，$\boldsymbol{A\xi}_2=\boldsymbol{0}$. 因此

$$\boldsymbol{A}(\boldsymbol{\xi}_1+\boldsymbol{\xi}_2)=\boldsymbol{A\xi}_1+\boldsymbol{A\xi}_2=\boldsymbol{0}+\boldsymbol{0}=\boldsymbol{0}$$

即 $\boldsymbol{\xi}_1+\boldsymbol{\xi}_2$ 也是 $\boldsymbol{Ax}=\boldsymbol{0}$ 的解.

性质 2.7.2　若 $\boldsymbol{\xi}$ 是齐次线性方程组 $\boldsymbol{Ax}=\boldsymbol{0}$ 的解，k 是一个常数，则 $k\boldsymbol{\xi}$ 也是 $\boldsymbol{Ax}=\boldsymbol{0}$ 的解.

证　因为 $\boldsymbol{\xi}$ 是齐次线性方程组 $\boldsymbol{Ax}=\boldsymbol{0}$ 的解，即有 $\boldsymbol{A\xi}=\boldsymbol{0}$. 所以

$$\boldsymbol{A}(k\boldsymbol{\xi})=k\boldsymbol{A\xi}=k\boldsymbol{0}=\boldsymbol{0}$$

即 $k\boldsymbol{\xi}$ 也是 $\boldsymbol{Ax}=\boldsymbol{0}$ 的解.

令

$$S=\{\boldsymbol{\xi}\in\mathbf{R}^n \mid \boldsymbol{A\xi}=\boldsymbol{0}\}$$

即 S 是 $\boldsymbol{Ax}=\boldsymbol{0}$ 的解集，从上面两个性质可知，S 对于向量的加法和数乘运算都是封闭的，也就是说 S 是一个向量空间. 通常称 S 是 $\boldsymbol{Ax}=\boldsymbol{0}$ 的**解空间**，或矩阵 $\boldsymbol{A}$ 的**零空间**. 如果方程 $\boldsymbol{Ax}=\boldsymbol{0}$ 只有零解，那么 S 是零维的；否则，S 的维数大于零.

正是由于齐次方程组 $\boldsymbol{Ax}=\boldsymbol{0}$ 的解集 S 是一个向量空间，我们希望能找到这个向量空间的最小生成元集(基).

定义 2.7.1　如果向量组 $\boldsymbol{\xi}_1,\boldsymbol{\xi}_2,\cdots,\boldsymbol{\xi}_t$ 为齐次线性方程组 $\boldsymbol{Ax}=\boldsymbol{0}$ 的解集的一个最大无关组，那么向量组 $\boldsymbol{\xi}_1,\boldsymbol{\xi}_2,\cdots,\boldsymbol{\xi}_t$ 称为齐次线性方程组 $\boldsymbol{Ax}=\boldsymbol{0}$ 的基础解系.

用最大无关组的定义，基础解系可叙述为：向量组 $\boldsymbol{\xi}_1,\boldsymbol{\xi}_2,\cdots,\boldsymbol{\xi}_t$ 为齐次线性方程组 $\boldsymbol{Ax}=\boldsymbol{0}$ 的基础解系，如果

(1) $\boldsymbol{\xi}_1,\boldsymbol{\xi}_2,\cdots,\boldsymbol{\xi}_t$ 是 $\boldsymbol{Ax}=\boldsymbol{0}$ 的一组线性无关的解；

(2) $\boldsymbol{Ax}=\boldsymbol{0}$ 的任一解都可由 $\boldsymbol{\xi}_1,\boldsymbol{\xi}_2,\cdots,\boldsymbol{\xi}_t$ 线性表示.

如果向量组 $\boldsymbol{\xi}_1,\boldsymbol{\xi}_2,\cdots,\boldsymbol{\xi}_t$ 是齐次线性方程组 $\boldsymbol{Ax}=\boldsymbol{0}$ 的一个基础解系，那么，$\boldsymbol{Ax}=\boldsymbol{0}$ 的通解可表示为

$$\boldsymbol{x}=k_1\boldsymbol{\xi}_1+k_2\boldsymbol{\xi}_2+\cdots+k_t\boldsymbol{\xi}_t$$

其中：$k_1,k_2,\cdots,k_t$ 为任意常数.

关于齐次线性方程组的基础解系，有下面的定理.

定理 2.7.1　关于 n 个未知量的齐次线性方程组 $\boldsymbol{Ax}=\boldsymbol{0}$ 的系数矩阵的秩为 r. 若

$r<n$, 则 $\boldsymbol{Ax}=\boldsymbol{0}$ 的任一基础解系中均含有 $n-r$ 个解向量.

证　首先证明 $\boldsymbol{Ax}=\boldsymbol{0}$ 有一个基础解系中含 $n-r$ 个解向量. 因为, $\boldsymbol{A}$ 的秩为 r, 所以经过有限次的初等行变换可以将 $\boldsymbol{A}$ 化成最简行阶梯形 $\boldsymbol{B}$. 设齐次线性方程组 $\boldsymbol{Ax}=\boldsymbol{0}$ 的系数矩阵 $\boldsymbol{A}$ 的前 r 个列向量线性无关, 于是 $\boldsymbol{A}$ 可化为行最简形矩阵:

$$\boldsymbol{B}=\begin{pmatrix} 1 & \cdots & 0 & b_{11} & \cdots & b_{1,n-r} \\ \vdots & & \vdots & \vdots & & \vdots \\ 0 & \cdots & 1 & b_{r1} & \cdots & b_{r,n-r} \\ 0 & \cdots & 0 & 0 & \cdots & 0 \\ \vdots & & \vdots & \vdots & & \vdots \\ 0 & \cdots & 0 & 0 & \cdots & 0 \end{pmatrix}$$

事实上, 这里的假设是合情合理的, 相当于对未知量 $x_1,x_2,\cdots,x_n$ 进行适当的重新标号. 把 $x_{r+1},x_{r+2},\cdots,x_n$ 取作自由未知量, 于是, 通解可以写为

$$\begin{cases} x_1=-b_{11}x_{r+1}-\cdots-b_{1,n-r}x_n \\ \qquad\cdots\cdots \\ x_r=-b_{r1}x_{r+1}-\cdots-b_{r,n-r}x_n \end{cases} \tag{2.7.2}$$

现对 $(x_{r+1},x_{r+2},\cdots,x_n)^{\mathrm{T}}$ 取下列 $n-r$ 组数(向量):

$$\begin{pmatrix} x_{r+1} \\ x_{r+2} \\ \vdots \\ x_n \end{pmatrix}=\begin{pmatrix} 1 \\ 0 \\ \vdots \\ 0 \end{pmatrix},\ \begin{pmatrix} 0 \\ 1 \\ \vdots \\ 0 \end{pmatrix},\ \cdots,\ \begin{pmatrix} 0 \\ 0 \\ \vdots \\ 1 \end{pmatrix}$$

分别代入方程组(2.7.2), 依次得

$$\begin{pmatrix} x_1 \\ x_2 \\ \vdots \\ x_r \end{pmatrix}=\begin{pmatrix} -b_{11} \\ -b_{21} \\ \vdots \\ -b_{r1} \end{pmatrix},\ \begin{pmatrix} -b_{12} \\ -b_{22} \\ \vdots \\ -b_{r2} \end{pmatrix},\ \cdots,\ \begin{pmatrix} -b_{1,n-r} \\ -b_{2,n-r} \\ \vdots \\ -b_{r,n-r} \end{pmatrix}$$

从而求得原方程组的 $n-r$ 个解

$$\boldsymbol{\xi}_1=\begin{pmatrix} -b_{11} \\ -b_{21} \\ \vdots \\ -b_{r1} \\ 1 \\ 0 \\ \vdots \\ 0 \end{pmatrix},\ \boldsymbol{\xi}_2=\begin{pmatrix} -b_{12} \\ -b_{22} \\ \vdots \\ -b_{r2} \\ 0 \\ 1 \\ \vdots \\ 0 \end{pmatrix},\ \cdots,\ \boldsymbol{\xi}_{n-r}=\begin{pmatrix} -b_{1,n-r} \\ -b_{2,n-r} \\ \vdots \\ -b_{r,n-r} \\ 0 \\ 0 \\ \vdots \\ 1 \end{pmatrix} \tag{2.7.3}$$

下面先证明: 式(2.7.3)中的这组向量$\boldsymbol{\xi}_1,\boldsymbol{\xi}_2,\cdots,\boldsymbol{\xi}_{n-r}$是齐次线性方程组$\boldsymbol{Ax}=\mathbf{0}$的一个基础解系.

(1) 首先证明: $\boldsymbol{\xi}_1,\boldsymbol{\xi}_2,\cdots,\boldsymbol{\xi}_{n-r}$线性无关.

由于$n-r$个$n-r$维向量$\begin{pmatrix}1\\0\\\vdots\\0\end{pmatrix},\begin{pmatrix}0\\1\\\vdots\\0\end{pmatrix},\cdots,\begin{pmatrix}0\\0\\\vdots\\1\end{pmatrix}$线性无关, 由第 2 章定理 2.3.3 中(4)可得$n-r$个n维向量$\boldsymbol{\xi}_1,\boldsymbol{\xi}_2,\cdots,\boldsymbol{\xi}_{n-r}$亦线性无关.

(2) 其次证明: $\boldsymbol{Ax}=\mathbf{0}$的解空间的任一解都可由$\boldsymbol{\xi}_1,\boldsymbol{\xi}_2,\cdots,\boldsymbol{\xi}_{n-r}$线性表示.

设

$$\boldsymbol{\xi}=\begin{pmatrix}\lambda_1\\\lambda_2\\\vdots\\\lambda_n\end{pmatrix}$$

为方程组$\boldsymbol{Ax}=\mathbf{0}$的一个解. 作$\boldsymbol{\xi}_1,\boldsymbol{\xi}_2,\cdots,\boldsymbol{\xi}_{n-r}$的线性组合

$$\boldsymbol{\eta}=\lambda_{r+1}\boldsymbol{\xi}_1+\lambda_{r+2}\boldsymbol{\xi}_2+\cdots+\lambda_n\boldsymbol{\xi}_{n-r}$$

则$\boldsymbol{\eta}$也为方程组$\boldsymbol{Ax}=\mathbf{0}$的一个解, 且

$$\boldsymbol{\eta}=\lambda_{r+1}\begin{pmatrix}-b_{11}\\-b_{21}\\\vdots\\-b_{r1}\\1\\0\\\vdots\\0\end{pmatrix}+\lambda_{r+2}\begin{pmatrix}-b_{12}\\-b_{22}\\\vdots\\-b_{r2}\\0\\1\\\vdots\\0\end{pmatrix}+\cdots+\lambda_n\begin{pmatrix}-b_{1,\,n-r}\\-b_{2,\,n-r}\\\vdots\\-b_{r,\,n-r}\\0\\0\\\vdots\\1\end{pmatrix}=\begin{pmatrix}c_1\\c_2\\\vdots\\c_r\\\lambda_{r+1}\\\lambda_{r+2}\\\vdots\\\lambda_n\end{pmatrix}$$

又由于$\boldsymbol{\xi}$与$\boldsymbol{\eta}$都是方程组$\boldsymbol{Ax}=\mathbf{0}$的解. 而$\boldsymbol{Ax}=\mathbf{0}$又等价于方程组(2.7.2), 所以$\boldsymbol{\xi}$与$\boldsymbol{\eta}$都是方程组(2.7.2)的解. 于是由

$$\boldsymbol{\xi}=\begin{pmatrix}\lambda_1\\\lambda_2\\\vdots\\\lambda_r\\\lambda_{r+1}\\\lambda_{r+2}\\\vdots\\\lambda_n\end{pmatrix},\qquad \boldsymbol{\eta}=\begin{pmatrix}c_1\\c_2\\\vdots\\c_r\\\lambda_{r+1}\\\lambda_{r+2}\\\vdots\\\lambda_n\end{pmatrix}$$

得$\lambda_1=c_1,\lambda_2=c_2,\cdots,\lambda_r=c_r$. 故$\boldsymbol{\xi}=\boldsymbol{\eta}$. 即

$$\xi = \lambda_{r+1}\xi_1 + \lambda_{r+2}\xi_2 + \cdots + \lambda_n\xi_{n-r}$$

所以 $\boldsymbol{Ax}=\mathbf{0}$ 的解空间的任一解都可由 $\xi_1,\xi_2,\cdots,\xi_{n-r}$ 线性表示.

因此，$\xi_1,\xi_2,\cdots,\xi_{n-r}$ 是 $\boldsymbol{Ax}=\mathbf{0}$ 的一个基础解系.

再证明：$\boldsymbol{Ax}=\mathbf{0}$ 的任一基础解系中均含有 $n-r$ 个解向量.

设 $\boldsymbol{\eta}_1,\boldsymbol{\eta}_2,\cdots,\boldsymbol{\eta}_t$ 为 $\boldsymbol{Ax}=\mathbf{0}$ 的一个基础解系，根据基础解系的定义，$\boldsymbol{\eta}_1,\boldsymbol{\eta}_2,\cdots,\boldsymbol{\eta}_t$ 是线性无关的，且与我们已经讨论过的基础解系 $\xi_1,\xi_2,\cdots,\xi_{n-r}$ 是等价的. 由第 2 章 2.4 节可知 $t=n-r$.

以上定理的证明过程实际上也给出求 $\boldsymbol{Ax}=\mathbf{0}$ 的基础解系的方法：先求得齐次线性方程组的通解，然后依次让通解的自由未知量的一个取为 1，其余的取为 0，这样得到的一组解向量就是这个齐次线性方程组的基础解系.

由定理 2.7.1 可得到下列推论.

推论 2.7.1　n 个未知量的齐次线性方程组 $\boldsymbol{Ax}=\mathbf{0}$ 的系数矩阵的秩为 r，则 $\boldsymbol{Ax}=\mathbf{0}$ 的解集 S 的秩为 $R_S=n-r$.

根据定理 2.7.1，若含 n 个未知量的齐次线性方程组 $\boldsymbol{Ax}=\mathbf{0}$ 的系数矩阵的秩为 r，则 $\boldsymbol{Ax}=\mathbf{0}$ 的解空间的维数是 $n-r$.

下面的定理的证明较容易，它表明齐次线性方程组的基础解系不是唯一的，留给读者自行证明.

定理 2.7.2　设 $m\times n$ 矩阵 $\boldsymbol{A}$ 的秩为 r，则 $\boldsymbol{Ax}=\mathbf{0}$ 的任意 $n-r$ 个线性无关的解都是其基础解系.

例 2.7.1　求齐次线性方程组

$$\begin{cases} x_1+2x_2+2x_3+x_4=0 \\ 2x_1+x_2-2x_3-2x_4=0 \\ x_1-x_2-4x_3-3x_4=0 \end{cases}$$

的基础解系与通解.

解　将系数矩阵 $\boldsymbol{A}$ 化成行最简形矩阵

$$\boldsymbol{A}=\begin{pmatrix} 1 & 2 & 2 & 1 \\ 2 & 1 & -2 & -2 \\ 1 & -1 & -4 & -3 \end{pmatrix} \xrightarrow[r_3-r_1]{r_2-2r_1} \begin{pmatrix} 1 & 2 & 2 & 1 \\ 0 & -3 & -6 & -4 \\ 0 & -3 & -6 & -4 \end{pmatrix}$$

$$\xrightarrow[r_2\div(-3)]{r_3-r_2} \begin{pmatrix} 1 & 2 & 2 & 1 \\ 0 & 1 & 2 & \frac{4}{3} \\ 0 & 0 & 0 & 0 \end{pmatrix} \xrightarrow{r_1-2r_2} \begin{pmatrix} 1 & 0 & -2 & -\frac{5}{3} \\ 0 & 1 & 2 & \frac{4}{3} \\ 0 & 0 & 0 & 0 \end{pmatrix}$$

便得

$$\begin{cases} x_1=2x_3+\dfrac{5}{3}x_4 \\ x_2=-2x_3-\dfrac{4}{3}x_4 \end{cases}$$

令

$$\begin{pmatrix} x_3 \\ x_4 \end{pmatrix} = \begin{pmatrix} 1 \\ 0 \end{pmatrix}, \begin{pmatrix} 0 \\ 1 \end{pmatrix}$$

则对应有$\begin{pmatrix} x_1 \\ x_2 \end{pmatrix} = \begin{pmatrix} 2 \\ -2 \end{pmatrix}$及$\begin{pmatrix} \frac{5}{3} \\ -\frac{4}{3} \end{pmatrix}$，即得基础解系

$$\boldsymbol{\xi}_1 = \begin{pmatrix} 2 \\ -2 \\ 1 \\ 0 \end{pmatrix}, \qquad \boldsymbol{\xi}_2 = \begin{pmatrix} \frac{5}{3} \\ -\frac{4}{3} \\ 0 \\ 1 \end{pmatrix}$$

并由此写出通解

$$\boldsymbol{x} = c_1\boldsymbol{\xi}_1 + c_2\boldsymbol{\xi}_2 \quad (c_1, c_2 \text{为任意常数})$$

例 2.7.2 求齐次线性方程组

$$\begin{cases} x_1 + x_2 + x_3 + 4x_4 - 3x_5 = 0 \\ 2x_1 + x_2 + 3x_3 + 5x_4 - 5x_5 = 0 \\ x_1 - x_2 + 3x_3 - 2x_4 - x_5 = 0 \\ 3x_1 + x_2 + 5x_3 + 6x_4 - 7x_5 = 0 \end{cases}$$

的基础解系与通解.

解 将系数矩阵 $\boldsymbol{A}$ 化成行最简形矩阵

$$\boldsymbol{A} = \begin{pmatrix} 1 & 1 & 1 & 4 & -3 \\ 2 & 1 & 3 & 5 & -5 \\ 1 & -1 & 3 & -2 & -1 \\ 3 & 1 & 5 & 6 & -7 \end{pmatrix} \xrightarrow[r_4-3r_1]{\substack{r_2-2r_1 \\ r_3-r_1}} \begin{pmatrix} 1 & 1 & 1 & 4 & -3 \\ 0 & -1 & 1 & -3 & 1 \\ 0 & -2 & 2 & -6 & 2 \\ 0 & -2 & 2 & -6 & 2 \end{pmatrix}$$

$$\xrightarrow[r_4-2r_2]{r_3-2r_2} \begin{pmatrix} 1 & 1 & 1 & 4 & -3 \\ 0 & -1 & 1 & -3 & 1 \\ 0 & 0 & 0 & 0 & 0 \\ 0 & 0 & 0 & 0 & 0 \end{pmatrix} \xrightarrow[r_2\div(-1)]{r_1+r_2} \begin{pmatrix} 1 & 0 & 2 & 1 & -2 \\ 0 & 1 & -1 & 3 & -1 \\ 0 & 0 & 0 & 0 & 0 \\ 0 & 0 & 0 & 0 & 0 \end{pmatrix}$$

便得

$$\begin{cases} x_1 = -2x_3 - x_4 + 2x_5 \\ x_2 = x_3 - 3x_4 + x_5 \end{cases}$$

令

$$\begin{pmatrix} x_3 \\ x_4 \\ x_5 \end{pmatrix} = \begin{pmatrix} 1 \\ 0 \\ 0 \end{pmatrix}, \begin{pmatrix} 0 \\ 1 \\ 0 \end{pmatrix}, \begin{pmatrix} 0 \\ 0 \\ 1 \end{pmatrix}$$

则对应有$\begin{pmatrix} x_1 \\ x_2 \end{pmatrix} = \begin{pmatrix} -2 \\ 1 \end{pmatrix}, \begin{pmatrix} -1 \\ -3 \end{pmatrix}, \begin{pmatrix} 2 \\ 1 \end{pmatrix}$，即得基础解系

$$\boldsymbol{\xi}_1 = \begin{pmatrix} -2 \\ 1 \\ 1 \\ 0 \\ 0 \end{pmatrix}, \quad \boldsymbol{\xi}_2 = \begin{pmatrix} -1 \\ -3 \\ 0 \\ 1 \\ 0 \end{pmatrix}, \quad \boldsymbol{\xi}_3 = \begin{pmatrix} 2 \\ 1 \\ 0 \\ 0 \\ 1 \end{pmatrix}$$

并由此写出通解

$$\boldsymbol{x} = c_1\boldsymbol{\xi}_1 + c_2\boldsymbol{\xi}_2 + c_3\boldsymbol{\xi}_3 \quad (c_1，c_2，c_3\text{为任意常数})$$

例 2.7.3　已知$\boldsymbol{a}_1 = \begin{pmatrix} 1 \\ 1 \\ 1 \end{pmatrix}$，求一组非零向量$\boldsymbol{a}_2, \boldsymbol{a}_3$，使$\boldsymbol{a}_1, \boldsymbol{a}_2, \boldsymbol{a}_3$两两正交.

解　非零向量$\boldsymbol{a}_2, \boldsymbol{a}_3$应满足方程$\boldsymbol{a}_1^{\mathrm{T}}\boldsymbol{x} = 0$，即

$$x_1 + x_2 + x_3 = 0$$

它的基础解系为

$$\boldsymbol{\xi}_1 = \begin{pmatrix} 1 \\ 0 \\ -1 \end{pmatrix}, \qquad \boldsymbol{\xi}_2 = \begin{pmatrix} 0 \\ 1 \\ -1 \end{pmatrix}$$

把基础解系正交化, 即为所求. 亦即取

$$\boldsymbol{a}_2 = \boldsymbol{\xi}_1 = \begin{pmatrix} 1 \\ 0 \\ -1 \end{pmatrix}$$

$$\boldsymbol{a}_3 = \boldsymbol{\xi}_2 - \frac{[\boldsymbol{\xi}_1, \boldsymbol{\xi}_2]}{[\boldsymbol{\xi}_1, \boldsymbol{\xi}_1]}\boldsymbol{\xi}_1 = \begin{pmatrix} 0 \\ 1 \\ -1 \end{pmatrix} - \frac{1}{2}\begin{pmatrix} 1 \\ 0 \\ -1 \end{pmatrix} = \frac{1}{2}\begin{pmatrix} -1 \\ 2 \\ -1 \end{pmatrix}$$

例 2.7.4　设$\boldsymbol{A}$为$m \times n$矩阵，$\boldsymbol{B}$为$n \times l$矩阵，且$\boldsymbol{AB} = \boldsymbol{O}$，则$R(\boldsymbol{A}) + R(\boldsymbol{B}) \leqslant n$.

证　将$\boldsymbol{B}$按照列分块得$\boldsymbol{B} = (\boldsymbol{b}_1, \boldsymbol{b}_2, \cdots, \boldsymbol{b}_l)$，则按照分块矩阵的乘法有

$$\boldsymbol{AB} = (\boldsymbol{Ab}_1, \boldsymbol{Ab}_2, \cdots, \boldsymbol{Ab}_l) = (\boldsymbol{0}, \boldsymbol{0}, \cdots, \boldsymbol{0}) = \boldsymbol{O}_{m \times l}$$

即$\boldsymbol{Ab}_i = \boldsymbol{0}\ (i = 1, 2, \cdots, l)$, 也就是说$\boldsymbol{B}$的每个列向量都是以$\boldsymbol{A}$为系数矩阵的齐次线性方程组$\boldsymbol{Ax} = \boldsymbol{0}$的解向量. 由齐次线性方程组解的性质知：方程组$\boldsymbol{Ax} = \boldsymbol{0}$的解集$S$的秩为$n - R(\boldsymbol{A})$，于是有

$$R(\boldsymbol{B}) = R(\boldsymbol{b}_1, \boldsymbol{b}_2, \cdots, \boldsymbol{b}_l) \leqslant n - R(\boldsymbol{A})$$

故

$$R(\boldsymbol{A}) + R(\boldsymbol{B}) \leqslant n$$

2.7.2 非齐次线性方程组

我们将讨论线性方程组的解与解之间的关系，从而给出非齐次方程组的解集的结构，将会看到，与之相应的齐次线性方程组起了重要的作用.

如前面讨论齐次方程组一样，如果将系数矩阵用其列向量表示为分块矩阵的形式 $\boldsymbol{A}=(\boldsymbol{a}_1,\boldsymbol{a}_2,\cdots,\boldsymbol{a}_n)$，而将常数项所构成的列向量记为 $\boldsymbol{b}$，则线性方程组(2.1.1)可以写成与之等价的向量方程的形式

$$x_1\boldsymbol{a}_1+x_2\boldsymbol{a}_2+\cdots x_n\boldsymbol{a}_n=\boldsymbol{b}$$

因此，方程组(2.1.1)有解当且仅当向量 $\boldsymbol{b}$ 可以由向量组 $\boldsymbol{a}_1,\boldsymbol{a}_2,\cdots,\boldsymbol{a}_n$ 线性表示.

关于非齐次线性方程组 $\boldsymbol{Ax}=\boldsymbol{b}$，得到如下重要结果：

$$\boldsymbol{Ax}=\boldsymbol{b}\text{ 有解}\Leftrightarrow \boldsymbol{b}\text{ 可以由 }\boldsymbol{a}_1,\boldsymbol{a}_2,\cdots,\boldsymbol{a}_n\text{ 线性表示}\Leftrightarrow R(\boldsymbol{A})=R(\boldsymbol{A},\boldsymbol{b}).$$

下面讨论 $\boldsymbol{Ax}=\boldsymbol{b}$ 解的结构，非齐次线性方程组有如下性质.

性质 2.7.3 设 $\boldsymbol{\eta}_1,\boldsymbol{\eta}_2$ 都是方程组 $\boldsymbol{Ax}=\boldsymbol{b}$ 的解，则 $\boldsymbol{x}=\boldsymbol{\eta}_1-\boldsymbol{\eta}_2$ 为对应的齐次线性方程组 $\boldsymbol{Ax}=\boldsymbol{0}$ 的解.

证 因为 $\boldsymbol{\eta}_1,\boldsymbol{\eta}_2$ 都是方程组 $\boldsymbol{Ax}=\boldsymbol{b}$ 的解，所以 $\boldsymbol{A\eta}_1=\boldsymbol{b},\boldsymbol{A\eta}_2=\boldsymbol{b}$，于是有

$$\boldsymbol{A}(\boldsymbol{\eta}_1-\boldsymbol{\eta}_2)=\boldsymbol{A\eta}_1-\boldsymbol{A\eta}_2=\boldsymbol{b}-\boldsymbol{b}=\boldsymbol{0}$$

所以 $\boldsymbol{\eta}_1-\boldsymbol{\eta}_2$ 为其对应的齐次线性方程组 $\boldsymbol{Ax}=\boldsymbol{0}$ 的解.

性质 2.7.4 设 $\boldsymbol{\eta}$ 是方程组 $\boldsymbol{Ax}=\boldsymbol{b}$ 的解，$\boldsymbol{x}=\boldsymbol{\xi}$ 是方程组 $\boldsymbol{Ax}=\boldsymbol{0}$ 的解，则 $\boldsymbol{x}=\boldsymbol{\xi}+\boldsymbol{\eta}$ 仍为方程组 $\boldsymbol{Ax}=\boldsymbol{b}$ 的解.

证 因为 $\boldsymbol{\eta}$ 是方程组 $\boldsymbol{Ax}=\boldsymbol{b}$ 的解，$\boldsymbol{x}=\boldsymbol{\xi}$ 是方程组 $\boldsymbol{Ax}=\boldsymbol{0}$ 的解，所以有 $\boldsymbol{A\eta}=\boldsymbol{b},\boldsymbol{A\xi}=\boldsymbol{0}$. 因此

$$\boldsymbol{A}(\boldsymbol{\xi}+\boldsymbol{\eta})=\boldsymbol{A\xi}+\boldsymbol{A\eta}=\boldsymbol{0}+\boldsymbol{b}=\boldsymbol{b}$$

所以 $\boldsymbol{x}=\boldsymbol{\xi}+\boldsymbol{\eta}$ 仍为方程组 $\boldsymbol{Ax}=\boldsymbol{b}$ 的解.

根据以上两个性质，可以得到下述的定理.

定理 2.7.3 设 $\boldsymbol{\eta}^*$ 是非齐次线性方程组 $\boldsymbol{Ax}=\boldsymbol{b}$ 的特解，$\boldsymbol{\xi}_1,\boldsymbol{\xi}_2,\cdots,\boldsymbol{\xi}_{n-r}$ 是齐次线性方程组 $\boldsymbol{Ax}=\boldsymbol{0}$ 的基础解系，则 $\boldsymbol{Ax}=\boldsymbol{b}$ 的通解可以写成形式

$$\boldsymbol{x}=k_1\boldsymbol{\xi}_1+k_2\boldsymbol{\xi}_2+\cdots+k_{n-r}\boldsymbol{\xi}_{n-r}+\boldsymbol{\eta}^*$$

其中，$k_1,k_2,\cdots,k_{n-r}$ 是任意常数.

证 首先，由于 $\boldsymbol{\xi}_1,\boldsymbol{\xi}_2,\cdots,\boldsymbol{\xi}_{n-r}$ 是齐次线性方程组 $\boldsymbol{Ax}=\boldsymbol{0}$ 的基础解系，所以，由 2.7.1 节关于齐次方程组的讨论，对任意的常数 $k_1,k_2,\cdots,k_{n-r}$，线性组合 $\boldsymbol{\xi}=k_1\boldsymbol{\xi}_1+k_2\boldsymbol{\xi}_2+\cdots+k_{n-r}\boldsymbol{\xi}_{n-r}$ 也是 $\boldsymbol{Ax}=\boldsymbol{0}$ 的解，又因为 $\boldsymbol{\eta}^*$ 是 $\boldsymbol{Ax}=\boldsymbol{b}$ 的特解，由性质 2.7.4，得

$$\boldsymbol{x}=\boldsymbol{\xi}+\boldsymbol{\eta}^*=k_1\boldsymbol{\xi}_1+k_2\boldsymbol{\xi}_2+\cdots+k_{n-r}\boldsymbol{\xi}_{n-r}+\boldsymbol{\eta}^*$$

是 $\boldsymbol{Ax}=\boldsymbol{b}$ 的解.

其次，如果 $\boldsymbol{\eta}$ 是方程组 $\boldsymbol{Ax}=\boldsymbol{b}$ 的任一解，由性质 2.7.3 可知，$\boldsymbol{\eta}-\boldsymbol{\eta}^*$ 是齐次线性方程组 $\boldsymbol{Ax}=\boldsymbol{0}$ 的解. 又因为 $\boldsymbol{\xi}_1,\boldsymbol{\xi}_2,\cdots,\boldsymbol{\xi}_{n-r}$ 是齐次线性方程组 $\boldsymbol{Ax}=\boldsymbol{0}$ 的基础解系，所以由齐次

方程组的解的结构可知, 存在一组数 $k_1,k_2,\cdots,k_{n-r}$ 使得

$$\boldsymbol{\eta}-\boldsymbol{\eta}^*=k_1\boldsymbol{\xi}_1+k_2\boldsymbol{\xi}_2+\cdots+k_{n-r}\boldsymbol{\xi}_{n-r}$$

即

$$\boldsymbol{\eta}=k_1\boldsymbol{\xi}_1+k_2\boldsymbol{\xi}_2+\cdots+k_{n-r}\boldsymbol{\xi}_{n-r}+\boldsymbol{\eta}^*$$

因此, $\boldsymbol{Ax}=\boldsymbol{b}$ 的通解可以写成 $\boldsymbol{x}=k_1\boldsymbol{\xi}_1+k_2\boldsymbol{\xi}_2+\cdots+k_{n-r}\boldsymbol{\xi}_{n-r}+\boldsymbol{\eta}^*$.

例 2.7.5　求解方程组

$$\begin{cases}x_1-x_2-x_3+x_4=0\\x_1-x_2+x_3-3x_4=1\\x_1-x_2-2x_3+3x_4=-\dfrac{1}{2}\end{cases}$$

解　对增广矩阵 $\boldsymbol{B}$ 施行初等行变换:

$$\boldsymbol{B}=\left(\begin{array}{cccc:c}1&-1&-1&1&0\\1&-1&1&-3&1\\1&-1&-2&3&-\dfrac{1}{2}\end{array}\right)\to\left(\begin{array}{cccc:c}1&-1&0&-1&\dfrac{1}{2}\\0&0&1&-2&\dfrac{1}{2}\\0&0&0&0&0\end{array}\right)$$

可见 $R(\boldsymbol{A})=R(\boldsymbol{B})=2$, 故方程组有解, 并有

$$\begin{cases}x_1=x_2+x_4+\dfrac{1}{2}\\x_3=\qquad 2x_4+\dfrac{1}{2}\end{cases}$$

取 $x_2=x_4=0$, 得原方程组的一个特解

$$\eta^*=\begin{pmatrix}\dfrac{1}{2}\\0\\\dfrac{1}{2}\\0\end{pmatrix}$$

在对应的齐次线性方程组 $\begin{cases}x_1=x_2+x_4\\x_3=\qquad 2x_4\end{cases}$ 中, 取

$$\begin{pmatrix}x_2\\x_4\end{pmatrix}=\begin{pmatrix}1\\0\end{pmatrix}\quad 及\quad \begin{pmatrix}0\\1\end{pmatrix}$$

则

$$\begin{pmatrix}x_1\\x_3\end{pmatrix}=\begin{pmatrix}1\\0\end{pmatrix}\quad 及\quad \begin{pmatrix}1\\2\end{pmatrix}$$

即得对应的齐次线性方程组的基础解系

$$\boldsymbol{\xi}_1=\begin{pmatrix}1\\1\\0\\0\end{pmatrix},\qquad \boldsymbol{\xi}_2=\begin{pmatrix}1\\0\\2\\1\end{pmatrix}$$

于是所求通解为 $\boldsymbol{x}=c_1\boldsymbol{\xi}_1+c_2\boldsymbol{\xi}_2+\boldsymbol{\eta}^*$，其中 c_1,c_2 为任意常数.

例 2.7.6 求解方程组

$$\begin{cases}x_1+x_2+x_3+x_4+x_5=7\\3x_1+x_2+2x_3+x_4-3x_5=-2\\2x_2+x_3+2x_4+6x_5=23\\5x_1+3x_2+4x_3+3x_4-x_5=12\end{cases}$$

解 对增广矩阵 $\boldsymbol{B}$ 施行初等行变换

$$\boldsymbol{B}=\left(\begin{array}{ccccc:c}1&1&1&1&1&7\\3&1&2&1&-3&-2\\0&2&1&2&6&23\\5&3&4&3&-1&12\end{array}\right)\to\left(\begin{array}{ccccc:c}1&0&\frac{1}{2}&0&-2&-\frac{9}{2}\\0&1&\frac{1}{2}&1&3&\frac{23}{2}\\0&0&0&0&0&0\\0&0&0&0&0&0\end{array}\right)$$

可见 $R(\boldsymbol{A})=R(\boldsymbol{B})=2$，故方程组有解. 并有

$$\begin{cases}x_1=-\frac{1}{2}x_3+2x_5-\frac{9}{2}\\x_2=-\frac{1}{2}x_3-x_4-3x_5+\frac{23}{2}\end{cases}$$

取 $x_3=x_4=x_5=0$，得原方程组的一个特解

$$\boldsymbol{\eta}^*=\begin{pmatrix}-\frac{9}{2}\\\frac{23}{2}\\0\\0\\0\end{pmatrix}$$

在对应的齐次线性方程组 $\begin{cases}x_1=-\frac{1}{2}x_3+2x_5\\x_2=-\frac{1}{2}x_3-x_4-3x_5\end{cases}$ 中，取

$$\begin{pmatrix}x_3\\x_4\\x_5\end{pmatrix}=\begin{pmatrix}1\\0\\0\end{pmatrix},\ \begin{pmatrix}0\\1\\0\end{pmatrix},\ \begin{pmatrix}0\\0\\1\end{pmatrix}$$

则

$$\begin{pmatrix} x_1 \\ x_2 \end{pmatrix} = \begin{pmatrix} -\frac{1}{2} \\ -\frac{1}{2} \end{pmatrix}, \begin{pmatrix} 0 \\ -1 \end{pmatrix}, \begin{pmatrix} 2 \\ -3 \end{pmatrix}$$

即得对应的齐次线性方程组的基础解系

$$\boldsymbol{\xi}_1 = \begin{pmatrix} -\frac{1}{2} \\ -\frac{1}{2} \\ 1 \\ 0 \\ 0 \end{pmatrix}, \quad \boldsymbol{\xi}_2 = \begin{pmatrix} 0 \\ -1 \\ 0 \\ 1 \\ 0 \end{pmatrix}, \quad \boldsymbol{\xi}_3 = \begin{pmatrix} 2 \\ -3 \\ 0 \\ 0 \\ 1 \end{pmatrix}$$

于是所求通解为 $\boldsymbol{x} = c_1\boldsymbol{\xi}_1 + c_2\boldsymbol{\xi}_2 + c_3\boldsymbol{\xi}_3 + \boldsymbol{\eta}^*$，其中 c_1, c_2, c_3 为任意常数.

2.8 应用举例

2.8.1 几何应用

例 2.8.1 求不在同一条直线上的三点 $M_k(x_k, y_k, z_k)$ $(k=1,2,3)$ 所确定的平面的方程.

解 空间平面的一般方程为

$$Ax + By + Cz + D = 0 \quad (A^2 + B^2 + C^2 \neq 0)$$

$M_k(x_k, y_k, z_k)$ $(k=1,2,3)$ 在平面上，故

$$\begin{cases} Ax_1 + By_1 + Cz_1 + D = 0 \\ Ax_2 + By_2 + Cz_2 + D = 0 \\ Ax_3 + By_3 + Cz_3 + D = 0 \end{cases}$$

联合原来的平面方程可得

$$\begin{cases} Ax + By + Cz + D = 0 \\ Ax_1 + By_1 + Cz_1 + D = 0 \\ Ax_2 + By_2 + Cz_2 + D = 0 \\ Ax_3 + By_3 + Cz_3 + D = 0 \end{cases}$$

这是一个关于 A,B,C,D 的齐次线性方程组，由于 A,B,C,D 不全为零，所以上述方程组有非零解，即

$$\begin{vmatrix} x & y & z & 1 \\ x_1 & y_1 & z_1 & 1 \\ x_2 & y_2 & z_2 & 1 \\ x_3 & y_3 & z_3 & 1 \end{vmatrix} = 0$$

这就是过已知三点的平面的方程.

2.8.2　化妆品配置问题

例 2.8.2　某化妆品制作工厂用原材料 A、B、C、D, 按照不同的配比制作成 5 种适合不同年龄人群使用的化妆品, 编号为 1～5, 具体原料配比如表 2.8.1 所示.

表 2.8.1　5 种化妆品的原料配比

原材料	1号	2号	3号	4号	5号
A	8	3	3	1	0
B	60	25	0	7	25
C	34	14	2	4	12
D	31	27	1	1	25
列和	133	69	6	13	62

在购物节当天, 该工厂的第 1 号和第 2 号化妆品被一抢而空, 试问: 能否用其他妆品配制出这两种化妆品? 如果可以, 应该如何配置.

解　(1) 问题分析. 首先分析 1 号化妆品的配制问题, 2 号化妆品进行类似讨论. 要配制出 1 号化妆品, 只需要讨论 3、4、5 号化妆品能否按照某种比例混合后, 满足 1 号化妆品对四种原料的配比要求. 表 2.8.1 给出 5 种化妆品的列和(即单位总数), 假设要配制 133 个单位的 1 号化妆品, 能否由 3、4、5 号化妆品混合而成.

(2) 模型假设. 假设原材料是可分的.

(3) 符号说明. 规定 5 种化妆品在表 2.8.1 中显示的原料配比和列和(单位总量)为 1 份产品, 设配制 1 份 133 个单位的 1 号化妆品需要 3、4、5 号化妆品 x_1 份、x_2 份、x_3 份.

(4) 建立线性方程组.

$$\begin{cases} 3x_1 + x_2 = 8 \\ 7x_2 + 25x_3 = 60 \\ 2x_1 + 4x_2 + 12x_3 = 34 \\ x_1 + x_2 + 25x_3 = 31 \end{cases}$$

从而将原材料配制的问题转化为非齐次线性方程组是否有解问题.

(5) 求解线性方程组. 利用矩阵的行初等变换将线性方程组的增广矩阵化为行阶梯形矩阵

$$\boldsymbol{B} = (\boldsymbol{A}, \boldsymbol{b}) = \left(\begin{array}{ccc|c} 3 & 1 & 0 & 8 \\ 0 & 7 & 25 & 60 \\ 2 & 4 & 12 & 34 \\ 1 & 1 & 25 & 31 \end{array}\right) \to \left(\begin{array}{ccc|c} 3 & 1 & 0 & 8 \\ 0 & 1 & 5 & 0 \\ 0 & 0 & 1 & 1 \\ 0 & 0 & 0 & 0 \end{array}\right)$$

因为 $R(\boldsymbol{A})=R(\boldsymbol{A},\boldsymbol{b})=3$，由定理 2.1.1 知方程组有唯一解，即 1 号化妆品可以由 3、4、5 号化妆品配制而成，且方法唯一. 增广矩阵进一步化成行最简形矩阵

$$\boldsymbol{B}=(\boldsymbol{A},\boldsymbol{b})=\left(\begin{array}{ccc:c}3&1&0&8\\0&7&25&60\\2&4&12&34\\1&1&25&31\end{array}\right)\to\left(\begin{array}{ccc:c}1&0&0&1\\0&1&0&5\\0&0&1&1\\0&0&0&0\end{array}\right)$$

解得 $x_1=1,x_2=5,x_3=1$.

(6) 问题求解. 要配制 133 单位的 1 号化妆品，分别需要 3、4、5 号化妆品 1 份、5 份、1 份，即 1 份 6 单位的 3 号化妆品、5 份 13 单位的 4 号化妆品、1 份 62 单位的 5 号化妆品混合可得 133 单位的 1 号化妆品.

同理，对 2 号化妆品的配制进行求解，假设要配制出 1 份 69 单位的 2 号化妆品，需要 3、4、5 号化妆品分别为 y_1 份、y_2 份、y_3 份，建立线性方程组

$$\begin{cases}3y_1+y_2=3\\7y_2+25y_3=25\\2y_1+4y_2+12y_3=14\\y_1+y_2+25y_3=27\end{cases}$$

用矩阵的初等行变换化增广为最简形矩阵

$$\boldsymbol{B}=(\boldsymbol{A},\boldsymbol{b})=\left(\begin{array}{ccc:c}3&1&0&3\\0&7&25&25\\2&4&12&14\\1&1&25&27\end{array}\right)\to\left(\begin{array}{ccc:c}1&0&0&0\\0&1&0&0\\0&0&1&0\\0&0&0&1\end{array}\right)$$

因为 $R(\boldsymbol{A})<R(\boldsymbol{A},\boldsymbol{b})$，即 2 号化妆品不能由 3、4、5 号化妆品配出.

2.8.3　偏微分方程数值解中的应用

对于一个偏微分方程的定解问题，如果需求数值解，不管是用有限体积法、有限差分法还是有限元法，最后都归结成一个线性方程组的求解问题.

例 2.8.3　设长度为 1，侧表面绝热的均匀细杆，已知初始温度、细杆两端的温度. 求杆内部的温度分布函数 .

解　该物理问题可以归结成如下一维热传导问题的定解问题:

$$\begin{cases}\dfrac{\partial u}{\partial t}-a\dfrac{\partial^2 u}{\partial x^2}=f(x,t),\ 0<x<1,\ 0<t\leqslant T\\u|_{x=0}=\alpha(t),\ u|_{x=1}=\beta(t),\ t>0\\u|_{t=0}=\varphi(x),\ 0\leqslant x\leqslant 1\end{cases}$$

可用有限差分法来求解该问题，关于时间的一阶偏导数用中心差商近似，关于空间的二阶偏导数用中心差商近似，可以得到克兰克-尼科尔森(Crank-Nicolson)差分格式为

$$\begin{cases} \dfrac{u_i^{k+1}-u_i^k}{\tau}-a\dfrac{u_{i-1}^k-2u_i^k+u_{i+1}^k+u_{i-1}^{k+1}-2u_i^{k+1}+u_{i+1}^{k+1}}{2h^2}=f(x_i,t_{k+\frac{1}{2}}) \\ 1\leqslant i\leqslant m-1,\quad 0\leqslant k<n, \\ u_i^0=\varphi(x_i),\ u_0^k=\alpha(t_k),\quad u_m^k=\beta(t_k)\ \ (0\leqslant i\leqslant m, 0<k\leqslant n) \end{cases}$$

其中：h 表示空间步长；τ 表示时间步长；(x_i,t_k) 表示网格节点；u_i^k 表示温度分布函数 $u(x,t)$ 在点 (x_i,t_k) 处的网格函数，相当于 $u(x,t)$ 在该点的近似值.

便于编程求解，写成矩阵形式为

$$\begin{pmatrix} 1+r & -\frac{r}{2} & & & \\ -\frac{r}{2} & 1+r & -\frac{r}{2} & & \\ & \ddots & \ddots & \ddots & \\ & & -\frac{r}{2} & 1+r & -\frac{r}{2} \\ & & & -\frac{r}{2} & 1+r \end{pmatrix}\begin{pmatrix} u_1^{k+1} \\ u_2^{k+1} \\ \vdots \\ u_{m-2}^{k+1} \\ u_{m-1}^{k+1} \end{pmatrix}=\begin{pmatrix} 1-r & \frac{r}{2} & & & \\ \frac{r}{2} & 1-r & \frac{r}{2} & & \\ & \ddots & \ddots & \ddots & \\ & & \frac{r}{2} & 1-r & \frac{r}{2} \\ & & & \frac{r}{2} & 1-r \end{pmatrix}\begin{pmatrix} u_1^k \\ u_2^k \\ \vdots \\ u_{m-2}^k \\ u_{m-1}^k \end{pmatrix}$$

$$+\begin{pmatrix} \tau f(x_1,t_{k+\frac{1}{2}})+\frac{r}{2}(u_0^{k+1}+u_0^k) \\ \tau f(x_2,t_{k+\frac{1}{2}}) \\ \vdots \\ \tau f(x_{m-2},t_{k+\frac{1}{2}}) \\ \tau f(x_{m-1},t_{k+\frac{1}{2}})+\frac{r}{2}(u_m^{k+1}+u_m^k) \end{pmatrix}$$

令

$$\boldsymbol{U}^{k+1}=\begin{pmatrix} u_1^{k+1} \\ u_2^{k+1} \\ \vdots \\ u_{m-2}^{k+1} \\ u_{m-1}^{k+1} \end{pmatrix},\quad \boldsymbol{U}^k=\begin{pmatrix} u_1^k \\ u_2^k \\ \vdots \\ u_{m-2}^k \\ u_{m-1}^k \end{pmatrix},\quad \boldsymbol{A}=\begin{pmatrix} 1+r & -\frac{r}{2} & & & \\ -\frac{r}{2} & 1+r & -\frac{r}{2} & & \\ & \ddots & \ddots & \ddots & \\ & & -\frac{r}{2} & 1+r & -\frac{r}{2} \\ & & & -\frac{r}{2} & 1+r \end{pmatrix}$$

$$\boldsymbol{B}=\begin{pmatrix} 1-r & \frac{r}{2} & & & \\ \frac{r}{2} & 1-r & \frac{r}{2} & & \\ & \ddots & \ddots & \ddots & \\ & & \frac{r}{2} & 1-r & \frac{r}{2} \\ & & & \frac{r}{2} & 1-r \end{pmatrix},\qquad \boldsymbol{F}=\begin{pmatrix} \tau f(x_1,t_{k+\frac{1}{2}})+\frac{r}{2}(u_0^{k+1}+u_0^k) \\ \tau f(x_2,t_{k+\frac{1}{2}}) \\ \vdots \\ \tau f(x_{m-2},t_{k+\frac{1}{2}}) \\ \tau f(x_{m-1},t_{k+\frac{1}{2}})+\frac{r}{2}(u_m^{k+1}+u_m^k) \end{pmatrix}$$

写成向量形式为

$$\boldsymbol{A}\boldsymbol{U}^{k+1}=\boldsymbol{B}\boldsymbol{U}^k+\boldsymbol{F}$$

已知 $\boldsymbol{U}^k$ 求 $\boldsymbol{U}^{k+1}$ 本质上就是求解线性方程组.

拓展阅读

经典例题讲解

数学家——谷超豪的数学人生

谷超豪(1926—2012), 中国科学院院士, 中国著名的数学家, 主要从事偏微分方程、微分几何、数学物理等方面的研究和教学工作, 在一般空间微分几何学、齐性黎曼空间、无限维变换拟群、双曲型和混合型偏微分方程、规范场理论、调和映照和孤立子理论等方面取得了系统、重要的研究成果, 特别是首次提出高维、高阶混合型方程的系统理论, 在超音速绕流的数学问题、规范场的数学结构、波映照和高维时空的孤立子的研究中取得重要的突破.

习　题　2

(A)

一、填空题

1. 设向量组 $\boldsymbol{\alpha}_1=\begin{pmatrix}1\\1\\1\end{pmatrix}$, $\boldsymbol{\alpha}_2=\begin{pmatrix}1\\0\\2\end{pmatrix}$, $\boldsymbol{\alpha}_3=\begin{pmatrix}-1\\-4\\k\end{pmatrix}$ 线性相关, 则 $k=$____________.

2. 五阶方阵 $\boldsymbol{A}$ 的各行元素之和均为 0, 且 $R(\boldsymbol{A})=4$, 则齐次线性方程组 $\boldsymbol{A}\boldsymbol{x}=\boldsymbol{0}$ 的通解为____________.

3. 设向量组 $\boldsymbol{\alpha}_1=\begin{pmatrix}1+\lambda\\1\\1\end{pmatrix}$, $\boldsymbol{\alpha}_2=\begin{pmatrix}1\\1+\lambda\\1\end{pmatrix}$, $\boldsymbol{\alpha}_3=\begin{pmatrix}1\\1\\1+\lambda\end{pmatrix}$ 的秩为 1, 则 $\lambda=$____________.

4. 若量组 $\boldsymbol{\alpha}_1,\boldsymbol{\alpha}_2,\boldsymbol{\alpha}_3$ 线性无关, 则向量组 $\boldsymbol{\beta}_1=\boldsymbol{\alpha}_1+\boldsymbol{\alpha}_2$, $\boldsymbol{\beta}_2=\boldsymbol{\alpha}_1+2\boldsymbol{\alpha}_2+\boldsymbol{\alpha}_3$, $\boldsymbol{\beta}_3=\boldsymbol{\alpha}_2+$

$2\boldsymbol{\alpha}_3$ 是线性__________.

5. 设 $\boldsymbol{A}$ 是 n 阶矩阵, 若对任意 n 维列向量 $\boldsymbol{b}$, 线性方程组 $\boldsymbol{Ax}=\boldsymbol{b}$ 均有解, 则矩阵 $\boldsymbol{A}$ 的秩为__________.

6. 设三阶矩阵 $\boldsymbol{A}=\begin{pmatrix}1&2&-2\\2&1&2\\3&0&4\end{pmatrix}$, 向量 $\boldsymbol{\alpha}=\begin{pmatrix}a\\1\\1\end{pmatrix}$, 且满足 $\boldsymbol{A\alpha}$ 与 $\boldsymbol{\alpha}$ 线性相关, 则 $a=$__________.

7. 设 $\boldsymbol{\alpha}_1=\begin{pmatrix}1\\1\\k\end{pmatrix}$, $\boldsymbol{\alpha}_2=\begin{pmatrix}1\\k\\1\end{pmatrix}$, $\boldsymbol{\alpha}_3=\begin{pmatrix}k\\1\\1\end{pmatrix}$ 是 $\mathbf{R}^3$ 的基, 则 k 满足关系式__________.

8. 若向量 $\boldsymbol{\alpha}_1=\begin{pmatrix}1\\s\\0\end{pmatrix}$ 与 $\boldsymbol{\alpha}_2=\begin{pmatrix}t\\2\\4\end{pmatrix}$ 正交, 则满足条件__________.

9. 设非齐次线性方程组 $\begin{cases}ax_1+x_2+x_3=b,\\(a-1)x_2=1,\\x_1+x_2+ax_3=1\end{cases}$ 有无穷多解, 其中 a,b 为常数, 则 $a=$__________, $b=$__________.

10. 齐次线性方程组 $x_1+x_2+\cdots+x_n=0$ 的基础解系中解向量的个数是__________.

二、选择题

1. 设 $\boldsymbol{\alpha}_1,\cdots,\boldsymbol{\alpha}_m$ 为一组 n 维向量, 则下列说法正确的是(　　).

(A) 若 $\boldsymbol{\alpha}_1,\cdots,\boldsymbol{\alpha}_m$ 不线性相关, 则一定线性无关

(B) 若存在 m 个全为零的数 $k_1,k_2,\cdots,k_m$, 使得 $k_1\boldsymbol{\alpha}_1+k_2\boldsymbol{\alpha}_2+\cdots+k_m\boldsymbol{\alpha}_m=\boldsymbol{0}$, 则 $\boldsymbol{\alpha}_1,\cdots,\boldsymbol{\alpha}_m$ 线性无关

(C) 若存在 m 个不全为零的数 $k_1,k_2,\cdots,k_m$, 使得 $k_1\boldsymbol{\alpha}_1+k_2\boldsymbol{\alpha}_2+\cdots+k_m\boldsymbol{\alpha}_m\neq\boldsymbol{0}$, 则 $\boldsymbol{\alpha}_1,\cdots,\boldsymbol{\alpha}_m$ 线性无关

(D) 若 $\boldsymbol{\alpha}_1,\cdots,\boldsymbol{\alpha}_m$ 线性相关, 则 $\boldsymbol{\alpha}_1$ 可由 $\boldsymbol{\alpha}_2,\cdots,\boldsymbol{\alpha}_m$ 线性表示

2. 向量组 $\boldsymbol{\alpha}_1,\cdots,\boldsymbol{\alpha}_m$ 线性无关的充分必要条件是(　　).

(A) $\boldsymbol{\alpha}_1,\cdots,\boldsymbol{\alpha}_m$ 中没有一个零向量

(B) $\boldsymbol{\alpha}_1,\cdots,\boldsymbol{\alpha}_m$ 中任意两个向量不成比例

(C) $\boldsymbol{\alpha}_1,\cdots,\boldsymbol{\alpha}_m$ 中任何一个向量都不是其余向量的线性组合

(D) $\boldsymbol{\alpha}_1,\cdots,\boldsymbol{\alpha}_m$ 中一个向量不是其余向量的线性组合

3. 设向量组(I): $\boldsymbol{\alpha}_1,\cdots,\boldsymbol{\alpha}_r$; 向量组(II): $\boldsymbol{\alpha}_1,\cdots,\boldsymbol{\alpha}_r,\boldsymbol{\alpha}_{r+1},\cdots,\boldsymbol{\alpha}_m$, 则必有(　　).

(A) (I)线性相关 $\Rightarrow$ (II)线性相关　　(B) (I)线性相关 $\Rightarrow$ (II)线性无关

(C) (II)线性相关 $\Rightarrow$ (I)线性相关　　(D) (II)线性相关 $\Rightarrow$ (I)线性无关

4. 已知向量组 $\boldsymbol{\alpha}_1,\boldsymbol{\alpha}_2,\boldsymbol{\alpha}_3,\boldsymbol{\alpha}_4$ 线性无关, 则向量组(　　).

(A) $\boldsymbol{\alpha}_1+\boldsymbol{\alpha}_2,\boldsymbol{\alpha}_2+\boldsymbol{\alpha}_3,\boldsymbol{\alpha}_3+\boldsymbol{\alpha}_4,\boldsymbol{\alpha}_4-\boldsymbol{\alpha}_1$ 线性相关

(B) $\boldsymbol{\alpha}_1-\boldsymbol{\alpha}_2,\boldsymbol{\alpha}_2-\boldsymbol{\alpha}_3,\boldsymbol{\alpha}_3-\boldsymbol{\alpha}_4,\boldsymbol{\alpha}_4-\boldsymbol{\alpha}_1$ 线性无关

(C) $2\boldsymbol{\alpha}_1+\boldsymbol{\alpha}_2,\boldsymbol{\alpha}_2+\boldsymbol{\alpha}_3,\boldsymbol{\alpha}_3+\boldsymbol{\alpha}_4,\boldsymbol{\alpha}_4+\boldsymbol{\alpha}_1$ 线性无关

(D) $\boldsymbol{\alpha}_1+\boldsymbol{\alpha}_2,\boldsymbol{\alpha}_2+\boldsymbol{\alpha}_3,\boldsymbol{\alpha}_3-\boldsymbol{\alpha}_4,\boldsymbol{\alpha}_4-\boldsymbol{\alpha}_1$ 线性无关

5. 设 $\boldsymbol{\beta},\boldsymbol{\alpha}_1,\boldsymbol{\alpha}_2$ 线性无关，$\boldsymbol{\beta},\boldsymbol{\alpha}_2,\boldsymbol{\alpha}_3$ 线性相关，则(　　).

(A) $\boldsymbol{\alpha}_1,\boldsymbol{\alpha}_2,\boldsymbol{\alpha}_3$ 线性相关　　(B) $\boldsymbol{\alpha}_1,\boldsymbol{\alpha}_2,\boldsymbol{\alpha}_3$ 线性无关

(C) $\boldsymbol{\alpha}_3$ 能由 $\boldsymbol{\beta},\boldsymbol{\alpha}_1,\boldsymbol{\alpha}_2$ 线性表示　　(D) $\boldsymbol{\beta}$ 能由 $\boldsymbol{\alpha}_1,\boldsymbol{\alpha}_2$ 线性表示

6. 设向量 $\boldsymbol{\beta}$ 能由向量组 $\boldsymbol{\alpha}_1,\boldsymbol{\alpha}_2,\cdots,\boldsymbol{\alpha}_m$ 线性表示但不能由向量组(I)：$\boldsymbol{\alpha}_1,\boldsymbol{\alpha}_2,\cdots,\boldsymbol{\alpha}_{m-1}$ 线性表示，记向量组(II)：$\boldsymbol{\alpha}_1,\boldsymbol{\alpha}_2,\cdots,\boldsymbol{\alpha}_{m-1},\boldsymbol{\beta}$，则(　　).

(A) $\boldsymbol{\alpha}_m$ 不能由(I)线性表示，也不能由(II)线性表示

(B) $\boldsymbol{\alpha}_m$ 不能由(I)线性表示，但能由(II)线性表示

(C) $\boldsymbol{\alpha}_m$ 能由(I)线性表示，也能由(II)线性表示

(D) $\boldsymbol{\alpha}_m$ 能由(I)线性表示，但不能由(II)线性表示

7. 设矩阵 $\boldsymbol{A}$ 为 n 阶方阵，且 $R(\boldsymbol{A})=r<n$，则在 $\boldsymbol{A}$ 的 n 个列向量中(　　).

(A) 任意 r 个列向量线性无关

(B) 必有 r 个列向量线性无关

(C) 任意 r 个列向量构成最大无关组

(D) 任意一个列向量都可以由其中任意 r 个行向量线性表示

8. 若 $\begin{vmatrix} a & b \\ c & d \end{vmatrix}=0$，则方程组 $\begin{cases} ax+by=0 \\ cx+dy=0 \end{cases}$ (　　).

(A) 无解　　(B) 有唯一解　　(C) 只有两个解　　(D) 有无穷多解

9. 设 $\boldsymbol{A}$ 是 $m\times n$ 矩阵，若 $m<n$，则(　　).

(A) $\boldsymbol{Ax}=\boldsymbol{b}$ 必有无穷多解　　(B) $\boldsymbol{Ax}=\boldsymbol{b}$ 必有惟一解

(C) $\boldsymbol{Ax}=\boldsymbol{0}$ 必有非零解　　(D) $\boldsymbol{Ax}=\boldsymbol{0}$ 必有惟一解

10. 设 $\boldsymbol{A}$ 为 5×4 矩阵，$\boldsymbol{x}=(x_1,x_2,x_3,x_4)^{\mathrm{T}}$，$\boldsymbol{b}=(-2,0,-1,-1,0)^{\mathrm{T}}$. 已知线性方程组 $\boldsymbol{Ax}=\boldsymbol{b}$ 有解，则行列式 $|(\boldsymbol{A},\boldsymbol{b})|=$(　　).

(A) 0　　(B) -1　　(C) 2　　(D) 与 $\boldsymbol{A}$ 有关

(B)

1. 求解下列线性方程组.

(1) $\begin{cases} 3x_1+4x_2-5x_3+7x_4=0, \\ 2x_1-3x_2+3x_3-2x_4=0, \\ 4x_1+11x_2-13x_3+16x_4=0, \\ 7x_1-2x_2+x_3+3x_4=0; \end{cases}$　　(2) $\begin{cases} 2x_1+x_2-x_3+x_4=0, \\ 4x_1+2x_2-2x_3+x_4=0, \\ 2x_1+x_2-x_3-x_4=0; \end{cases}$

(3) $\begin{cases} x_1+5x_2-x_3-x_4=-1, \\ x_1-2x_2+x_3+3x_4=3, \\ 3x_1+8x_2-x_3+x_4=1, \\ x_1-9x_2+3x_3+7x_4=7; \end{cases}$　　(4) $\begin{cases} x_1+3x_2+3x_3-2x_4+x_5=3, \\ 2x_1+6x_2+x_3-3x_4=2, \\ x_1+3x_2-2x_3-x_4-x_5=-1, \\ 3x_1+9x_2+4x_3-5x_4+x_5=5. \end{cases}$

2. 设$\boldsymbol{\alpha}=\begin{pmatrix}1\\0\\-1\\2\end{pmatrix}$，$\boldsymbol{\beta}=\begin{pmatrix}3\\2\\4\\-1\end{pmatrix}$，求$\boldsymbol{\alpha}-\boldsymbol{\beta}$，$5\boldsymbol{\alpha}+4\boldsymbol{\beta}$，$[\boldsymbol{\alpha},\boldsymbol{\beta}]$，$\|\alpha\|$，$\|\beta\|$.

3. 讨论下列向量组的线性相关性.

(1) 向量组 1: $\boldsymbol{\alpha}_1=\begin{pmatrix}1\\1\\0\end{pmatrix},\boldsymbol{\alpha}_2=\begin{pmatrix}1\\-1\\0\end{pmatrix},\boldsymbol{\alpha}_3=\begin{pmatrix}1\\-1\\1\end{pmatrix}$;

(2) 向量组 2: $\boldsymbol{\beta}_1=\begin{pmatrix}1\\2\\1\\3\end{pmatrix},\boldsymbol{\beta}_2=\begin{pmatrix}4\\-1\\-5\\-6\end{pmatrix},\boldsymbol{\beta}_3=\begin{pmatrix}1\\-3\\-4\\-7\end{pmatrix}$;

(3) 向量组 3: $\boldsymbol{\alpha}_1=\begin{pmatrix}2\\-3\\0\end{pmatrix},\boldsymbol{\alpha}_2=\begin{pmatrix}3\\1\\2\end{pmatrix}$;

(4) 向量组 4: $\boldsymbol{\beta}_1=\begin{pmatrix}1\\2\\-1\\4\end{pmatrix},\boldsymbol{\beta}_2=\begin{pmatrix}9\\100\\10\\4\end{pmatrix},\boldsymbol{\beta}_3=\begin{pmatrix}-2\\-5\\2\\8\end{pmatrix}$.

4. 设$\boldsymbol{\alpha}_1=\begin{pmatrix}6\\a+1\\3\end{pmatrix},\boldsymbol{\alpha}_2=\begin{pmatrix}a\\2\\-2\end{pmatrix},\boldsymbol{\alpha}_3=\begin{pmatrix}a\\1\\0\end{pmatrix}$，则 a 为何值时:

(1) 向量组$\boldsymbol{\alpha}_1,\boldsymbol{\alpha}_2$线性相关？线性无关？

(2) 向量组$\boldsymbol{\alpha}_1,\boldsymbol{\alpha}_2,\boldsymbol{\alpha}_3$线性相关？线性无关？

5. 设向量组$\boldsymbol{\alpha}_1=\begin{pmatrix}a\\3\\1\end{pmatrix},\boldsymbol{\alpha}_2=\begin{pmatrix}2\\b\\3\end{pmatrix},\boldsymbol{\alpha}_3=\begin{pmatrix}1\\2\\1\end{pmatrix},\boldsymbol{\alpha}_4=\begin{pmatrix}2\\3\\1\end{pmatrix}$的秩为 2, 求 a,b 的值.

6. 设向量组$\boldsymbol{\alpha}_1,\boldsymbol{\alpha}_2,\boldsymbol{\alpha}_3$线性无关, 试问 l,m 满足什么条件时，$l\boldsymbol{\alpha}_2-\boldsymbol{\alpha}_1,m\boldsymbol{\alpha}_3-\boldsymbol{\alpha}_2,\boldsymbol{\alpha}_1-\boldsymbol{\alpha}_3$线性无关.

7. 验证矩阵$\boldsymbol{A}=\begin{pmatrix}1&-\frac{1}{2}&\frac{1}{3}\\-\frac{1}{2}&1&\frac{1}{2}\\\frac{1}{3}&\frac{1}{2}&-1\end{pmatrix}$和矩阵$\boldsymbol{B}=\begin{pmatrix}\frac{1}{9}&-\frac{8}{9}&-\frac{4}{9}\\-\frac{8}{9}&\frac{1}{9}&-\frac{4}{9}\\-\frac{4}{9}&-\frac{4}{9}&\frac{7}{9}\end{pmatrix}$是否为正交矩阵.

8. 用施密特正交化方法求与向量组 $\boldsymbol{\alpha}_1=\begin{pmatrix}1\\1\\0\end{pmatrix},\boldsymbol{\alpha}_2=\begin{pmatrix}0\\1\\-1\end{pmatrix},\boldsymbol{\alpha}_3=\begin{pmatrix}1\\2\\1\end{pmatrix}$ 等价的标准正交向量组.

9. 证明: 若 $\boldsymbol{A},\boldsymbol{B}$ 是正交矩阵, 则 $\boldsymbol{AB}$ 也是正交矩阵.

10. 设 $\boldsymbol{A}$ 为 n 阶正交矩阵. 若 $|\boldsymbol{A}|=-1$, 证明 $|\boldsymbol{E}+\boldsymbol{A}|=0$.

11. 设 $\boldsymbol{\beta}_1=\boldsymbol{\alpha}_1,\boldsymbol{\beta}_2=\boldsymbol{\alpha}_1+\boldsymbol{\alpha}_2,\cdots,\boldsymbol{\beta}_r=\boldsymbol{\alpha}_1+\boldsymbol{\alpha}_2+\cdots+\boldsymbol{\alpha}_r$, 且 $\boldsymbol{\alpha}_1,\boldsymbol{\alpha}_2,\cdots,\boldsymbol{\alpha}_r$ 线性无关, 证明向量组 $\boldsymbol{\beta}_1,\boldsymbol{\beta}_2,\cdots,\boldsymbol{\beta}_r$ 线性无关.

12. 设向量 $\boldsymbol{\beta}$ 能由向量组 $\boldsymbol{\alpha}_1,\boldsymbol{\alpha}_2,\cdots,\boldsymbol{\alpha}_m$ 线性表示, 且表示式唯一, 证明 $\boldsymbol{\alpha}_1,\boldsymbol{\alpha}_2,\cdots,\boldsymbol{\alpha}_m$ 线性无关.

13. 设向量组 $\boldsymbol{\alpha}_1,\boldsymbol{\alpha}_2,\boldsymbol{\alpha}_3$ 线性相关, 向量组 $\boldsymbol{\alpha}_2,\boldsymbol{\alpha}_3,\boldsymbol{\alpha}_4$ 线性无关, 证明 $\boldsymbol{\alpha}_1$ 能由 $\boldsymbol{\alpha}_2,\boldsymbol{\alpha}_3$ 线性表示, 而 $\boldsymbol{\alpha}_4$ 不能由 $\boldsymbol{\alpha}_1,\boldsymbol{\alpha}_2,\boldsymbol{\alpha}_3$ 线性表示.

14. 设 n 维单位坐标向量组 $\boldsymbol{e}_1,\boldsymbol{e}_2,\cdots,\boldsymbol{e}_n$ 能够由 n 维向量组 $\boldsymbol{\alpha}_1,\boldsymbol{\alpha}_2,\cdots,\boldsymbol{\alpha}_n$ 线性表示, 证明向量组 $\boldsymbol{\alpha}_1,\boldsymbol{\alpha}_2,\cdots,\boldsymbol{\alpha}_n$ 线性无关.

15. $\boldsymbol{\alpha}_1,\boldsymbol{\alpha}_2,\cdots,\boldsymbol{\alpha}_n$ 是 n 维向量组, 证明它们线性无关的充分必要条件是任一 n 维向量都能由它们线性表示.

16. 矩阵 $\boldsymbol{A}_{n\times m},\boldsymbol{B}_{m\times n}$, 其中 $n<m$, $\boldsymbol{E}$ 是 n 阶单位矩阵, 若 $\boldsymbol{AB}=\boldsymbol{E}$, 证明 $\boldsymbol{B}$ 的列向量组线性无关.

17. 设 $\boldsymbol{x}$ 是 n 维单位列向量, 令 $\boldsymbol{H}=\boldsymbol{E}-2\boldsymbol{x}\boldsymbol{x}^{\mathrm{T}}$, 证明 $\boldsymbol{H}$ 是对称的正交矩阵.

18. 设

$$V_1=\left\{\boldsymbol{x}=\begin{pmatrix}x_1\\x_2\\\vdots\\x_n\end{pmatrix}\middle|\sum_{i=1}^{n}x_i=0,x_i\in\mathbf{R},i=1,2,\cdots,n\right\},\qquad V_2=\left\{\boldsymbol{x}=\begin{pmatrix}1\\x_2\\\vdots\\x_n\end{pmatrix}\middle|x_i\in\mathbf{R},i=1,2,\cdots,n\right\}$$

验证 V_1,V_2 是否是向量空间.

19. 证明由向量组 $\boldsymbol{\alpha}_1=\begin{pmatrix}0\\1\\1\end{pmatrix},\boldsymbol{\alpha}_2=\begin{pmatrix}1\\0\\1\end{pmatrix},\boldsymbol{\alpha}_3=\begin{pmatrix}1\\1\\0\end{pmatrix}$ 所生成的向量空间就是 $\mathbf{R}^3$.

20. 证明: $\boldsymbol{\alpha}_1=\begin{pmatrix}1\\3\\5\end{pmatrix},\boldsymbol{\alpha}_2=\begin{pmatrix}6\\3\\2\end{pmatrix},\boldsymbol{\alpha}_3=\begin{pmatrix}3\\1\\0\end{pmatrix}$ 为 $\mathbf{R}^3$ 的一组基, 并求向量 $\boldsymbol{\alpha}=\begin{pmatrix}3\\8\\13\end{pmatrix},\boldsymbol{\beta}=\begin{pmatrix}-2\\2\\8\end{pmatrix}$ 在这组基下的坐标.

21. 求下列向量组的秩.

(1) $\boldsymbol{\alpha}_1=\begin{pmatrix}1\\2\end{pmatrix},\boldsymbol{\alpha}_2=\begin{pmatrix}2\\3\end{pmatrix},\boldsymbol{\alpha}_3=\begin{pmatrix}3\\4\end{pmatrix}$;

(2) $\boldsymbol{\alpha}_1=\begin{pmatrix}3\\5\\7\end{pmatrix},\boldsymbol{\alpha}_2=\begin{pmatrix}5\\9\\4\end{pmatrix},\boldsymbol{\alpha}_3=\begin{pmatrix}0\\0\\0\end{pmatrix}$;

(3) $\boldsymbol{\alpha}_1=\begin{pmatrix}0\\1\\-1\end{pmatrix},\boldsymbol{\alpha}_2=\begin{pmatrix}1\\0\\1\end{pmatrix},\boldsymbol{\alpha}_3=\begin{pmatrix}1\\1\\1\end{pmatrix}$.

22. 求下列齐次线性方程组的基础解系和通解.

(1) $\begin{cases}2x_1-3x_2-2x_3+x_4=0,\\3x_1+5x_2+4x_3-2x_4=0,\\8x_1+7x_2+6x_3-3x_4=0;\end{cases}$ (2) $\begin{cases}x_1+2x_2+7x_4-4x_5=0,\\x_1-x_2+3x_3-2x_4-x_5=0,\\2x_1+4x_3+2x_4-4x_5=0,\\x_1+x_2+x_3+4x_4-3x_5=0.\end{cases}$

23. 求下列非齐次线性方程方程组的通解.

(1) $\begin{cases}x_1-5x_2+2x_3-3x_4=11,\\5x_1+3x_2+6x_3-x_4=-1,\\2x_1+4x_2+2x_3+x_4=-6;\end{cases}$ (2) $\begin{cases}3x_1+x_2+4x_3-3x_4=2,\\2x_1-3x_2+x_3-5x_4=1,\\5x_1+10x_2+2x_3-x_4=21.\end{cases}$

24. 解线性方程组

$$\begin{cases}(2-\lambda)x_1+2x_2-2x_3=1\\2x_1+(5-\lambda)x_2-4x_3=2\\-2x_1-4x_2+(5-\lambda)x_3=-\lambda-1\end{cases}$$

试问λ为何值时，此方程组有唯一解、无解和无穷多解？并在有无穷多解时求出其通解.

25. 设$\boldsymbol{A}$是$m\times 3$矩阵，且$R(\boldsymbol{A})=1$，如果非齐次线性方程组$\boldsymbol{Ax}=\boldsymbol{b}$的三个解向量$\boldsymbol{\eta}_1,\boldsymbol{\eta}_2,\boldsymbol{\eta}_3$满足

$$\boldsymbol{\eta}_1+\boldsymbol{\eta}_2=\begin{pmatrix}1\\2\\3\end{pmatrix},\quad \boldsymbol{\eta}_2+\boldsymbol{\eta}_3=\begin{pmatrix}0\\-1\\1\end{pmatrix},\quad \boldsymbol{\eta}_3+\boldsymbol{\eta}_1=\begin{pmatrix}1\\0\\-1\end{pmatrix}$$

求$\boldsymbol{Ax}=\boldsymbol{b}$的通解.

26. 设n元齐次线性方程组$\boldsymbol{Ax}=\boldsymbol{0}$与$\boldsymbol{Bx}=\boldsymbol{0}$有相同的解，证明$R(\boldsymbol{A})=R(\boldsymbol{B})$.

27. 设$\boldsymbol{A}$为实矩阵，证明$R(\boldsymbol{A}^{\mathrm{T}}\boldsymbol{A})=R(\boldsymbol{A})$.

28. 求一个齐次线性方程组，使它的基础解系为$\boldsymbol{\xi}_1=(0,1,2,3)^{\mathrm{T}},\boldsymbol{\xi}_2=(3,2,1,0)^{\mathrm{T}}$.

29. 设

$$\boldsymbol{A}=(\boldsymbol{a}_1,\boldsymbol{a}_2,\boldsymbol{a}_3,\boldsymbol{a}_4)=\begin{pmatrix}1&1&2&3\\1&3&4&1\\2&5&7&3\end{pmatrix},\qquad \boldsymbol{b}=\boldsymbol{a}_1+\boldsymbol{a}_2+\boldsymbol{a}_3+\boldsymbol{a}_4$$

求非齐次线性方程组$\boldsymbol{Ax}=\boldsymbol{b}$的通解.

30. 设$\boldsymbol{A}$为给定的n阶方阵，其行列式为零，且存在一个元素a_{kl}的代数余子式A_{kl}非

零. 求齐次方程组 $\boldsymbol{A}\boldsymbol{x}=\boldsymbol{0}$ 的通解.

(C)

1. 设 $\boldsymbol{A}$ 为 n 阶矩阵, $\boldsymbol{\alpha}$ 为 n 维列向量, 若存在正整数 k, 使得 $\boldsymbol{A}^k\alpha=\boldsymbol{0}$, 但 $\boldsymbol{A}^{k-1}\alpha\neq\boldsymbol{0}$, 证明向量组 $\boldsymbol{\alpha},\boldsymbol{A\alpha},\cdots,\boldsymbol{A}^{k-1}\boldsymbol{\alpha}$ 线性无关.

2. 设 $\boldsymbol{\alpha}_1,\boldsymbol{\alpha}_2,\cdots,\boldsymbol{\alpha}_s$ 线性无关, $\boldsymbol{\beta}=\lambda_1\boldsymbol{\alpha}_1+\lambda_2\boldsymbol{\alpha}_2+\cdots+\lambda_s\boldsymbol{\alpha}_s$, 其中 $\lambda_i\neq 0$. 证明 $\boldsymbol{\alpha}_1,\boldsymbol{\alpha}_2,\cdots,\boldsymbol{\alpha}_{i-1},\boldsymbol{\beta},\boldsymbol{\alpha}_{i+1},\cdots,\boldsymbol{\alpha}_s$ 线性无关.

3. 设向量组 $B:\boldsymbol{b}_1,\boldsymbol{b}_2,\cdots,\boldsymbol{b}_r$ 能由向量组 $A:\boldsymbol{a}_1,\boldsymbol{a}_2,\cdots,\boldsymbol{a}_s$ 线性表示为 $(\boldsymbol{b}_1,\boldsymbol{b}_2,\cdots,\boldsymbol{b}_r)=(\boldsymbol{a}_1,\boldsymbol{a}_2,\cdots,\boldsymbol{a}_s)\boldsymbol{K}$, 其中 $\boldsymbol{K}$ 为 $s\times r$ 矩阵, 且向量组 A 线性无关. 证明: 向量组 B 线性无关的充分必要条件是矩阵 $\boldsymbol{K}$ 的秩 $R(\boldsymbol{K})=r$.

4. 设有两个向量组

$$A:\boldsymbol{a}_1,\boldsymbol{a}_2,\cdots,\boldsymbol{a}_r;\quad B:\boldsymbol{b}_1=\boldsymbol{a}_1-\boldsymbol{a}_2,\boldsymbol{b}_2=\boldsymbol{a}_2-\boldsymbol{a}_3,\cdots,\boldsymbol{b}_{r-1}=\boldsymbol{a}_{r-1}-\boldsymbol{a}_r,\ \boldsymbol{b}_r=\boldsymbol{a}_r+\boldsymbol{a}_1$$

证明向量组 A 的秩等于向量组 B 的秩.

5. 已知向量组 $\boldsymbol{\alpha}_1,\boldsymbol{\alpha}_2,\boldsymbol{\alpha}_3$ 的秩为 3, 向量组 $\boldsymbol{\alpha}_1,\boldsymbol{\alpha}_2,\boldsymbol{\alpha}_3,\boldsymbol{\alpha}_4$ 的秩为 3, 而向量组 $\boldsymbol{\alpha}_1,\boldsymbol{\alpha}_2,\boldsymbol{\alpha}_3,\boldsymbol{\alpha}_5$ 的秩为 4. 证明向量组 $\boldsymbol{\alpha}_1,\boldsymbol{\alpha}_2,\boldsymbol{\alpha}_3,\boldsymbol{\alpha}_5-\boldsymbol{\alpha}_4$ 的秩为 4.

6. 已知向量组 $A:\boldsymbol{\alpha}_1,\boldsymbol{\alpha}_2,\cdots,\boldsymbol{\alpha}_m$ 线性无关, 向量 $\boldsymbol{\beta}_1$ 可由向量组 A 线性表示, 而向量 $\boldsymbol{\beta}_2$ 不能由向量组 A 线性表示. 证明向量组 $\boldsymbol{\alpha}_1,\boldsymbol{\alpha}_2,\cdots,\boldsymbol{\alpha}_m,l\boldsymbol{\beta}_1+\boldsymbol{\beta}_2$ (l为任意常数) 线性无关.

7. 已知向量组 $\boldsymbol{\alpha}_1,\boldsymbol{\alpha}_2,\cdots,\boldsymbol{\alpha}_r$ 线性无关, 且

$$\boldsymbol{\beta}_1=\boldsymbol{\alpha}_1+\boldsymbol{\alpha}_2,\boldsymbol{\beta}_2=\boldsymbol{\alpha}_2+\boldsymbol{\alpha}_3,\cdots,\boldsymbol{\beta}_r=\boldsymbol{\alpha}_r+\boldsymbol{\alpha}_1$$

证明当 r 为奇数时, $\boldsymbol{\beta}_1,\boldsymbol{\beta}_2,\cdots,\boldsymbol{\beta}_r$ 线性无关; 当 r 为偶数时, $\boldsymbol{\beta}_1,\boldsymbol{\beta}_2,\cdots,\boldsymbol{\beta}_r$ 线性相关.

8. 设 a_1,a_2,a_3 为参数, 求向量组 $\boldsymbol{\alpha}_1=\begin{pmatrix}1\\a_1\\a_1^2\end{pmatrix},\boldsymbol{\alpha}_2=\begin{pmatrix}1\\a_2\\a_2^2\end{pmatrix},\boldsymbol{\alpha}_3=\begin{pmatrix}1\\a_3\\a_3^2\end{pmatrix}$ 的秩及其一个最大无关组.

9. 设向量组 $\boldsymbol{\alpha}_1,\boldsymbol{\alpha}_2,\cdots,\boldsymbol{\alpha}_r$ 的秩为 r_1, 向量组 $\boldsymbol{\beta}_1,\boldsymbol{\beta}_2,\cdots,\boldsymbol{\beta}_t$ 的秩为 r_2, 向量组 $\boldsymbol{\alpha}_1,\boldsymbol{\alpha}_2,\cdots,\boldsymbol{\alpha}_r,\ \boldsymbol{\beta}_1,\boldsymbol{\beta}_2,\cdots,\boldsymbol{\beta}_t$ 的秩为 r_3, 证明 $\max\{r_1,r_2\}\leqslant r_3\leqslant r_1+r_2$.

10. 设 $\boldsymbol{A}$ 为 n 阶正交矩阵, $\boldsymbol{\alpha}_1,\boldsymbol{\alpha}_2$ 是 n 维列向量. 若 $\boldsymbol{\beta}_1=\boldsymbol{A\alpha}_1$, $\boldsymbol{\beta}_2=\boldsymbol{A\alpha}_2$, 证明 $[\boldsymbol{\alpha}_1,\boldsymbol{\alpha}_2]=[\boldsymbol{\beta}_1,\boldsymbol{\beta}_2]$.

11. 设 $\boldsymbol{\beta}$ 是非齐次线性方程组 $\boldsymbol{Ax}=\boldsymbol{b}$ 的一个解, $\boldsymbol{\alpha}_1,\boldsymbol{\alpha}_2,\cdots,\boldsymbol{\alpha}_{n-r}$ 是对应齐次线性方程组的一个基础解系, 证明:

(1) $\boldsymbol{\alpha}_1,\boldsymbol{\alpha}_2,\cdots,\boldsymbol{\alpha}_{n-r},\boldsymbol{\beta}$ 线性无关;

(2) $\boldsymbol{\alpha}_1+\boldsymbol{\beta},\boldsymbol{\alpha}_2+\boldsymbol{\beta},\cdots,\boldsymbol{\alpha}_{n-r}+\boldsymbol{\beta},\boldsymbol{\beta}$ 线性无关.

12. 设 n 阶方阵 $\boldsymbol{A}$ 的各行元素之和都为零, 且 $R(\boldsymbol{A})=n-1$, 求方程组 $\boldsymbol{Ax}=\boldsymbol{0}$ 的通解.

13. 已知 $\boldsymbol{\alpha}_1,\boldsymbol{\alpha}_2,\boldsymbol{\alpha}_3$ 为线性方程组 $\boldsymbol{Ax}=\boldsymbol{0}$ 的一个基础解系, 若 $\begin{cases}\boldsymbol{\beta}_1=\boldsymbol{\alpha}_1+\boldsymbol{\alpha}_2+\boldsymbol{\alpha}_3,\\ \boldsymbol{\beta}_2=\boldsymbol{\alpha}_1+t\boldsymbol{\alpha}_2+t^2\boldsymbol{\alpha}_3,\\ \boldsymbol{\beta}_3=\boldsymbol{\alpha}_1+t^2\boldsymbol{\alpha}_2+t^4\boldsymbol{\alpha}_3,\end{cases}$ 讨

论实数 t 满足什么关系时，$\boldsymbol{\beta}_1,\boldsymbol{\beta}_2,\boldsymbol{\beta}_3$ 也为 $\boldsymbol{Ax}=\boldsymbol{0}$ 的一个基础解系.

14. 设非齐次线性方程组 $\boldsymbol{Ax}=\boldsymbol{b}$ 的系数矩阵的秩为 r，$\boldsymbol{\eta}_1,\boldsymbol{\eta}_2,\cdots,\boldsymbol{\eta}_{n-r+1}$ 是它的 $n-r+1$ 个线性无关的解，证明它的任一解可表示为 $\boldsymbol{x}=k_1\boldsymbol{\eta}_1+k_2\boldsymbol{\eta}_2+\cdots+k_{n-r+1}\boldsymbol{\eta}_{n-r+1}$，其中 $k_1+k_2+\cdots+k_{n-r+1}=1$.

15. 已知 $\boldsymbol{A}$ 是 $m\times n$ 型非零矩阵，$\boldsymbol{B}$ 是 $n\times m$ 型非零矩阵，且 $\boldsymbol{AB}=\boldsymbol{0}$，证明：$\boldsymbol{A}$ 的列向量组线性相关，$\boldsymbol{B}$ 的行向量组线性相关.

16. 讨论如下的线性方程组的可解性

$$\begin{cases} x_1+x_2+x_3=1 \\ ax_1+bx_2+cx_3=d \\ a^2x_1+b^2x_2+c^2x_3=d^2 \\ a^3x_1+b^3x_2+c^3x_3=d^3 \end{cases}$$

其中 a,b,c,d 为互不相等的常数.

17. 设 $\boldsymbol{\alpha}_1,\boldsymbol{\alpha}_2,\boldsymbol{\alpha}_3$ 是齐次线性方程组 $\boldsymbol{Ax}=\boldsymbol{0}$ 的一个基础解系，证明 $\boldsymbol{\alpha}_1,\boldsymbol{\alpha}_1+\boldsymbol{\alpha}_2,\boldsymbol{\alpha}_1+\boldsymbol{\alpha}_2+\boldsymbol{\alpha}_3$ 也是该方程组的一个基础解系.

第 3 章　矩阵的特征值和特征向量

工程技术中如振动问题、稳定性问题、弹性力学问题, 数学中矩阵的对角化和微分方程组的求解等问题, 都可以归结为求矩阵的特征值和特征向量. 本章先介绍特征值和特征向量的概念, 再引入相似矩阵的概念, 然后讨论矩阵可对角化的条件, 最后介绍实对称矩阵的对角化.

3.1　特征值和特征向量的概念与计算

在实际问题中, 经常遇到对于一个给定的 n 阶方阵 $\boldsymbol{A}$, 是否存在 n 维非零向量 $\boldsymbol{x}$, 使得 $\boldsymbol{Ax}$ 与 $\boldsymbol{x}$ 平行, 即存在常数 λ 使得 $\boldsymbol{Ax}=\lambda\boldsymbol{x}$ 成立. 在数学上, 这就是特征值和特征向量问题.

定义 3.1.1　设 $\boldsymbol{A}$ 是 n 阶方阵, 若存在数 λ 和 n 维非零向量 $\boldsymbol{x}$, 使

$$\boldsymbol{Ax}=\lambda\boldsymbol{x} \tag{3.1.1}$$

则称数 λ 为方阵 $\boldsymbol{A}$ 的**特征值**, 非零向量 $\boldsymbol{x}$ 为方阵 $\boldsymbol{A}$ 的对应于特征值 λ 的**特征向量**.

例如, 设 $\boldsymbol{A}=\begin{pmatrix}1 & 2\\ 2 & 1\end{pmatrix}$, $\boldsymbol{x}=\begin{pmatrix}1\\ 1\end{pmatrix}$, 则 $\boldsymbol{Ax}=3\boldsymbol{x}$, 由定义可知, 3 是 $\boldsymbol{A}$ 的一个特征值, $\boldsymbol{x}$ 是 $\boldsymbol{A}$ 的对应于特征值 3 的特征向量.

对于 n 阶方阵 $\boldsymbol{A}$, 如果 $\boldsymbol{p}$ 是 $\boldsymbol{A}$ 的对应于特征值 λ 的一个特征向量, 那么对于任意的 $k\neq 0$, 则

$$\boldsymbol{A}(k\boldsymbol{p})=k(\boldsymbol{Ap})=k(\lambda\boldsymbol{p})=\lambda(k\boldsymbol{p})$$

所以, $k\boldsymbol{p}$ 也是 $\boldsymbol{A}$ 的对应于特征值 λ 的特征向量.

进一步可知, 若 $\boldsymbol{p}_1,\boldsymbol{p}_2,\cdots,\boldsymbol{p}_m$ 是 $\boldsymbol{A}$ 的对应特征值 λ 的特征向量, 且 $k_1\boldsymbol{p}_1+k_2\boldsymbol{p}_2+\cdots+k_m\boldsymbol{p}_m\neq\boldsymbol{0}$, 则

$$\begin{aligned}\boldsymbol{A}(k_1\boldsymbol{p}_1+k_2\boldsymbol{p}_2+\cdots+k_m\boldsymbol{p}_m)&=k_1(\boldsymbol{Ap}_1)+k_2(\boldsymbol{Ap}_2)+\cdots+k_m(\boldsymbol{Ap}_m)\\&=k_1(\lambda\boldsymbol{p}_1)+k_2(\lambda\boldsymbol{p}_2)+\cdots+k_m(\lambda\boldsymbol{p}_m)\\&=\lambda(k_1\boldsymbol{p}_1+k_2\boldsymbol{p}_2+\cdots+k_m\boldsymbol{p}_m)\end{aligned}$$

所以, $k_1\boldsymbol{p}_1+k_2\boldsymbol{p}_2+\cdots+k_m\boldsymbol{p}_m$ 也是 $\boldsymbol{A}$ 的对应于特征值 λ 的特征向量.

那么如何求方阵 $\boldsymbol{A}$ 的全部特征值与特征向量? 下面来讨论这一问题, 该问题可以转化成齐次线性方程组有非零解的问题.

注意, 式(3.1.1)可以写成

$$(\boldsymbol{A}-\lambda\boldsymbol{E})\boldsymbol{x}=\boldsymbol{0}$$

这是 n 个未知数 n 个方程的齐次线性方程组，它有非零解的充分必要条件是系数行列式

$$|\boldsymbol{A}-\lambda\boldsymbol{E}|=0$$

定义 3.1.2　设 $\boldsymbol{A}$ 是 n 阶方阵，则 $\boldsymbol{A}-\lambda\boldsymbol{E}$ 称为 $\boldsymbol{A}$ 的**特征矩阵**，而

$$|\boldsymbol{A}-\lambda\boldsymbol{E}|=\begin{vmatrix} a_{11}-\lambda & a_{12} & \cdots & a_{1n} \\ a_{21} & a_{22}-\lambda & \cdots & a_{2n} \\ \vdots & \vdots & & \vdots \\ a_{n1} & a_{n2} & \cdots & a_{nn}-\lambda \end{vmatrix}$$

是 λ 的 n 次多项式，称为 $\boldsymbol{A}$ 的**特征多项式**，记作 $f_{\boldsymbol{A}}(\lambda)$，即 $f_{\boldsymbol{A}}(\lambda)=|\boldsymbol{A}-\lambda\boldsymbol{E}|$，$|\boldsymbol{A}-\lambda\boldsymbol{E}|=0$ 称为 $\boldsymbol{A}$ 的**特征方程**.

显然，$\boldsymbol{A}$ 的特征值就是特征方程的解. 特征方程在复数范围内有解，其个数为方程的次数(重根按照重数计算)，因此，n 阶方阵 $\boldsymbol{A}$ 在复数范围内有 n 个特征值.

性质 3.1.1　假设 n 阶方阵 $\boldsymbol{A}$ 的特征值为 $\lambda_1,\lambda_2,\cdots,\lambda_n$，那么(1) $\lambda_1+\lambda_2+\cdots+\lambda_n=a_{11}+a_{22}+\cdots+a_{nn}$；(2) $\lambda_1\lambda_2\cdots\lambda_n=|\boldsymbol{A}|$.

证　由特征多项式 $f_{\boldsymbol{A}}(\lambda)$ 的定义知，$f_{\boldsymbol{A}}(\lambda)$ 是 λ 的 n 次多项式，假设

$$f_{\boldsymbol{A}}(\lambda)=(-1)^n(\lambda^n+k_{n-1}\lambda^{n-1}+\cdots+k_2\lambda^2+k_1\lambda+k_0) \tag{3.1.2}$$

利用行列式的性质将 $|\boldsymbol{A}-\lambda\boldsymbol{E}|$ 展开可得

$$f_{\boldsymbol{A}}(\lambda)=(-1)^n(\lambda^n-(a_{11}+a_{22}+\cdots+a_{nn})\lambda^{n-1}+\cdots+(-1)^n|\boldsymbol{A}|) \tag{3.1.3}$$

由于 $\lambda_1,\lambda_2,\cdots,\lambda_n$ 是 n 阶方阵 $\boldsymbol{A}$ 的特征值，则

$$\begin{aligned} f_{\boldsymbol{A}}(\lambda)&=(-1)^n(\lambda-\lambda_1)(\lambda-\lambda_2)\cdots(\lambda-\lambda_n) \\ &=(-1)^n(\lambda^n-(\lambda_1+\lambda_2+\cdots+\lambda_n)\lambda^{n-1}+\cdots+(-1)^n\lambda_1\lambda_2\cdots\lambda_n) \end{aligned} \tag{3.1.4}$$

比较式(3.1.2)～式(3.1.4)，可得结论.

性质 3.1.1(2)给出了一个判断方阵是否可逆的方法.

推论 3.1.1　n 阶方阵 $\boldsymbol{A}$ 可逆的充分必要条件为 $\boldsymbol{A}$ 的每个特征值均非零.

根据特征值和特征向量的定义，可以得到下面定理.

定理 3.1.1　设 $\boldsymbol{A}$ 是 n 阶方阵，则

(1) λ_0 是特征值当且仅当 λ_0 是特征方程的一个解；

(2) $\boldsymbol{p}$ 为 $\boldsymbol{A}$ 的对应于特征值 λ 的特征向量，当且仅当 $\boldsymbol{p}$ 是齐次线性方程组 $(\boldsymbol{A}-\lambda\boldsymbol{E})\boldsymbol{x}=\boldsymbol{0}$ 的非零解.

由定理 3.1.1 可知，求矩阵特征值与特征向量的步骤为:

① 计算 $\boldsymbol{A}$ 的特征多项式 $|\boldsymbol{A}-\lambda\boldsymbol{E}|$；

② 求特征方程 $|\boldsymbol{A}-\lambda\boldsymbol{E}|=0$ 的全部根 $\lambda_1,\lambda_2,\cdots,\lambda_n$，也就是 $\boldsymbol{A}$ 的全部特征值；

③ 对于特征值 λ_i，求齐次方程组 $(\boldsymbol{A}-\lambda_i\boldsymbol{E})\boldsymbol{x}=\boldsymbol{0}$ 的非零解，也就是对应于 $\lambda_i(1\leqslant i\leqslant n)$ 的特征向量. 具体做法是求 $(\boldsymbol{A}-\lambda_i\boldsymbol{E})\boldsymbol{x}=\boldsymbol{0}$ 的一个基础解系 $\boldsymbol{p}_1,\boldsymbol{p}_2,\cdots,\boldsymbol{p}_m$，那么 $\boldsymbol{A}$ 的对应于特征值 λ_i 的特征向量为 $k_1\boldsymbol{p}_1+k_2\boldsymbol{p}_2+\cdots+k_m\boldsymbol{p}_m$，其中 $k_1,k_2,\cdots,k_m$ 不全为零.

例 3.1.1　求矩阵 $\boldsymbol{A}=\begin{pmatrix}-1 & 1\\ 1 & -1\end{pmatrix}$ 的特征值和特征向量.

解　矩阵 $\boldsymbol{A}$ 的特征多项式为

$$|\boldsymbol{A}-\lambda\boldsymbol{E}|=\begin{vmatrix}-1-\lambda & 1\\ 1 & -1-\lambda\end{vmatrix}=\lambda(\lambda+2)$$

所以 $\boldsymbol{A}$ 的特征值为 $\lambda_1=0,\lambda_2=-2$.

(1) 当 $\lambda_1=0$ 时, 解方程组 $(\boldsymbol{A}-0\cdot\boldsymbol{E})\boldsymbol{x}=\boldsymbol{0}$, 即 $\boldsymbol{A}\boldsymbol{x}=\boldsymbol{0}$. 由

$$\boldsymbol{A}=\begin{pmatrix}-1 & 1\\ 1 & -1\end{pmatrix}\to\begin{pmatrix}1 & -1\\ 0 & 0\end{pmatrix}$$

得基础解系 $\boldsymbol{p}_1=\begin{pmatrix}1\\ 1\end{pmatrix}$, 故对应于特征值 $\lambda_1=0$ 的所有特征向量为 $k\boldsymbol{p}_1(k\neq 0)$.

(2) 当 $\lambda_2=-2$ 时, 解方程组 $(\boldsymbol{A}+2\boldsymbol{E})\boldsymbol{x}=\boldsymbol{0}$. 由

$$\boldsymbol{A}+2\boldsymbol{E}=\begin{pmatrix}1 & 1\\ 1 & 1\end{pmatrix}\to\begin{pmatrix}1 & 1\\ 0 & 0\end{pmatrix}$$

得基础解系 $\boldsymbol{p}_2=\begin{pmatrix}1\\ -1\end{pmatrix}$, 故对应于特征值 $\lambda_2=-2$ 的所有特征向量为 $k\boldsymbol{p}_2(k\neq 0)$.

例 3.1.2　求矩阵 $\boldsymbol{A}=\begin{pmatrix}2 & -1 & 2\\ 5 & -3 & 3\\ -1 & 0 & -2\end{pmatrix}$ 的特征值和特征向量.

解　矩阵 $\boldsymbol{A}$ 的特征多项式为

$$|\boldsymbol{A}-\lambda\boldsymbol{E}|=\begin{vmatrix}2-\lambda & -1 & 2\\ 5 & -3-\lambda & 3\\ -1 & 0 & -2-\lambda\end{vmatrix}=-(1+\lambda)^3$$

所以 $\boldsymbol{A}$ 的特征值为 $\lambda_1=\lambda_2=\lambda_3=-1$(三重根).

当 $\lambda_1=\lambda_2=\lambda_3=-1$ 时, 解方程组 $(\boldsymbol{A}+\boldsymbol{E})\boldsymbol{x}=\boldsymbol{0}$. 由

$$\boldsymbol{A}+\boldsymbol{E}=\begin{pmatrix}3 & -1 & 2\\ 5 & -2 & 3\\ -1 & 0 & -1\end{pmatrix}\to\begin{pmatrix}1 & 0 & 1\\ 0 & 1 & 1\\ 0 & 0 & 0\end{pmatrix}$$

得基础解系

$$\boldsymbol{p}=\begin{pmatrix}-1\\ -1\\ 1\end{pmatrix}$$

故对应于特征值 $\lambda_1=\lambda_2=\lambda_3=-1$ 的所有特征向量为 $k\boldsymbol{p}(k\neq 0)$.

例 3.1.3　求矩阵 $A=\begin{pmatrix}-2&1&1\\0&2&0\\-4&1&3\end{pmatrix}$ 的特征值和特征向量.

解　矩阵 A 的特征多项式为

$$|A-\lambda E|=\begin{vmatrix}-2-\lambda&1&1\\0&2-\lambda&0\\-4&1&3-\lambda\end{vmatrix}=-(1+\lambda)(2-\lambda)^2$$

所以 A 的特征值为 $\lambda_1=-1,\lambda_2=\lambda_3=2$.

(1) 当 $\lambda_1=-1$ 时, 解方程组 $(A+E)x=0$. 由

$$A+E=\begin{pmatrix}-1&1&1\\0&3&0\\-4&1&4\end{pmatrix}\to\begin{pmatrix}1&0&-1\\0&1&0\\0&0&0\end{pmatrix}$$

得基础解系

$$p_1=\begin{pmatrix}1\\0\\1\end{pmatrix}$$

故对应于特征值 $\lambda_1=-1$ 的所有特征向量为 $kp_1(k\neq 0)$.

(2) 当 $\lambda_2=\lambda_3=2$ 时, 解方程组 $(A-2E)x=0$. 由

$$A-2E=\begin{pmatrix}-4&1&1\\0&0&0\\-4&1&1\end{pmatrix}\to\begin{pmatrix}-4&1&1\\0&0&0\\0&0&0\end{pmatrix}$$

得基础解系

$$p_2=\begin{pmatrix}\frac{1}{4}\\0\\1\end{pmatrix},\qquad p_3=\begin{pmatrix}\frac{1}{4}\\1\\0\end{pmatrix}$$

故对应于特征值 $\lambda_2=\lambda_3=2$ 的所有特征向量为 $k_2p_2+k_3p_3(k_2,k_3$不同时为0).

例 3.1.4　若 λ 是 n 阶矩阵 A 的特征值, 证明: 当 A 可逆时, $\dfrac{1}{\lambda}$ 是 A^{-1} 的特征值.

证　若 λ 是矩阵 A 的特征值, 设 x 是 A 的对应于特征值 λ 的特征向量, 则 $Ax=\lambda x$. 于是当 A 可逆时, 有 $x=\lambda A^{-1}x$, 由 $x\neq 0$, 可得 $\lambda\neq 0$ (可以用反证法证明, 假设 $\lambda=0$, 那么 $x=\lambda A^{-1}x=0A^{-1}x=0$, 与 x 是特征向量矛盾), 故

$$A^{-1}x=\frac{1}{\lambda}x$$

所以 $\frac{1}{\lambda}$ 是 $\boldsymbol{A}^{-1}$ 的特征值, $\boldsymbol{x}$ 是 $\boldsymbol{A}^{-1}$ 的对应于特征值 $\frac{1}{\lambda}$ 的特征向量.

例 3.1.5 若 λ 是 n 阶矩阵 $\boldsymbol{A}$ 的特征值, 试证: $\varphi(\lambda)$ 是矩阵多项式 $\varphi(\boldsymbol{A})$ 的特征值, 其中

$$\varphi(\lambda)=a_0+a_1\lambda+\cdots+a_m\lambda^m, \qquad \varphi(\boldsymbol{A})=a_0\boldsymbol{E}+a_1\boldsymbol{A}+\cdots+a_m\boldsymbol{A}^m$$

证 若 λ 是矩阵 $\boldsymbol{A}$ 的特征值, 设 $\boldsymbol{x}$ 是 $\boldsymbol{A}$ 的对应于特征值 λ 的特征向量, 则 $\boldsymbol{Ax}=\lambda\boldsymbol{x}$. 所以

$$\boldsymbol{A}^2\boldsymbol{x}=\boldsymbol{A}(\boldsymbol{Ax})=\boldsymbol{A}(\lambda\boldsymbol{x})=\lambda(\boldsymbol{Ax})=\lambda^2\boldsymbol{x}$$

即 λ^2 是矩阵 $\boldsymbol{A}^2$ 的特征值.

依此递推得, λ^m 是矩阵 $\boldsymbol{A}^m$ 的特征值(m 为正整数), 且 $\boldsymbol{A}^m\boldsymbol{x}=\lambda^m\boldsymbol{x}$. 故

$$\begin{aligned}\varphi(\boldsymbol{A})\boldsymbol{x}&=(a_0\boldsymbol{E}+a_1\boldsymbol{A}+\cdots+a_m\boldsymbol{A}^m)\boldsymbol{x}\\&=a_0\boldsymbol{Ex}+a_1\boldsymbol{Ax}+\cdots+a_m\boldsymbol{A}^m\boldsymbol{x}\\&=a_0\boldsymbol{x}+a_1\lambda\boldsymbol{x}+\cdots+a_m\lambda^m\boldsymbol{x}\\&=(a_0+a_1\lambda+\cdots+a_m\lambda^m)\boldsymbol{x}\\&=\varphi(\lambda)\boldsymbol{x}\end{aligned}$$

可见, $\varphi(\lambda)$ 是矩阵多项式 $\varphi(\boldsymbol{A})$ 的特征值, $\boldsymbol{x}$ 是 $\varphi(\boldsymbol{A})$ 的对应于特征值 $\varphi(\lambda)$ 的特征向量.

例 3.1.6 设 $\boldsymbol{A}^2-\boldsymbol{A}-6\boldsymbol{E}=\boldsymbol{0}$, 试证: $\boldsymbol{A}$ 的特征值只能取−2 和 3.

证 设 λ 是矩阵 $\boldsymbol{A}$ 的特征值, $\boldsymbol{x}$ 是 $\boldsymbol{A}$ 的对应于特征值 λ 的特征向量, 则 $\boldsymbol{Ax}=\lambda\boldsymbol{x}\ (\boldsymbol{x}\neq 0)$. 在 $\boldsymbol{A}^2-\boldsymbol{A}-6\boldsymbol{E}=\boldsymbol{0}$ 两边同时右乘 $\boldsymbol{x}$, 得

$$(\boldsymbol{A}^2-\boldsymbol{A}-6\boldsymbol{E})\boldsymbol{x}=\boldsymbol{0}\cdot\boldsymbol{x}=\boldsymbol{0}$$

由例 3.1.5 知 $(\boldsymbol{A}^2-\boldsymbol{A}-6\boldsymbol{E})\boldsymbol{x}=(\lambda^2-\lambda-6)\boldsymbol{x}$, 所以有

$$(\lambda^2-\lambda-6)\boldsymbol{x}=\boldsymbol{0}$$

因为 $\boldsymbol{x}\neq 0$, 所以 $\lambda^2-\lambda-6=0$, 即 $\lambda=-2$ 或 $\lambda=3$.

例 3.1.7 设三阶方阵 $\boldsymbol{A}$ 的特征值为 1, 2, 3, 求 $\left|\boldsymbol{A}^2-\boldsymbol{A}+3\boldsymbol{E}\right|$.

解 设 λ 是矩阵 $\boldsymbol{A}$ 的特征值, $\varphi(\lambda)=\lambda^2-\lambda+3$. 因为 1, 2, 3 方阵 $\boldsymbol{A}$ 的特征值, 由例 3.1.5 知, $\varphi(1)=3$, $\varphi(2)=5$, $\varphi(3)=9$ 是 $\varphi(\boldsymbol{A})=\boldsymbol{A}^2-\boldsymbol{A}+3\boldsymbol{E}$ 的特征值. 由性质 3.1.1 中结论(2)知

$$\left|\boldsymbol{A}^2-\boldsymbol{A}+3\boldsymbol{E}\right|=\varphi(1)\varphi(2)\varphi(3)=135$$

定理 3.1.2 设 $\lambda_1,\lambda_2,\cdots,\lambda_m$ 是方阵 $\boldsymbol{A}$ 的 m 个特征值, $\boldsymbol{p}_1,\boldsymbol{p}_2,\cdots,\boldsymbol{p}_m$ 依次是与之对应的特征向量, 如果 $\lambda_1,\lambda_2,\cdots,\lambda_m$ 各不相等, 则 $\boldsymbol{p}_1,\boldsymbol{p}_2,\cdots,\boldsymbol{p}_m$ 线性无关.

证 设有常数 $x_1,x_2,\cdots,x_m$, 使

$$x_1\boldsymbol{p}_1+x_2\boldsymbol{p}_2+\cdots+x_m\boldsymbol{p}_m=\boldsymbol{0}$$

则在上式左乘 $\boldsymbol{A}$ 得

$$\boldsymbol{A}(x_1\boldsymbol{p}_1+x_2\boldsymbol{p}_2+\cdots+x_m\boldsymbol{p}_m)=\boldsymbol{0}$$

即

$$\lambda_1x_1\boldsymbol{p}_1+\lambda_2x_2\boldsymbol{p}_2+\cdots+\lambda_mx_m\boldsymbol{p}_m=\boldsymbol{0}$$

依此类推, 有

$$\lambda_1^kx_1\boldsymbol{p}_1+\lambda_2^kx_2\boldsymbol{p}_2+\cdots+\lambda_m^kx_m\boldsymbol{p}_m=0\quad(k=0,1,2,\cdots,m-1)$$

将这 m 个向量方程合写成矩阵形式, 得

$$(x_1\boldsymbol{p}_1,x_2\boldsymbol{p}_2,\cdots,x_m\boldsymbol{p}_m)\begin{pmatrix}1&\lambda_1&\cdots&\lambda_1^{m-1}\\1&\lambda_2&\cdots&\lambda_2^{m-1}\\\vdots&\vdots&&\vdots\\1&\lambda_m&\cdots&\lambda_m^{m-1}\end{pmatrix}=(\boldsymbol{0},\boldsymbol{0},\cdots,\boldsymbol{0})$$

上式等号左端第二个矩阵的行列式为范德蒙德行列式的转置行列式, 当 $\lambda_1,\lambda_2,\cdots,\lambda_m$ 各不相等时, 该行列式不等于 0, 从而该矩阵可逆. 于是有

$$(x_1\boldsymbol{p}_1,x_2\boldsymbol{p}_2,\cdots,x_m\boldsymbol{p}_m)=(\boldsymbol{0},\boldsymbol{0},\cdots,\boldsymbol{0})$$

即

$$x_j\boldsymbol{p}_j=\boldsymbol{0}\quad(j=1,2,\cdots,m)$$

又因为 $\boldsymbol{p}_j\neq\boldsymbol{0}\ (j=1,2,\cdots,m)$, 所以

$$x_j=0\quad(j=1,2,\cdots,m)$$

故 $\boldsymbol{p}_1,\boldsymbol{p}_2,\cdots,\boldsymbol{p}_m$ 线性无关.

定理 3.1.3 设 λ_1 和 λ_2 是方阵 $\boldsymbol{A}$ 的两个不同的特征值, $\boldsymbol{\xi}_1,\boldsymbol{\xi}_2,\cdots,\boldsymbol{\xi}_s$ 和 $\boldsymbol{\eta}_1,\boldsymbol{\eta}_2,\cdots,\boldsymbol{\eta}_t$ 分别是对应于 λ_1 和 λ_2 的线性无关的特征向量, 则 $\boldsymbol{\xi}_1,\boldsymbol{\xi}_2,\cdots,\boldsymbol{\xi}_s,\boldsymbol{\eta}_1,\boldsymbol{\eta}_2,\cdots,\boldsymbol{\eta}_t$ 线性无关.

证 设有 $k_1,k_2,\cdots,k_{s+t}$ 使

$$k_1\boldsymbol{\xi}_1+k_2\boldsymbol{\xi}_2+\cdots+k_s\boldsymbol{\xi}_s+k_{s+1}\boldsymbol{\eta}_1+k_{s+2}\boldsymbol{\eta}_2+\cdots+k_{s+t}\boldsymbol{\eta}_t=\boldsymbol{0}\tag{3.1.5}$$

由 $\boldsymbol{\xi}_1,\boldsymbol{\xi}_2,\cdots,\boldsymbol{\xi}_s$ 和 $\boldsymbol{\eta}_1,\boldsymbol{\eta}_2,\cdots,\boldsymbol{\eta}_t$ 分别是对应于 λ_1 和 λ_2 的线性无关的特征向量, 有

$$\boldsymbol{A}\boldsymbol{\xi}_i=\lambda_1\boldsymbol{\xi}_i\quad(i=1,2,\cdots,s)\tag{3.1.6}$$

$$\boldsymbol{A}\boldsymbol{\eta}_j=\lambda_2\boldsymbol{\eta}_j\quad(j=1,2,\cdots,t)\tag{3.1.7}$$

用 $\boldsymbol{A}$ 左乘式(3.1.5), 得

$$\boldsymbol{A}(k_1\boldsymbol{\xi}_1+k_2\boldsymbol{\xi}_2+\cdots+k_s\boldsymbol{\xi}_s+k_{s+1}\boldsymbol{\eta}_1+k_{s+2}\boldsymbol{\eta}_2+\cdots+k_{s+t}\boldsymbol{\eta}_t)=\boldsymbol{0}$$

即

$$k_1\boldsymbol{A}\boldsymbol{\xi}_1+k_2\boldsymbol{A}\boldsymbol{\xi}_2+\cdots+k_s\boldsymbol{A}\boldsymbol{\xi}_s+k_{s+1}\boldsymbol{A}\boldsymbol{\eta}_1+k_{s+2}\boldsymbol{A}\boldsymbol{\eta}_2+\cdots+k_{s+t}\boldsymbol{A}\boldsymbol{\eta}_t=\boldsymbol{0}$$

利用式(3.1.6)和式(3.1.7), 得

$$\lambda_1(k_1\boldsymbol{\xi}_1+k_2\boldsymbol{\xi}_2+\cdots+k_s\boldsymbol{\xi}_s)+\lambda_2(k_{s+1}\boldsymbol{\eta}_1+k_{s+2}\boldsymbol{\eta}_2+\cdots+k_{s+t}\boldsymbol{\eta}_t)=\boldsymbol{0}\tag{3.1.8}$$

将式(3.1.8)减去式(3.1.5)的 λ_2 倍，得

$$(\lambda_1-\lambda_2)(k_1\boldsymbol{\xi}_1+k_2\boldsymbol{\xi}_2+\cdots+k_s\boldsymbol{\xi}_s)=\mathbf{0}\quad(\lambda_1\neq\lambda_2)$$

所以有

$$k_1\boldsymbol{\xi}_1+k_2\boldsymbol{\xi}_2+\cdots+k_s\boldsymbol{\xi}_s=\mathbf{0}$$

由 $\boldsymbol{\xi}_1,\boldsymbol{\xi}_2,\cdots,\boldsymbol{\xi}_s$ 的线性无关性，可得

$$k_1=0\ ,k_2=0\ ,\cdots,k_s=0$$

同理可证

$$k_{s+1}=0\ ,k_{s+2}=0\ ,\cdots,k_{s+t}=0$$

因此，$\boldsymbol{\xi}_1,\boldsymbol{\xi}_2,\cdots,\boldsymbol{\xi}_s,\boldsymbol{\eta}_1,\boldsymbol{\eta}_2,\cdots,\boldsymbol{\eta}_t$ 线性无关.

定理 3.1.3 的结论可以推广到多个特征值的情形，对于 $m(\geqslant 2)$ 个不同特征值的线性无关的特征向量组，合起来还是线性无关的.

例 3.1.8　设 λ_1 和 λ_2 是方阵 $\boldsymbol{A}$ 的两个不同的特征值，对应的特征向量分别是 $\boldsymbol{p}_1$ 和 $\boldsymbol{p}_2$，试证：$\boldsymbol{p}_1+\boldsymbol{p}_2$ 不是 $\boldsymbol{A}$ 的特征向量.

证　用反证法证明，假设 $\boldsymbol{p}_1+\boldsymbol{p}_2$ 是 $\boldsymbol{A}$ 的特征向量，那么存在特征值 λ，使

$$\boldsymbol{A}(\boldsymbol{p}_1+\boldsymbol{p}_2)=\lambda(\boldsymbol{p}_1+\boldsymbol{p}_2)\tag{3.1.9}$$

由题设有 $\boldsymbol{A}\boldsymbol{p}_1=\lambda_1\boldsymbol{p}_1$，$\boldsymbol{A}\boldsymbol{p}_2=\lambda_2\boldsymbol{p}_2$，故

$$\boldsymbol{A}(\boldsymbol{p}_1+\boldsymbol{p}_2)=\lambda_1\boldsymbol{p}_1+\lambda_2\boldsymbol{p}_2\tag{3.1.10}$$

由式(3.1.9)和式(3.1.10)，得

$$\lambda(\boldsymbol{p}_1+\boldsymbol{p}_2)=\lambda_1\boldsymbol{p}_1+\lambda_2\boldsymbol{p}_2$$

即

$$(\lambda_1-\lambda)\boldsymbol{p}_1+(\lambda_2-\lambda)\boldsymbol{p}_2=\mathbf{0}$$

因为 λ_1 和 λ_2 是方阵 $\boldsymbol{A}$ 的两个不同的特征值，由定理 3.1.2 知 $\boldsymbol{p}_1$ 和 $\boldsymbol{p}_2$ 线性无关，所以 $\lambda_1-\lambda=\lambda_2-\lambda=0$，即 $\lambda_1=\lambda_2$ 与题设矛盾. 因此，$\boldsymbol{p}_1+\boldsymbol{p}_2$ 不可能是 $\boldsymbol{A}$ 的特征向量.

3.2　矩阵的相似对角化

定义 3.2.1　设 $\boldsymbol{A}$ 和 $\boldsymbol{B}$ 为 n 阶矩阵，若存在可逆矩阵 $\boldsymbol{P}$，使得 $\boldsymbol{P}^{-1}\boldsymbol{A}\boldsymbol{P}=\boldsymbol{B}$，则称 $\boldsymbol{A}$ 与 $\boldsymbol{B}$ 是**相似**的，记作 $\boldsymbol{A}\sim\boldsymbol{B}$. 对 $\boldsymbol{A}$ 进行运算 $\boldsymbol{P}^{-1}\boldsymbol{A}\boldsymbol{P}$ 称为对 $\boldsymbol{A}$ 进行**相似变换**，可逆矩阵 $\boldsymbol{P}$ 称为把 $\boldsymbol{A}$ 变成 $\boldsymbol{B}$ 的相似变换矩阵.

性质 3.2.1　相似矩阵的特征多项式相同.

证　设 $\boldsymbol{A}\sim\boldsymbol{B}$，则存在可逆矩阵 $\boldsymbol{P}$，使

$$\boldsymbol{P}^{-1}\boldsymbol{A}\boldsymbol{P}=\boldsymbol{B}$$

$$\begin{aligned}|\boldsymbol{B}-\lambda\boldsymbol{E}|&=|\boldsymbol{P}^{-1}\boldsymbol{A}\boldsymbol{P}-\boldsymbol{P}^{-1}(\lambda\boldsymbol{E})\boldsymbol{P}|=|\boldsymbol{P}^{-1}(\boldsymbol{A}-\lambda\boldsymbol{E})\boldsymbol{P}|\\&=|\boldsymbol{P}^{-1}||\boldsymbol{A}-\lambda\boldsymbol{E}||\boldsymbol{P}|=|\boldsymbol{A}-\lambda\boldsymbol{E}|\end{aligned}$$

性质 3.2.2　相似矩阵的特征值相同.

由性质 3.2.1 不难得出结论.

性质 3.2.3　相似矩阵有相同的秩.

证　设 $\boldsymbol{A}\sim\boldsymbol{B}$，则存在可逆矩阵 $\boldsymbol{P}$，使得 $\boldsymbol{P}^{-1}\boldsymbol{A}\boldsymbol{P}=\boldsymbol{B}$，由矩阵秩的性质可以得出结论.

性质 3.2.4　设 $\boldsymbol{A}$ 与 $\boldsymbol{B}$ 相似，$\varphi(x)=a_0+a_1x+\cdots+a_mx^m$ 是一个多项式，那么 $\varphi(\boldsymbol{A})$ 和 $\varphi(\boldsymbol{B})$ 相似.

证　设 $\boldsymbol{A}\sim\boldsymbol{B}$，则存在可逆矩阵 $\boldsymbol{P}$，使得

$$\boldsymbol{P}^{-1}\boldsymbol{A}\boldsymbol{P}=\boldsymbol{B}$$

故

$$\boldsymbol{A}=\boldsymbol{P}\boldsymbol{B}\boldsymbol{P}^{-1},\qquad \boldsymbol{A}^k=\boldsymbol{P}\boldsymbol{B}^k\boldsymbol{P}^{-1}$$

$$\begin{aligned}\varphi(\boldsymbol{A})&=a_0\boldsymbol{E}+a_1\boldsymbol{A}+\cdots+a_m\boldsymbol{A}^m\\&=a_0\boldsymbol{E}+a_1\boldsymbol{P}\boldsymbol{B}\boldsymbol{P}^{-1}+\cdots+a_m\boldsymbol{P}\boldsymbol{B}^m\boldsymbol{P}^{-1}\\&=\boldsymbol{P}(a_0\boldsymbol{E})\boldsymbol{P}^{-1}+\boldsymbol{P}(a_1\boldsymbol{B})\boldsymbol{P}^{-1}+\cdots+\boldsymbol{P}(a_m\boldsymbol{B}^m)\boldsymbol{P}^{-1}\\&=\boldsymbol{P}(a_0\boldsymbol{E}+a_1\boldsymbol{B}+\cdots+a_m\boldsymbol{B}^m)\boldsymbol{P}^{-1}\\&=\boldsymbol{P}(\varphi(\boldsymbol{B}))\boldsymbol{P}^{-1}\end{aligned}$$

可见，$\varphi(\boldsymbol{A})$ 和 $\varphi(\boldsymbol{B})$ 相似，而且相似变换矩阵也是 $\boldsymbol{P}$.

特别地，当矩阵 $\boldsymbol{A}$ 与对角阵 $\boldsymbol{\Lambda}=\begin{pmatrix}\lambda_1&&&\\&\lambda_2&&\\&&\ddots&\\&&&\lambda_n\end{pmatrix}$ 相似时，则

$$\boldsymbol{A}^k=\boldsymbol{P}\boldsymbol{\Lambda}^k\boldsymbol{P}^{-1},\quad \varphi(\boldsymbol{A})=\boldsymbol{P}\varphi(\boldsymbol{\Lambda})\boldsymbol{P}^{-1}$$

而对于对角阵 $\boldsymbol{\Lambda}$，有

$$\boldsymbol{\Lambda}^k=\begin{pmatrix}\lambda_1^k&&&\\&\lambda_2^k&&\\&&\ddots&\\&&&\lambda_n^k\end{pmatrix},\qquad \varphi(\boldsymbol{\Lambda})=\begin{pmatrix}\varphi(\lambda_1)&&&\\&\varphi(\lambda_2)&&\\&&\ddots&\\&&&\varphi(\lambda_n)\end{pmatrix}$$

利用上述结论可以很方便地计算矩阵 $\boldsymbol{A}$ 的多项式 $\varphi(\boldsymbol{A})$.

我们可以得到以下结论：

若 $f_{\boldsymbol{A}}(\lambda)$ 为矩阵 $\boldsymbol{A}$ 的特征多项式，则矩阵 $\boldsymbol{A}$ 的多项式 $f_{\boldsymbol{A}}(\boldsymbol{A})=\boldsymbol{0}$.

此结论的一般性证明较困难，但当矩阵 $\boldsymbol{A}$ 与对角阵 $\boldsymbol{\Lambda}$ 相似时很容易证明. 即

$$f_A(A)=Pf_A(\Lambda)P^{-1}=P\begin{pmatrix} f_A(\lambda_1) & & & \\ & f_A(\lambda_2) & & \\ & & \ddots & \\ & & & f_A(\lambda_n) \end{pmatrix}P^{-1}=\mathbf{0}$$

例 3.2.1　设 $P=\begin{pmatrix} 1 & 2 \\ 1 & 4 \end{pmatrix}$，$\Lambda=\begin{pmatrix} 1 & 0 \\ 0 & 2 \end{pmatrix}$，且 $AP=P\Lambda$，求 A^n.

解　因 $|P|=2\neq 0$，$P^{-1}=\dfrac{1}{2}\begin{pmatrix} 4 & -2 \\ -1 & 1 \end{pmatrix}$. 由 $AP=P\Lambda$，可得 $P^{-1}AP=\Lambda$，即 A 与 Λ 相似，由性质 3.2.4 知，A^n 和 Λ^n 相似，可得 $P^{-1}A^nP=\Lambda^n$，$A^n=P\Lambda^nP^{-1}$. 而

$$\Lambda=\begin{pmatrix} 1 & 0 \\ 0 & 2 \end{pmatrix},\quad \Lambda^2=\begin{pmatrix} 1 & 0 \\ 0 & 2 \end{pmatrix}\begin{pmatrix} 1 & 0 \\ 0 & 2 \end{pmatrix}=\begin{pmatrix} 1 & 0 \\ 0 & 2^2 \end{pmatrix},\quad \cdots,\ \Lambda^n=\begin{pmatrix} 1 & 0 \\ 0 & 2^n \end{pmatrix}$$

故

$$A^n=P\Lambda^nP^{-1}=\begin{pmatrix} 1 & 2 \\ 1 & 4 \end{pmatrix}\begin{pmatrix} 1 & 0 \\ 0 & 2^n \end{pmatrix}\frac{1}{2}\begin{pmatrix} 4 & -2 \\ -1 & 1 \end{pmatrix}=\begin{pmatrix} 2-2^n & 2^n-1 \\ 2-2^{n+1} & 2^{n+1}-1 \end{pmatrix}$$

定理 3.2.1　若 n 阶矩阵 A 与对角矩阵 $\Lambda=\begin{pmatrix} \lambda_1 & & & \\ & \lambda_2 & & \\ & & \ddots & \\ & & & \lambda_n \end{pmatrix}$ 相似，则 $\lambda_1,\lambda_2,\cdots,\lambda_n$ 是 A 的 n 个特征值.

证　因为 $A\sim\Lambda$，由性质 3.2.2, A 和 Λ 的特征值相同. 又

$$|\Lambda-\lambda E|=(\lambda_1-\lambda)(\lambda_2-\lambda)\cdots(\lambda_n-\lambda)$$

所以 $\lambda_1,\lambda_2,\cdots,\lambda_n$ 是 Λ 的 n 个特征值，也就是 A 的 n 个特征值.

定义 3.2.2　设 A 为 n 阶矩阵，若 A 和对角矩阵 Λ 相似，即存在可逆矩阵 P，使得 $P^{-1}AP=\Lambda$，则称矩阵 A 可对角化.

定理 3.2.2　n 阶矩阵 A 与对角矩阵相似(即 A 能对角化)的充分必要条件是 A 有 n 个线性无关的特征向量.

证　先证必要性. 假设存在可逆阵 P，使 $P^{-1}AP=\Lambda$ 为对角阵，把 P 用其列向量表示为 $P=(p_1,p_2,\cdots,p_n)$.

由 $P^{-1}AP=\Lambda$，得 $AP=P\Lambda$，即

$$A(p_1,p_2,\cdots,p_n)=(p_1,p_2,\cdots,p_n)\begin{pmatrix} \lambda_1 & & & \\ & \lambda_2 & & \\ & & \ddots & \\ & & & \lambda_n \end{pmatrix}$$

$$=(\lambda_1p_1,\lambda_2p_2,\cdots,\lambda_np_n)$$

因而有 $Ap_i=\lambda_ip_i\ (i=1,2,\cdots,n)$.

再由 $\boldsymbol{P}$ 的可逆性知，$\boldsymbol{p}_1,\boldsymbol{p}_2,\cdots,\boldsymbol{p}_n$ 线性无关.

再证充分性. 由于 $\boldsymbol{A}$ 有 n 个线性无关的特征向量 $\boldsymbol{p}_1,\boldsymbol{p}_2,\cdots,\boldsymbol{p}_n$，设它们对应的特征值分别为 $\lambda_1,\lambda_2,\cdots,\lambda_n$，

$$\boldsymbol{A}\boldsymbol{p}_i=\lambda_i\boldsymbol{p}_i\quad(i=1,2,\cdots,n)$$

这 n 个特征向量即可构成可逆矩阵 $\boldsymbol{P}=(\boldsymbol{p}_1,\boldsymbol{p}_2,\cdots,\boldsymbol{p}_n)$，使

$$\begin{aligned}\boldsymbol{AP}=\boldsymbol{A}(\boldsymbol{p}_1,\boldsymbol{p}_2,\cdots,\boldsymbol{p}_n)&=(\lambda_1\boldsymbol{p}_1,\lambda_2\boldsymbol{p}_2,\cdots,\lambda_n\boldsymbol{p}_n)\\&=(\boldsymbol{p}_1,\boldsymbol{p}_2,\cdots,\boldsymbol{p}_n)\begin{pmatrix}\lambda_1&&&\\&\lambda_2&&\\&&\ddots&\\&&&\lambda_n\end{pmatrix}=\boldsymbol{P\Lambda}\end{aligned}$$

所以 $\boldsymbol{P}^{-1}\boldsymbol{AP}=\boldsymbol{\Lambda}$，即矩阵 $\boldsymbol{A}$ 与对角矩阵 $\boldsymbol{\Lambda}$ 相似.

推论 3.2.1　若 n 阶矩阵 $\boldsymbol{A}$ 有 n 个互不相等的特征值, 则 $\boldsymbol{A}$ 与对角阵相似.

证　由定理 3.1.2, n 个互不相等的特征值对应的 n 个特征向量线性无关, 再由定理 3.2.2 就可以得到结论.

如果 $\boldsymbol{A}$ 的特征方程有重根, 此时不一定有 n 个线性无关的特征向量, 从而矩阵 $\boldsymbol{A}$ 不一定能对角化. 但是如果能找到 n 个线性无关的特征向量, 则 $\boldsymbol{A}$ 还是能对角化.

由定理 3.1.2 和定理 3.1.3 不难得到下列定理:

定理 3.2.3　设 $\lambda_1,\lambda_2,\cdots,\lambda_m$ 是 n 阶矩阵 $\boldsymbol{A}$ 的互异特征值，$\boldsymbol{\xi}_{i1},\boldsymbol{\xi}_{i2},\cdots,\boldsymbol{\xi}_{ir_i}$ 是对应于 $\lambda_i\ (i=1,2,\cdots,m)$ 的线性无关的特征向量, 那么 $\boldsymbol{\xi}_{11},\boldsymbol{\xi}_{12},\cdots,\boldsymbol{\xi}_{1r_1},\cdots,\boldsymbol{\xi}_{m1},\boldsymbol{\xi}_{m2},\cdots,\boldsymbol{\xi}_{mr_m}$ 也线性无关.

定理 3.2.4　n 阶矩阵 $\boldsymbol{A}$ 与对角矩阵相似(即 $\boldsymbol{A}$ 能对角化)的充分必要条件是对于 $\boldsymbol{A}$ 的每一个 k_i 重特征值 λ_i，齐次线性方程组 $(\boldsymbol{A}-\lambda_i\boldsymbol{E})\boldsymbol{x}=\boldsymbol{0}$ 的基础解系由 k_i 个解向量构成.

证　先证充分性. 设 $\lambda_1,\lambda_2,\cdots,\lambda_m$ 是 n 阶矩阵 $\boldsymbol{A}$ 的全部互异特征值，λ_i 是 $\boldsymbol{A}$ 的 k_i 重特征值 $(k_i\geqslant 1)$，则 $k_1+k_2+\cdots+k_m=n$. 若对每一个特征值 $\lambda_i\ (i=1,2,\cdots,m)$，$(\boldsymbol{A}-\lambda_i\boldsymbol{E})\boldsymbol{x}=\boldsymbol{0}$ 的基础解系由 k_i 个解向量组成, 即 λ_i 恰好有 k_i 个线性无关的特征向量, 由定理 3.2.3 可知, $\boldsymbol{A}$ 有 n 个线性无关的特征向量. 这时, $\boldsymbol{A}$ 一定能对角化.

再证必要性. 如果 $\boldsymbol{A}$ 能对角化, 那么 $\boldsymbol{A}$ 与对角阵 $\boldsymbol{\Lambda}=\mathrm{diag}(\lambda_1,\cdots,\lambda_n)$ ($\lambda_1,\cdots,\lambda_n$ 是 $\boldsymbol{A}$ 的 n 个特征值，$\lambda_{m+1},\cdots,\lambda_n$ 在 $\lambda_1,\cdots,\lambda_m$ 中取值) 相似，从而 $\boldsymbol{A}-\lambda_i\boldsymbol{E}$ 与 $\boldsymbol{\Lambda}-\lambda_i\boldsymbol{E}=\mathrm{diag}(\lambda_1-\lambda_i,\cdots,\lambda_n-\lambda_i)$ 相似. 当 λ_i 是 $\boldsymbol{A}$ 的 k_i 重特征根时，$\lambda_1,\lambda_2,\cdots,\lambda_n$ 这 n 个特征值中有 k_i 个等于 λ_i，有 $n-k_i$ 个不等于 λ_i，从而对角阵 $\boldsymbol{\Lambda}-\lambda_i\boldsymbol{E}$ 的对角元恰好有 k_i 个等于 0, 于是 $R(\boldsymbol{\Lambda}-\lambda_i\boldsymbol{E})=n-k_i$. 而 $R(\boldsymbol{A}-\lambda_i\boldsymbol{E})=R(\boldsymbol{\Lambda}-\lambda_i\boldsymbol{E})$，所以 $R(\boldsymbol{A}-\lambda_i\boldsymbol{E})=n-k_i$，所以齐次线性方程组 $(\boldsymbol{A}-\lambda_i\boldsymbol{E})\boldsymbol{x}=\boldsymbol{0}$ 的基础解系由 k_i 个解向量构成.

由定理 3.2.2 的证明过程可知, 如果 n 阶矩阵可以对角化, 那么对角化的步骤为:

① 求特征方程 $|\boldsymbol{A}-\lambda\boldsymbol{E}|=0$ 的不同特征值 $\lambda_1,\lambda_2,\cdots,\lambda_m$；

② 对于特征值 $\lambda_i(1\leqslant i\leqslant m)$，求 $(\boldsymbol{A}-\lambda_i\boldsymbol{E})\boldsymbol{x}=\boldsymbol{0}$ 的一个基础解系 $\boldsymbol{p}_{i1},\boldsymbol{p}_{i2},\cdots,\boldsymbol{p}_{ik_i}$；

③ 令 $\boldsymbol{P}=(\boldsymbol{p}_{11},\boldsymbol{p}_{12},\cdots,\boldsymbol{p}_{1k_1},\cdots,\boldsymbol{p}_{m1},\boldsymbol{p}_{m2},\cdots,\boldsymbol{p}_{mk_m})$，就是所求的相似变换矩阵，即有

$P^{-1}AP=\Lambda$, 对角矩阵 Λ 的主对角线由 A 的不同特征值 $\lambda_1,\lambda_2,\cdots,\lambda_m$ 构成(特征值出现的次数和重数相等), 而且 P 的列向量和对角矩阵中特征值的位置要相互对应.

例 3.2.2 判断下列实矩阵能否化为对角阵:

(1) $A=\begin{pmatrix}1&-2&2\\-2&-2&4\\2&4&-2\end{pmatrix}$;　　(2) $B=\begin{pmatrix}2&-1&2\\5&-3&3\\-1&0&-2\end{pmatrix}$.

解 (1)
$$|A-\lambda E|=\begin{vmatrix}1-\lambda&-2&2\\-2&-2-\lambda&4\\2&4&-2-\lambda\end{vmatrix}=(\lambda-2)^2(\lambda+7)=0$$

得 A 的特征值为 $\lambda_1=\lambda_2=2,\lambda_3=-7$.

将 $\lambda_1=\lambda_2=2$ 代入 $(A-\lambda E)x=0$, 得

$$\begin{cases}-x_1-2x_2+2x_3=0\\-2x_1-4x_2+4x_3=0\\2x_1+4x_2-4x_3=0\end{cases}$$

解之得基础解系

$$p_1=\begin{pmatrix}2\\0\\1\end{pmatrix},\qquad p_2=\begin{pmatrix}-2\\1\\0\end{pmatrix}$$

将 $\lambda_3=-7$ 代入 $(A-\lambda E)x=0$, 得

$$\begin{cases}8x_1-2x_2+2x_3=0\\-2x_1+5x_2+4x_3=0\\2x_1+4x_2+5x_3=0\end{cases}$$

解之得基础解系

$$p_3=\begin{pmatrix}-\frac{1}{2}\\-1\\1\end{pmatrix}$$

A 有 3 个线性无关的特征向量, 因而 A 可对角化.

(2)

$$|B-\lambda E|=\begin{vmatrix}2-\lambda&-1&2\\5&-3-\lambda&3\\-1&0&-2-\lambda\end{vmatrix}=(\lambda+1)^3=0$$

得 B 的特征值: $\lambda_1=\lambda_2=\lambda_3=-1$.

将 $\lambda_1=\lambda_2=\lambda_3=-1$ 代入 $(\boldsymbol{B}-\lambda\boldsymbol{E})\boldsymbol{x}=\boldsymbol{0}$，得

$$\begin{cases} 3x_1 - x_2 + 2x_3 = 0 \\ 5x_1 - 2x_2 + 3x_3 = 0 \\ -1x_1 \qquad - x_3 = 0 \end{cases}$$

解之得基础解系

$$\boldsymbol{p}=\begin{pmatrix}-1\\-1\\1\end{pmatrix}$$

$\boldsymbol{B}$ 只有 1 个线性无关的特征向量，因而 $\boldsymbol{B}$ 不能对角化.

例 3.2.3　设 $\boldsymbol{A}=\begin{pmatrix}4&6&0\\-3&-5&0\\-3&-6&1\end{pmatrix}$，$\boldsymbol{A}$ 能否对角化？若能对角化，求出可逆矩阵 $\boldsymbol{P}$，使 $\boldsymbol{P}^{-1}\boldsymbol{A}\boldsymbol{P}=\boldsymbol{\Lambda}$ 为对角阵.

解

$$|\boldsymbol{A}-\lambda\boldsymbol{E}|=\begin{vmatrix}4-\lambda&6&0\\-3&-5-\lambda&0\\-3&-6&1-\lambda\end{vmatrix}=-(\lambda-1)^2(\lambda+2)=0$$

得 $\boldsymbol{A}$ 的特征值为 $\lambda_1=\lambda_2=1,\lambda_3=-2$.

将 $\lambda_1=\lambda_2=1$ 代入 $(\boldsymbol{A}-\lambda\boldsymbol{E})\boldsymbol{x}=\boldsymbol{0}$，得

$$\begin{cases} 3x_1+6x_2=0 \\ -3x_1-6x_2=0 \\ -3x_1-6x_2=0 \end{cases}$$

解之得基础解系

$$\boldsymbol{p}_1=\begin{pmatrix}-2\\1\\0\end{pmatrix},\qquad \boldsymbol{p}_2=\begin{pmatrix}0\\0\\1\end{pmatrix}$$

将 $\lambda_3=-2$ 代入 $(\boldsymbol{A}-\lambda\boldsymbol{E})\boldsymbol{x}=\boldsymbol{0}$，得

$$\begin{cases} 6x_1+6x_2 \qquad =0 \\ -3x_1-3x_2 \qquad =0 \\ -3x_1-6x_2+3x_3=0 \end{cases}$$

解之得基础解系

$$\boldsymbol{p}_3=\begin{pmatrix}-1\\1\\1\end{pmatrix}$$

令

$$P=(p_1,p_2,p_3)=\begin{pmatrix}-2&0&-1\\1&0&1\\0&1&1\end{pmatrix}$$

则有 $P^{-1}AP=\begin{pmatrix}1&0&0\\0&1&0\\0&0&-2\end{pmatrix}$

值得注意的是, 可逆矩阵 P 不唯一, 而且矩阵 P 的列向量和对角矩阵中特征值的位置要相互对应. 若令

$$P=(p_3,p_1,p_2)=\begin{pmatrix}-1&-2&0\\1&1&0\\1&0&1\end{pmatrix}$$

则有 $P^{-1}AP=\begin{pmatrix}-2&0&0\\0&1&0\\0&0&1\end{pmatrix}$.

例 3.2.4　设 $A=\begin{pmatrix}0&0&1\\1&1&x\\1&0&0\end{pmatrix}$, 试问 x 为何值时, 矩阵 A 能对角化?

解

$$|A-\lambda E|=\begin{vmatrix}-\lambda&0&1\\1&1-\lambda&x\\1&0&-\lambda\end{vmatrix}=(1-\lambda)\begin{vmatrix}-\lambda&1\\1&-\lambda\end{vmatrix}$$
$$=-(\lambda-1)^2(\lambda+1)$$

得 $\lambda_1=-1,\lambda_2=\lambda_3=1$.

对于单根 $\lambda_1=-1$, 可求得线性无关的特征向量恰好 1 个, 故矩阵 A 可对角化的充分必要条件是对应重根 $\lambda_2=\lambda_3=1$ 有 2 个线性无关的特征向量, 即方程 $(A-E)x=\mathbf{0}$ 有 2 个线性无关的解, 亦即系数矩阵 $A-E$ 的秩 $R(A-E)=1$.

由 $A-E=\begin{pmatrix}-1&0&1\\1&0&x\\1&0&-1\end{pmatrix}\to\begin{pmatrix}1&0&-1\\0&0&x+1\\0&0&0\end{pmatrix}$, 要 $R(A-E)=1$, 得 $x+1=0$, 即 $x=-1$.

3.3　实对称矩阵的对角化

一般地, n 阶矩阵 A 的特征值未必是实数, 也未必能对角化. 在 3.2 节中所讨论的一般

n 阶矩阵的对角化的结论, 对于实对称矩阵是成立的. 但是实对称矩阵对角化有其自身的特殊性, 实对称矩阵的一个重要特性是它的特征值都是实数, 而且实对称矩阵一定能对角化. 为此, 先来看实对称矩阵的特征值和特征向量.

定理 3.3.1 实对称矩阵的特征值是实数.

证 设 λ 是实对称矩阵 $\boldsymbol{A}$ 的任一特征值, 非零向量 $\boldsymbol{x}$ 为对应的特征向量, 即

$$\boldsymbol{Ax}=\lambda\boldsymbol{x}$$

要证 λ 是实数, 只需要证明 $\overline{\lambda}=\lambda$. 在 $\boldsymbol{Ax}=\lambda\boldsymbol{x}$ 两端取共轭, 得

$$\overline{\boldsymbol{Ax}}=\overline{\lambda\boldsymbol{x}}$$

由共轭矩阵的性质, 有 $\overline{\boldsymbol{A}}\overline{\boldsymbol{x}}=\overline{\lambda}\overline{\boldsymbol{x}}$. 因为 $\boldsymbol{A}$ 是实对称矩阵, 所以

$$\overline{\boldsymbol{A}}=\boldsymbol{A}, \quad \boldsymbol{A}^{\mathrm{T}}=\boldsymbol{A}$$

于是有

$$\boldsymbol{A}^{\mathrm{T}}\overline{\boldsymbol{x}}=\overline{\lambda}\overline{\boldsymbol{x}}$$

将上式两端取转置, 得

$$\overline{\boldsymbol{x}}^{\mathrm{T}}\boldsymbol{A}=\overline{\lambda}\overline{\boldsymbol{x}}^{\mathrm{T}}$$

用 $\boldsymbol{x}$ 右乘上式两端, 得

$$\overline{\boldsymbol{x}}^{\mathrm{T}}\boldsymbol{Ax}=\overline{\lambda}\overline{\boldsymbol{x}}^{\mathrm{T}}\boldsymbol{x}, \quad \lambda\overline{\boldsymbol{x}}^{\mathrm{T}}\boldsymbol{x}=\overline{\lambda}\overline{\boldsymbol{x}}^{\mathrm{T}}\boldsymbol{x}$$

上式移项整理得, $(\lambda-\overline{\lambda})\overline{\boldsymbol{x}}^{\mathrm{T}}\boldsymbol{x}=0$. 因为 $\boldsymbol{x}\neq\boldsymbol{0}$, 所以

$$\overline{\boldsymbol{x}}^{\mathrm{T}}\boldsymbol{x}=\left(\overline{x_1}, \ \overline{x_2}, \ \cdots, \ \overline{x_n}\right)\begin{pmatrix} x_1 \\ x_2 \\ \vdots \\ x_n \end{pmatrix}=\sum_{i=1}^{n}\overline{x_i}x_i=\sum_{i=1}^{n}|x_i|^2\neq 0$$

故

$$\overline{\lambda}-\lambda=0$$

即 $\overline{\lambda}=\lambda$, 这说明 λ 为实数.

定理 3.3.2 设 λ_1 和 λ_2 为实对称矩阵 $\boldsymbol{A}$ 的两个不同的特征值, $\boldsymbol{p}_1$ 和 $\boldsymbol{p}_2$ 分别是对应的特征向量, 那么 $\boldsymbol{p}_1$ 和 $\boldsymbol{p}_2$ 正交.

证 $\boldsymbol{Ap}_1=\lambda_1\boldsymbol{p}_1, \boldsymbol{Ap}_2=\lambda_2\boldsymbol{p}_2, \lambda_1\neq\lambda_2$. $\boldsymbol{A}$ 是对称矩阵, 所以 $\boldsymbol{A}^{\mathrm{T}}=\boldsymbol{A}$. 于是有

$$[\boldsymbol{Ap}_1, \boldsymbol{p}_2]=[\lambda_1\boldsymbol{p}_1, \boldsymbol{p}_2]=\lambda_1[\boldsymbol{p}_1, \boldsymbol{p}_2] \tag{3.3.1}$$

$$[\boldsymbol{Ap}_1, \boldsymbol{p}_2]=(\boldsymbol{Ap}_1)^{\mathrm{T}}\boldsymbol{p}_2=\boldsymbol{p}_1^{\mathrm{T}}\boldsymbol{A}^{\mathrm{T}}\boldsymbol{p}_2=\boldsymbol{p}_1^{\mathrm{T}}\boldsymbol{Ap}_2=[\boldsymbol{p}_1, \boldsymbol{Ap}_2]=\lambda_2[\boldsymbol{p}_1, \boldsymbol{p}_2] \tag{3.3.2}$$

再式(3.3.1)减去式(3.3.2), 得

$$(\lambda_1-\lambda_2)[\boldsymbol{p}_1,\boldsymbol{p}_2]=0$$

但是$\lambda_1\neq\lambda_2$，故$[\boldsymbol{p}_1,\boldsymbol{p}_2]=0$，即$\boldsymbol{p}_1$和$\boldsymbol{p}_2$正交.

定理 3.3.3　设$\boldsymbol{A}$为n阶实对称矩阵，则必有正交矩阵$\boldsymbol{P}$，使$\boldsymbol{P}^{-1}\boldsymbol{AP}=\boldsymbol{\Lambda}$，其中$\boldsymbol{\Lambda}$是以$\boldsymbol{A}$的$n$个特征值为对角元素的对角矩阵.

证明从略.

由定理 3.2.4 和定理 3.3.3 可得下列推论.

推论 3.3.1　设$\boldsymbol{A}$为n阶实对称矩阵，λ是$\boldsymbol{A}$的特征方程的k重根，则矩阵$\boldsymbol{A}-\lambda\boldsymbol{E}$的秩$R(\boldsymbol{A}-\lambda\boldsymbol{E})=n-k$，从而对应$k$重特征值$\lambda$恰有$k$个线性无关的特征向量.

依据定理 3.3.3 及其推论 3.3.1，实对称矩阵对角化的步骤为:

① 求特征方程$|\boldsymbol{A}-\lambda\boldsymbol{E}|=0$的不同特征值$\lambda_1,\lambda_2,\cdots,\lambda_m$，它们的重数分别是

$$k_1,k_2,\cdots,k_m(k_1+k_2+\cdots+k_m=n)$$

② 对于特征值λ_i，求$(\boldsymbol{A}-\lambda_i\boldsymbol{E})\boldsymbol{x}=\boldsymbol{0}$的一个基础解系$\boldsymbol{\xi}_{i1},\boldsymbol{\xi}_{i2},\cdots,\boldsymbol{\xi}_{ik_i}$，得到$k_i$个线性无关的特征向量. 再将它们正交化、单位化，得到k_i个两两正交的单位特征向量$\boldsymbol{p}_{i1},\boldsymbol{p}_{i2},\cdots,\boldsymbol{p}_{ik_i}$. 因为$k_1+k_2+\cdots+k_m=n$，故总共可得$n$个两两正交的单位特征向量;

③ 令

$$\boldsymbol{P}=(\boldsymbol{p}_{11},\boldsymbol{p}_{12},\cdots,\boldsymbol{p}_{1k_1},\cdots,\boldsymbol{p}_{m1},\boldsymbol{p}_{m2},\cdots,\boldsymbol{p}_{mk_m})$$

就是所求的正交矩阵，即有$\boldsymbol{P}^{-1}\boldsymbol{AP}=\boldsymbol{\Lambda}$，对角矩阵$\boldsymbol{\Lambda}$的主对角线由$\boldsymbol{A}$的不同特征值$\lambda_1,\lambda_2,\cdots,\lambda_m$构成(特征值出现的次数和重数相等)，而且$\boldsymbol{P}$的列向量和对角矩阵中特征值的位置要相互对应.

例 3.3.1　设$\boldsymbol{A}=\begin{pmatrix}2&-2&0\\-2&1&-2\\0&-2&0\end{pmatrix}$，求一个正交矩阵$\boldsymbol{P}$，使$\boldsymbol{P}^{-1}\boldsymbol{AP}=\boldsymbol{\Lambda}$为对角阵.

解　第一步，求$\boldsymbol{A}$的特征值.

$$|\boldsymbol{A}-\lambda\boldsymbol{E}|=\begin{vmatrix}2-\lambda&-2&0\\-2&1-\lambda&-2\\0&-2&-\lambda\end{vmatrix}=(4-\lambda)(\lambda-1)(\lambda+2)=0$$

得$\lambda_1=4,\lambda_2=1,\lambda_3=-2$.

第二步，由$(\boldsymbol{A}-\lambda_i\boldsymbol{E})\boldsymbol{x}=\boldsymbol{0}$，求$\boldsymbol{A}$的特征向量.

将$\lambda_1=4$代入$(\boldsymbol{A}-\lambda\boldsymbol{E})\boldsymbol{x}=\boldsymbol{0}$，得

$$\begin{cases}-2x_1-2x_2=0\\-2x_1-3x_2-2x_3=0\\-2x_2-4x_3=0\end{cases}$$

解之得基础解系为

$$\boldsymbol{\xi}_1=\begin{pmatrix}2\\-2\\1\end{pmatrix}$$

将$\lambda_2=1$代入$(\boldsymbol{A}-\lambda\boldsymbol{E})\boldsymbol{x}=\boldsymbol{0}$，得

$$\begin{cases}x_1-2x_2 \qquad =0\\-2x_1 \qquad -2x_3=0\\ \qquad -2x_2-x_3=0\end{cases}$$

解之得基础解系为

$$\boldsymbol{\xi}_2=\begin{pmatrix}-1\\-\dfrac{1}{2}\\1\end{pmatrix}$$

将$\lambda_3=-2$代入$(\boldsymbol{A}-\lambda\boldsymbol{E})\boldsymbol{x}=\boldsymbol{0}$，得

$$\begin{cases}4x_1-2x_2 \qquad =0\\-2x_1+3x_2-2x_3=0\\ \qquad -2x_2+2x_3=0\end{cases}$$

解之得基础解系为

$$\boldsymbol{\xi}_3=\begin{pmatrix}\dfrac{1}{2}\\1\\1\end{pmatrix}$$

第三步，将特征向量正交化.

因$\boldsymbol{\xi}_1$，$\boldsymbol{\xi}_2$，$\boldsymbol{\xi}_3$是属于$\boldsymbol{A}$的3个不同特征值λ_1，λ_2，λ_3的特征向量，故它们必两两正交.

第四步，将所有特征向量单位化.

令$\boldsymbol{p}_i=\dfrac{\boldsymbol{\xi}_i}{\|\boldsymbol{\xi}_i\|}$ $(i=1,2,3)$，得

$$\boldsymbol{p}_1=\frac{1}{3}\begin{pmatrix}2\\-2\\1\end{pmatrix},\quad \boldsymbol{p}_2=\frac{2}{3}\begin{pmatrix}-1\\-\dfrac{1}{2}\\1\end{pmatrix},\quad \boldsymbol{p}_3=\frac{2}{3}\begin{pmatrix}\dfrac{1}{2}\\1\\1\end{pmatrix}$$

将$\boldsymbol{p}_1$，$\boldsymbol{p}_2$，$\boldsymbol{p}_3$构成正交矩阵$\boldsymbol{P}=(\boldsymbol{p}_1,\boldsymbol{p}_2,\boldsymbol{p}_3)=\dfrac{1}{3}\begin{pmatrix}2&-2&1\\-2&-1&2\\1&2&2\end{pmatrix}$，有

$$P^{-1}AP=\begin{pmatrix}4&0&0\\0&1&0\\0&0&-2\end{pmatrix}$$

例 3.3.2　设 $A=\begin{pmatrix}4&0&0\\0&3&1\\0&1&3\end{pmatrix}$,求一个正交矩阵 P, 使 $P^{-1}AP=\Lambda$ 为对角阵.

解　第一步, 求 A 的特征值.

$$|A-\lambda E|=\begin{vmatrix}4-\lambda&0&0\\0&3-\lambda&1\\0&1&3-\lambda\end{vmatrix}=(2-\lambda)(4-\lambda)^2=0$$

得 $\lambda_1=2,\lambda_2=\lambda_3=4$.

第二步, 由 $(A-\lambda E)x=0$, 求 A 的特征向量.

将 $\lambda_1=2$ 代入 $(A-\lambda E)x=0$, 得

$$\begin{cases}2x_1 \qquad\qquad =0\\ \qquad x_2+x_3=0\\ \qquad x_2+x_3=0\end{cases}$$

解之得基础解系为 $\xi_1=\begin{pmatrix}0\\-1\\1\end{pmatrix}$.

将 $\lambda_2=\lambda_3=4$ 代入 $(A-\lambda E)x=0$, 得

$$\begin{cases}0=0\\-x_2+x_3=0\\x_2-x_3=0\end{cases}$$

解之得基础解系为 $\xi_2=\begin{pmatrix}1\\0\\0\end{pmatrix}$, $\xi_3=\begin{pmatrix}0\\1\\1\end{pmatrix}$.

第三步, 将特征向量正交化. 因 ξ_2, ξ_3 恰好正交, 故 ξ_1, ξ_2, ξ_3 两两正交.

第四步, 将所有特征向量单位化.

令 $p_i=\dfrac{\xi_i}{\|\xi_i\|}$ $(i=1,2,3)$, 得

$$p_1=\frac{1}{\sqrt{2}}\begin{pmatrix}0\\-1\\1\end{pmatrix},\quad p_2=\begin{pmatrix}1\\0\\0\end{pmatrix},\quad p_3=\frac{1}{\sqrt{2}}\begin{pmatrix}0\\1\\1\end{pmatrix}$$

将 $\boldsymbol{p}_1$， $\boldsymbol{p}_2$， $\boldsymbol{p}_3$ 构成正交矩阵

$$\boldsymbol{P}=(\boldsymbol{p}_1,\boldsymbol{p}_2,\boldsymbol{p}_3)=\frac{1}{\sqrt{2}}\begin{pmatrix}0&\sqrt{2}&0\\-1&0&1\\1&0&1\end{pmatrix}$$

3.4 应 用 举 例

3.4.1 人口迁徙模型

例 3.4.1 随着城镇化进程，每年有大量的农村居民流入城市，同时又有部分城市居民流入农村. 假设某国的总人口数是固定的，而且人口迁徙规律也是不变的. 每年有比例为 $p(p\neq 0,1)$ 的农村居民流入城市，同时有比例为 $q(q\neq 0,1)$ 的城市居民流入农村. 假设开始时农村人口占总人口比例为 10%，城市人口占总人口比例为 90%，建立人口迁徙模型并求出 10 年后农村人口和城市人口占总人口的比例.

解 设 n 年后农村人口和城市人口占总人口的比例分别为 x_n 和 y_n，建立如下人口迁徙模型

$$\begin{cases}x_{n+1}=(1-p)x_n+qy_n\\y_{n+1}=px_n+(1-q)y_n\\x_0=10\%,y_0=90\%\end{cases}$$

上述人口迁徙模型用矩阵表示为

$$\begin{pmatrix}x_{n+1}\\y_{n+1}\end{pmatrix}=\boldsymbol{A}\begin{pmatrix}x_n\\y_n\end{pmatrix}$$

其中

$$\boldsymbol{A}=\begin{pmatrix}1-p&q\\p&1-q\end{pmatrix}$$

人口迁徙模型本质上是一个递推关系式，递推得

$$\begin{pmatrix}x_{n+1}\\y_{n+1}\end{pmatrix}=\boldsymbol{A}\begin{pmatrix}x_n\\y_n\end{pmatrix}=\boldsymbol{AA}\begin{pmatrix}x_{n-1}\\y_{n-1}\end{pmatrix}=\cdots=\boldsymbol{A}^n\begin{pmatrix}x_0\\y_0\end{pmatrix}$$

那么可以将原问题归结成已知矩阵 $\boldsymbol{A}$ 求 $\boldsymbol{A}$ 的 n 次幂 $\boldsymbol{A}^n$ 的问题，如果矩阵 $\boldsymbol{A}$ 可以对角化，求 $\boldsymbol{A}^n$ 将非常简单.

先求矩阵 $\boldsymbol{A}$ 的特征值，矩阵 $\boldsymbol{A}$ 的特征值分别为 $\lambda_1=1,\lambda_2=1-p-q$，显然 $\lambda_1\neq\lambda_2$，所以矩阵 $\boldsymbol{A}$ 可以对角化. 再求特征值 λ_1 和 λ_2 对应的特征向量分别为

$$\boldsymbol{\xi}_1=\begin{pmatrix} q \\ p \end{pmatrix},\quad \boldsymbol{\xi}_2=\begin{pmatrix} -1 \\ 1 \end{pmatrix}$$

令

$$\boldsymbol{P}=\begin{pmatrix} q & -1 \\ p & 1 \end{pmatrix}$$

则有 $\boldsymbol{P}^{-1}\boldsymbol{AP}=\boldsymbol{\Lambda}$, 这里 $\boldsymbol{\Lambda}=\begin{pmatrix} 1 & 0 \\ 0 & 1-p-q \end{pmatrix}$, 那么 $\boldsymbol{A}=\boldsymbol{P\Lambda P}^{-1}$. 因此

$$\begin{pmatrix} x_{n+1} \\ y_{n+1} \end{pmatrix}=\boldsymbol{A}^n\begin{pmatrix} x_0 \\ y_0 \end{pmatrix}=(\boldsymbol{P\Lambda P}^{-1})^n\begin{pmatrix} x_0 \\ y_0 \end{pmatrix}$$

$$=\boldsymbol{P\Lambda}^n\boldsymbol{P}^{-1}\begin{pmatrix} x_0 \\ y_0 \end{pmatrix}=\begin{pmatrix} \dfrac{2q-(q-p)(1-p-q)^n}{2(p+q)} \\ \dfrac{2p+(q-p)(1-p-q)^n}{2(p+q)} \end{pmatrix}\begin{pmatrix} x_0 \\ y_0 \end{pmatrix}$$

其中: $\begin{pmatrix} x_0 \\ y_0 \end{pmatrix}=\begin{pmatrix} 10\% \\ 90\% \end{pmatrix}$.

3.4.2　线性微分方程组

特征值可以用于线性微分方程组的求解, 下面讨论求解一阶常系数齐次线性方程组. 一阶常系数齐次线性方程组

$$\begin{cases} y_1'=a_{11}y_1+a_{12}y_2+\cdots+a_{1n}y_n \\ y_2'=a_{21}y_1+a_{22}y_2+\cdots+a_{2n}y_n \\ \qquad\cdots\cdots \\ y_n'=a_{n1}y_1+a_{n2}y_2+\cdots+a_{nn}y_n \end{cases}$$

其中: $a_{ij}\ (i=1,\cdots,n;j=1,\cdots,n)$ 为常数; $y_i(t)\ (i=1,\cdots,n)$ 为 $C^1[a,b]$ 中的函数.

令

$$\boldsymbol{y}=\begin{pmatrix} y_1 \\ y_2 \\ \vdots \\ y_n \end{pmatrix},\quad \boldsymbol{y}'=\begin{pmatrix} y_1' \\ y_2' \\ \vdots \\ y_n' \end{pmatrix},\quad \boldsymbol{A}=\begin{pmatrix} a_{11}\cdots a_{1n} \\ \vdots \quad \vdots \\ a_{m1}\cdots a_{mn} \end{pmatrix}$$

那么线性方程组可以写成

$$\boldsymbol{y}'=\boldsymbol{Ay}$$

当 $n=1$ 时, 方程组简化成

$$y' = ay$$

它的通解为 $y(x) = c\mathrm{e}^{ax}$ (c为任意常数). 可以将 $n=1$ 的解推广到 $n>1$, 令原来方程组的解为

$$\boldsymbol{y} = \begin{pmatrix} x_1\mathrm{e}^{\lambda t} \\ x_2\mathrm{e}^{\lambda t} \\ \vdots \\ x_n\mathrm{e}^{\lambda t} \end{pmatrix} = \mathrm{e}^{\lambda t}\boldsymbol{x}$$

其中

$$\boldsymbol{x} = \begin{pmatrix} x_1 \\ x_2 \\ \vdots \\ x_n \end{pmatrix}$$

如果选择 λ 是 $\boldsymbol{A}$ 的特征值, $\boldsymbol{x}$ 为对应于特征值 λ 的特征向量, 那么

$$\boldsymbol{y}' = \lambda\mathrm{e}^{\lambda t}\boldsymbol{x} = \lambda\boldsymbol{y}$$

$$\boldsymbol{A}\boldsymbol{y} = \mathrm{e}^{\lambda t}\boldsymbol{A}\boldsymbol{x} = \mathrm{e}^{\lambda t}\lambda\boldsymbol{x} = \lambda\mathrm{e}^{\lambda t}\boldsymbol{x} = \lambda\boldsymbol{y}$$

所以 $\boldsymbol{y}' = \boldsymbol{A}\boldsymbol{y}$, 即 $\boldsymbol{y}$ 是方程组的一个解. 因此, λ 是 $\boldsymbol{A}$ 的特征值, $\boldsymbol{x}$ 为对应于特征值 λ 的特征向量, 则 $\boldsymbol{y} = \mathrm{e}^{\lambda t}\boldsymbol{x}$ 是方程组 $\boldsymbol{y}' = \boldsymbol{A}\boldsymbol{y}$ 的一个解.

当矩阵 $\boldsymbol{A}$ 可以对角化, 设矩阵 $\boldsymbol{A}$ 的 n 个特征值分别是 $\lambda_1, \lambda_2, \cdots, \lambda_n$, 其对应的 n 个线性无关的特征向量为 $\boldsymbol{x}_1, \boldsymbol{x}_2, \cdots, \boldsymbol{x}_n$, 可以得到 $\boldsymbol{y}' = \boldsymbol{A}\boldsymbol{y}$ 的 n 个线性无关的特解 $\mathrm{e}^{\lambda_1 t}\boldsymbol{x}_1$, $\mathrm{e}^{\lambda_2 t}\boldsymbol{x}_2, \cdots, \mathrm{e}^{\lambda_n t}\boldsymbol{x}_n$, 则原来线性方程组的通解为

$$\boldsymbol{y} = c_1\mathrm{e}^{\lambda_1 t}\boldsymbol{x}_1 + c_2\mathrm{e}^{\lambda_2 t}\boldsymbol{x}_2 + \cdots + c_n\mathrm{e}^{\lambda_n t}\boldsymbol{x}_n \quad (c_1, c_2, \cdots, c_n\text{为任意常数})$$

例 3.4.2 解方程组 $\begin{cases} y_1' = 3y_1 + 4y_2, \\ y_2' = 5y_1 + 2y_2. \end{cases}$

解

$$\boldsymbol{A} = \begin{pmatrix} 3 & 4 \\ 5 & 2 \end{pmatrix}$$

$\boldsymbol{A}$ 的特征值为 $\lambda_1 = -2, \lambda_2 = 7$, 对应的特征向量为

$$\boldsymbol{x}_1 = \begin{pmatrix} 4 \\ -5 \end{pmatrix}, \qquad \boldsymbol{x}_2 = \begin{pmatrix} 1 \\ 1 \end{pmatrix}$$

所以方程组的通解为

$$\boldsymbol{y} = c_1\mathrm{e}^{-2t}\boldsymbol{x}_1 + c_2\mathrm{e}^{7t}\boldsymbol{x}_2 \quad (c_1, c_2\text{为任意常数})$$

拓展阅读

经典例题讲解

数学家——周毓麟院士的数学人生

周毓麟(1923—2021)，中国著名的数学家，中国科学院院士，主要从事核武器理论研究中数值模拟和流体力学方面的研究工作．他是我国核武器理论研究早期数学工作的主要组织者和开拓者之一，为我国核武器事业发展作出了重大贡献；是我国非线性偏微分方程领域早期的主要开拓者之一；建立了基于科学计算实践的离散泛函分析方法和理论．他曾获得国家自然科学奖一等奖及国家科技进步奖特等奖各一项，获得华罗庚数学奖、何梁何利基金科技进步奖、苏步青应用数学奖特别奖等科技奖励．他热爱科研，更热爱祖国，曾几次为了国家需要转换专业方向，“为国家建设选择研读偏微分方程，然后为国防搞差分，后来又从国家建设需要出发再回去搞偏微分方程”．有人觉得这是牺牲和奉献，但他却认为是对自己的提升：“国家需要我，是我的荣幸．实际上，我也总是想从更广阔的视野上，不断提高自己对数学的认识．这一点是推动我勇于去改变、去做研究的动力．”

习　题　3

(A)

一、填空题

1. 设九阶矩阵 $\boldsymbol{A}$ 的元素均为 1，则 $\boldsymbol{A}$ 的 9 个特征值分别为__________.

2. 设 n 阶矩阵 $\boldsymbol{A}$ 满足 $\boldsymbol{A}^2=\boldsymbol{A}$，则 $\boldsymbol{A}$ 的特征值是__________.

3. 若 $\boldsymbol{A}=\begin{pmatrix}1&2&3\\4&5&6\\7&8&9\end{pmatrix}$，$\lambda_1,\lambda_2,\lambda_3$ 为 $\boldsymbol{B}$ 的 3 个特征值，且 $\boldsymbol{B}=\boldsymbol{P}^{-1}\boldsymbol{AP}$，则 $\lambda_1+\lambda_2+\lambda_3=$__________.

4. 已知三阶方阵 $\boldsymbol{A}$ 的特征值分别为 1，2，3，则矩阵 $\boldsymbol{B}=\boldsymbol{A}^3-2\boldsymbol{A}^2$ 的特征值是__________.

5. 若 $\boldsymbol{A}^5=\boldsymbol{0}$，$\lambda$ 是 $\boldsymbol{A}$ 的特征值，则 $\lambda^5=$__________.

6. 设 $\boldsymbol{x}=\begin{pmatrix}1\\1\\1\end{pmatrix}$ 是 $\begin{pmatrix}a&1&1\\0&b&2\\0&0&c\end{pmatrix}$ 特征值 $\lambda=3$ 对应的特征向量，a,b,c 分别等于__________.

7. 设 0 是 $\begin{pmatrix} 3 & 2 & -2 \\ -k & 1 & k \\ 4 & k & -3 \end{pmatrix}$ 的一个特征值, 则 k=__________.

8. 设矩阵 $\boldsymbol{A}=\begin{pmatrix} 2 & m \\ 0 & 2 \end{pmatrix}$ 可对角化, 那么 m=__________.

9. 设三阶矩阵 $\boldsymbol{A}$ 的特征值分别为 2, 4, 6, 那么 $R(\boldsymbol{A}-2\boldsymbol{E})=$__________.

10. 设矩阵 $\boldsymbol{A}=\begin{pmatrix} 1 & -2 & -4 \\ -2 & x & -2 \\ -4 & -2 & 1 \end{pmatrix}$ 和对角矩阵 $\boldsymbol{A}=\begin{pmatrix} 5 & 0 & 0 \\ 0 & -4 & 0 \\ 0 & 0 & y \end{pmatrix}$ 相似, 则 x 和 y 分别等于__________.

二、选择题

1. 设 $\boldsymbol{A}$ 和 $\boldsymbol{B}$ 相似, 则(　　).

(A) $\boldsymbol{A}-\lambda\boldsymbol{E}=\boldsymbol{B}-\lambda\boldsymbol{E}$

(B) $\boldsymbol{A}$ 和 $\boldsymbol{B}$ 有相同的特征值和特征向量

(C) $\boldsymbol{A}$ 和 $\boldsymbol{B}$ 都相似于同一个对角阵

(D) 对于任意常数 t, $\boldsymbol{A}-t\boldsymbol{E}$ 和 $\boldsymbol{B}-t\boldsymbol{E}$ 相似

2. 设 $\boldsymbol{A}=\begin{pmatrix} 1 & 1 & 1 \\ 1 & 1 & 1 \\ 1 & 1 & 1 \end{pmatrix}$, $\boldsymbol{B}=\begin{pmatrix} 3 & 0 & 0 \\ 0 & 0 & 0 \\ 0 & 0 & 0 \end{pmatrix}$, 则 $\boldsymbol{A}$ 和 $\boldsymbol{B}$(　　).

(A) 等价且相似　　(B) 等价但不相似

(C) 不等价但相似　　(D) 既不等价也不相似

3. 设 $\boldsymbol{\alpha}$ 是矩阵 $\boldsymbol{A}$ 对应于特征值 λ 的特征向量, 若矩阵 $\boldsymbol{B}=\boldsymbol{P}^{-1}\boldsymbol{A}\boldsymbol{P}$, 其中 $\boldsymbol{P}$ 为可逆矩阵, 则矩阵 $\boldsymbol{B}$ 的一个特征值和特征向量为(　　).

(A) $\lambda,\boldsymbol{\alpha}$　　(B) $\lambda,\boldsymbol{P}^{-1}\boldsymbol{\alpha}$　　(C) $\lambda,\boldsymbol{P}\boldsymbol{\alpha}$　　(D) $\lambda,\boldsymbol{P}^{\mathrm{T}}\boldsymbol{\alpha}$

4. 若矩阵 $\boldsymbol{B}=\begin{pmatrix} 1 & 0 & 0 \\ 0 & 3 & 0 \\ 0 & 0 & 1 \end{pmatrix}$, 已知矩阵 $\boldsymbol{A}$ 相似于矩阵 $\boldsymbol{B}$, 则 $\boldsymbol{R}(\boldsymbol{A}-3\boldsymbol{E})$ 与 $\boldsymbol{R}(\boldsymbol{A}-\boldsymbol{E})$ 之和等于(　　).

(A) 2　　(B) 3　　(C) 4　　(D) 5

5. 设 $\boldsymbol{A}=\begin{pmatrix} 2 & 2 & 2 \\ 2 & 5 & -4 \\ -2 & -4 & 5 \end{pmatrix}$, $\lambda_1,\lambda_2,\lambda_3$ 是 $\boldsymbol{B}=\boldsymbol{P}^{-1}\boldsymbol{A}\boldsymbol{P}$ 的 3 个特征值, 则 $\lambda_1+\lambda_2+\lambda_3=$(　　).

(A) 11　　(B) 5　　(C) 10　　(D) 12

6. 若 $\boldsymbol{A}$ 是实对称矩阵, $\boldsymbol{C}$ 为可逆矩阵, $\boldsymbol{B}=\boldsymbol{C}^{\mathrm{T}}\boldsymbol{A}\boldsymbol{C}$, 则必有(　　).

(A) $\boldsymbol{A}$ 与 $\boldsymbol{B}$ 的特征值相同　　(B) $\boldsymbol{A}$ 与 $\boldsymbol{B}$ 的秩相同

(C) $\boldsymbol{A}$ 与 $\boldsymbol{B}$ 的行列式相同　　(D) $\boldsymbol{A}$ 与 $\boldsymbol{B}$ 相似

7. 设 $\lambda=\frac{1}{3}$ 是可逆矩阵 $\boldsymbol{A}$ 的一个特征值, 则 $\left(3\boldsymbol{A}^3\right)^{-1}$ 的一个特征值为(　　).

(A) $\frac{1}{3}$　　(B) $\frac{1}{9}$　　(C) 3　　(D) 9

8. 设 λ 是可逆矩阵 $\boldsymbol{A}$ 的一个特征值, 则 $\boldsymbol{A}$ 的伴随矩阵 $\boldsymbol{A}^*$ 的一个特征值为(　　).

(A) $\lambda^{-1}|\boldsymbol{A}|^n$　　(B) $\lambda^{-1}|\boldsymbol{A}|$　　(C) $\lambda|\boldsymbol{A}|$　　(D) $\lambda|\boldsymbol{A}|^n$

9. 设矩阵 $\boldsymbol{A}=\begin{pmatrix}1&1\\1&1\end{pmatrix}$, $\boldsymbol{Q}$ 是二阶正交矩阵, 且 $\boldsymbol{Q}^{\mathrm{T}}\boldsymbol{A}\boldsymbol{Q}=\begin{pmatrix}0&0\\0&2\end{pmatrix}$, 则 $\boldsymbol{Q}=$(　　).

(A) $\frac{1}{2}\begin{pmatrix}1&1\\-1&1\end{pmatrix}$　　(B) $\frac{1}{\sqrt{2}}\begin{pmatrix}1&1\\-1&1\end{pmatrix}$

(C) $\frac{1}{\sqrt{2}}\begin{pmatrix}1&-1\\1&1\end{pmatrix}$　　(D) $\frac{1}{2}\begin{pmatrix}1&-1\\1&1\end{pmatrix}$

10. 设 $\boldsymbol{A}$ 是三阶实对称矩阵, $\boldsymbol{A}$ 的秩 $R(\boldsymbol{A})=2$, 且满足条件 $\boldsymbol{A}^3+2\boldsymbol{A}^2=\boldsymbol{O}$, 那么 $\boldsymbol{A}$ 的特征值为(　　).

(A) $-2, -2, 0$　　(B) $-2, -2, -2$;

(C) $-2, 0, 0$　　(D) $0, 0, 0$

(B)

1. 求下列矩阵的特征值和特征向量:

(1) $\begin{pmatrix}3&4\\5&2\end{pmatrix}$;　　(2) $\begin{pmatrix}1&2&3\\2&1&3\\3&3&6\end{pmatrix}$;

(3) $\begin{pmatrix}2&-3&1\\1&-2&1\\1&-3&2\end{pmatrix}$;　　(4) $\begin{pmatrix}0&0&0&1\\0&0&1&0\\0&1&0&0\\1&0&0&0\end{pmatrix}$.

2. 已知 $\boldsymbol{p}=\begin{pmatrix}1\\1\\1\end{pmatrix}$ 是 $\boldsymbol{A}=\begin{pmatrix}a&1&1\\2&0&1\\-1&2&2\end{pmatrix}$ 的一个特征向量, 求 a 以及特征向量 $\boldsymbol{p}$ 对应的特征值.

3. 已知三阶方阵 $\boldsymbol{A}$ 的特征值分别为 2, 4, 6, 求 $\left|\boldsymbol{A}^2-2\boldsymbol{A}+2\boldsymbol{E}\right|$.

4. 已知三阶方阵 $\boldsymbol{A}$ 的特征值分别为 1, 2, 3, 求 $\left|\boldsymbol{A}^*+\boldsymbol{A}+\boldsymbol{E}\right|$.

5. 已知三阶方阵 $\boldsymbol{A}$ 的特征值分别为 1, 2, 3, 求 $\left|\left(\frac{1}{2}\boldsymbol{A}\right)^{-1}+2\boldsymbol{A}\right|$.

6. 已知矩阵 $A=\begin{pmatrix}1 & -1 & 0\\ y & x & 0\\ 4 & 2 & 1\end{pmatrix}$ 特征值分别为 1, 2, 3, 试求 x, y 的值.

7. 设 $A=\begin{pmatrix}1 & 4 & 2\\ 0 & -3 & 4\\ 0 & 4 & 3\end{pmatrix}$, 求 A^{100}.

8. 已知三阶实对称方阵 A 的特征值为 $\lambda_1=1, \lambda_2=-1, \lambda_3=0$, 对应 λ_1, λ_2 的特征向量依次为

$$p_1=\begin{pmatrix}1\\2\\2\end{pmatrix},\qquad p_2=\begin{pmatrix}2\\1\\-2\end{pmatrix}$$

求 A.

9. 已知三阶方阵 A 的特征值分别为 2, 2, −1, 对应的特征向量依次为

$$p_1=\begin{pmatrix}0\\1\\1\end{pmatrix},\quad p_2=\begin{pmatrix}1\\1\\1\end{pmatrix},\quad p_3=\begin{pmatrix}1\\1\\0\end{pmatrix}$$

求 A.

10. 求下列矩阵 A 的特征值和特征向量, 并问矩阵 A 是否可以对角化? 若能, 则求可逆矩阵 P 和对角矩阵 Λ, 使 $P^{-1}AP=\Lambda$.

(1) $A=\begin{pmatrix}2 & 3 & 2\\ 1 & 4 & 2\\ 1 & -3 & 1\end{pmatrix}$;　　(2) $A=\begin{pmatrix}-2 & 1 & 1\\ 0 & 2 & 0\\ -4 & 1 & 3\end{pmatrix}$.

11. 求一个正交的相似变换矩阵, 将下列矩阵对角化.

(1) $A=\begin{pmatrix}2 & 2 & -2\\ 2 & 5 & -4\\ -2 & -4 & 5\end{pmatrix}$;　　(2) $A=\begin{pmatrix}1 & 1 & 1\\ 1 & 1 & 1\\ 1 & 1 & 1\end{pmatrix}$.

12. 若三阶方阵 A 和 B 相似, 方阵 A 的特征值为 $\frac{1}{2},\frac{1}{3},\frac{1}{4}$, 求行列式 $|B^{-1}-E|$.

13. 设三阶实对称矩阵 A 的特征值为 6, 3, 3, 与特征值 6 对应的特征向量为 $P_1=(1, 1, 1)^{\mathrm{T}}$, 求 A.

14. 设三阶实对称矩阵 A 的各行元素之和均为 3, 向量 $\alpha_1=(-1, 2, -1)^{\mathrm{T}}$, $\alpha_2=(0, -1, 1)^{\mathrm{T}}$ 是线性方程组 $Ax=0$ 的两个解. 求: (1) A 的特征值与特征向量; (2)正交矩阵 P 和对角矩阵 Λ, 使得 $P^{\mathrm{T}}AP=\Lambda$.

15. 已知矩阵 $A=\begin{pmatrix}1 & -1 & 1\\ 2 & 4 & -2\\ -3 & -3 & a\end{pmatrix}$ 与 $B=\begin{pmatrix}2 & 0 & 0\\ 0 & 2 & 0\\ 0 & 0 & b\end{pmatrix}$ 相似. 求:

(1) a 与 b；

(2) 一个可逆矩阵 $\boldsymbol{P}$，使 $\boldsymbol{P}^{-1}\boldsymbol{AP}=\boldsymbol{B}$.

16. 设 $\boldsymbol{A}$ 和 $\boldsymbol{B}$ 都是 n 阶方阵，且 $\boldsymbol{A}$ 可逆，证明 $\boldsymbol{AB}$ 和 $\boldsymbol{BA}$ 相似.

17. 设 n 阶方阵 $\boldsymbol{A}$ 满足 $\boldsymbol{A}^2=\boldsymbol{A}$，证明 $\boldsymbol{A}$ 的特征值为 1 或 0.

18. 设 $\boldsymbol{A}$ 为三阶矩阵，已知 $\boldsymbol{E}-\boldsymbol{A},2\boldsymbol{E}-\boldsymbol{A},\boldsymbol{A}+\boldsymbol{E}$ 为降秩矩阵. 证明 $\boldsymbol{A}$ 与对角矩阵相似.

19. 设 $\boldsymbol{A}$ 为可逆矩阵，若 $\boldsymbol{A}^{-1}$ 为对称矩阵，证明：$\boldsymbol{A}$ 是对称矩阵.

20. 设 $\boldsymbol{A}=\begin{pmatrix}-3 & 2\\ -2 & 2\end{pmatrix}$，求 $\boldsymbol{A}^n+2\boldsymbol{A}^{n-1}$.

(C)

1. 设 $\boldsymbol{A}$ 为 n 阶实对称矩阵，$R(\boldsymbol{A})=r\,(0<r<n)$，$\boldsymbol{A}^2=\boldsymbol{A}$，求 $|\boldsymbol{A}-2\boldsymbol{E}|$.

2. 设 $\boldsymbol{A}_{4\times4}$ 满足 $|3\boldsymbol{E}+\boldsymbol{A}|=0$，又 $\boldsymbol{A}^{\mathrm{T}}\boldsymbol{A}=2\boldsymbol{E},|\boldsymbol{A}|<0$，求 $\boldsymbol{A}$ 的伴随矩阵 $\boldsymbol{A}^*$ 的一个特征值.

3. 设 n 阶方阵 $\boldsymbol{A}$ 相似于对角阵，并且 $\boldsymbol{A}$ 的特征向量均为 $\boldsymbol{B}$ 的特征向量，证明：$\boldsymbol{AB}=\boldsymbol{BA}$.

4. 如果 $\boldsymbol{A}$ 与 $\boldsymbol{B}$ 相似，$\boldsymbol{C}$ 与 $\boldsymbol{D}$ 相似，证明：分块矩阵 $\begin{pmatrix}\boldsymbol{A} & \boldsymbol{O}\\ \boldsymbol{O} & \boldsymbol{C}\end{pmatrix}$ 与 $\begin{pmatrix}\boldsymbol{B} & \boldsymbol{O}\\ \boldsymbol{O} & \boldsymbol{D}\end{pmatrix}$ 相似.

5. 设 $\boldsymbol{\alpha}=(a_1,a_2,\cdots,a_n)^{\mathrm{T}}$，求矩阵 $\boldsymbol{A}=\boldsymbol{\alpha\alpha}^{\mathrm{T}}$ 的特征值和特征向量 $(a_1\neq0)$.

6. 设 $\boldsymbol{A}$ 为 n 阶方阵，若存在正整数 k，使 $\boldsymbol{A}^k=\boldsymbol{O}$. 证明：

(1) $|\boldsymbol{A}+\boldsymbol{E}|=1$;

(2) $\boldsymbol{A}$ 可以对角化的充分必要条件是 $\boldsymbol{A}=\boldsymbol{O}$.

7. 设 $\boldsymbol{A}$ 为 n 阶实对称矩阵，证明：$R(\boldsymbol{A})=R(\boldsymbol{A}^2)$.

8. 设 $\boldsymbol{A}$ 和 $\boldsymbol{B}$ 都是 n 阶方阵，证明：$\boldsymbol{AB}$ 和 $\boldsymbol{BA}$ 的特征多项式相同.

9. 设 $\boldsymbol{A}$ 和 $\boldsymbol{B}$ 相似，且 $\boldsymbol{A}$ 可逆，证明：$\boldsymbol{A}^*$ 和 $\boldsymbol{B}^*$ 相似.

10. 设 n 阶方阵 $\boldsymbol{A}$ 和 $\boldsymbol{B}$ 满足 $R(\boldsymbol{A})+R(\boldsymbol{B})<n$. 证明：$\boldsymbol{A}$ 和 $\boldsymbol{B}$ 有一个公共的特征值和特征向量.

第4章 二 次 型

二次型的理论和方法已广泛应用到自然科学和工程技术之中. 本章重点讨论实二次型的标准形和正定性.

4.1 二次型及其矩阵表示

在平面解析几何中, 二次方程 $ax^2+2bxy+cy^2=d$ 表示以平面直角坐标原点为中心的二次曲线. 为了便于研究该二次曲线的几何性质, 可以选择适当的坐标旋转变换

$$\begin{cases}x=x'\cos\theta-y'\sin\theta\\ y=x'\sin\theta+y'\cos\theta\end{cases}$$

便可将二次方程化为标准形 $a'x'^2+c'y'^2=d$. 标准形的左边是一个二次齐次多项式, 从代数学的观点来看, 化标准形的过程就是通过变量的可逆线性变换将一个二次齐次多项式化为只含有平方项的多项式. 这样的问题, 在许多理论问题或实际问题中经常会遇到. 现在我们把这类问题一般化, 讨论 n 个变量的二次齐次多项式的问题.

定义 4.1.1 n 个变量 $x_1,x_2,\cdots,x_n$ 的二次齐次函数

$$\begin{aligned}f(x_1,x_2,\cdots,x_n)=&a_{11}x_1^2+2a_{12}x_1x_2+2a_{13}x_1x_3+\cdots+2a_{1n}x_1x_n\\&+a_{22}x_2^2+2a_{23}x_2x_3+\cdots+2a_{2n}x_2x_n\\&\cdots\cdots\\&+a_{nn}x_n^2\end{aligned}$$

称为 ***n* 元二次型**, 简称**二次型**.

若令 $a_{ij}=a_{ji}\ (1\leqslant j<i\leqslant n)$, 则上述二次型可写成

$$\begin{aligned}f(x_1,x_2,\cdots,x_n)=&a_{11}x_1^2+a_{12}x_1x_2+a_{13}x_1x_3+\cdots+a_{1n}x_1x_n\\&+a_{21}x_2x_1+a_{22}x_2^2+a_{23}x_2x_3+\cdots+a_{2n}x_2x_n\\&\cdots\cdots\\&+a_{n1}x_nx_1+a_{n2}x_nx_2+a_{n3}x_nx_3+\cdots+a_{nn}x_n^2\\=&\sum_{i=1}^{n}\sum_{j=1}^{n}a_{ij}x_ix_j\end{aligned}$$

将 $f(x_1,x_2,\cdots,x_n)$ 的系数排成矩阵, 记

$$\boldsymbol{A}=\begin{pmatrix}a_{11}&a_{12}&\cdots&a_{1n}\\a_{21}&a_{22}&\cdots&a_{2n}\\\vdots&\vdots&&\vdots\\a_{n1}&a_{n2}&\cdots&a_{nn}\end{pmatrix}$$

称为二次型 $f(x_1,x_2,\cdots,x_n)$ 的**矩阵**，它是实对称矩阵. 二次型的矩阵 $\boldsymbol{A}$ 的秩叫做**二次型 $f(x_1,x_2,\cdots,x_n)$ 的秩**. 显然二次型 $f(x_1,x_2,\cdots,x_n)$ 的矩阵是唯一的. 它的主对角线上的元素分别是 $x_1^2,x_2^2,\cdots,x_n^2$ 的系数，非主对角线上的 $(i,j)(i\neq j)$ 元是 x_ix_j 的系数的一半.

令

$$\boldsymbol{x}=\begin{pmatrix}x_1\\x_2\\\vdots\\x_n\end{pmatrix}$$

那么二次型 $f(x_1,x_2,\cdots,x_n)$ 可写成

$$f(x_1,x_2,\cdots,x_n)=\boldsymbol{x}^{\mathrm{T}}\boldsymbol{A}\boldsymbol{x}$$

显然，二次型和实对称矩阵是一一对应的. 例如二次型

$$\begin{aligned}f(x_1,x_2,x_3)&=x_1^2+2x_2^2+3x_3^2+4x_1x_2-2x_1x_3+6x_2x_3\\&=(x_1,x_2,x_3)\begin{pmatrix}1&2&-1\\2&2&3\\-1&3&3\end{pmatrix}\begin{pmatrix}x_1\\x_2\\x_3\end{pmatrix}\end{aligned}$$

对应的矩阵为

$$\boldsymbol{A}=\begin{pmatrix}1&2&-1\\2&2&3\\-1&3&3\end{pmatrix}$$

矩阵 $\boldsymbol{A}=\begin{pmatrix}1&2&3\\2&4&5\\3&5&6\end{pmatrix}$ 对应的二次型为

$$f(x_1,x_2,x_3)=x_1^2+4x_2^2+6x_3^2+4x_1x_2+6x_1x_3+10x_2x_3$$

定义 4.1.2 只含有平方项，不含交叉项的二次型称为**二次型的标准形**.

在各种二次型中，标准形是最简单的，二次型的标准形具有如下形式

$$f(y_1,y_2,\cdots,y_n)=k_1y_1^2+k_2y_2^2+\cdots+k_ny_n^2$$

定义 4.1.3 如果标准形中的系数 $k_1,k_2,\cdots,k_n$ 只在 $1,-1,0$ 三个数中取值，即

$$f(x_1,x_2,\cdots,x_n)=y_1^2+y_2^2+\cdots+y_p^2-y_{p+1}^2-\cdots-y_r^2\quad(r\leqslant n)$$

则称上式为二次型的**规范形**.

定义 4.1.4 线性变换

$$\begin{cases}x_1=c_{11}y_1+c_{12}y_2+\cdots+c_{1n}y_n\\x_2=c_{21}y_1+c_{22}y_2+\cdots+c_{2n}y_n\\\qquad\cdots\cdots\\x_n=c_{n1}y_1+c_{n2}y_2+\cdots+c_{nn}y_n\end{cases}$$

的系数 c_{ij} 构成系数矩阵 $\boldsymbol{C}$，若 $\boldsymbol{C}$ 是可逆的，则称为**可逆线性变换.**

令

$$\boldsymbol{x}=\begin{pmatrix} x_1 \\ x_2 \\ \vdots \\ x_n \end{pmatrix},\quad \boldsymbol{C}=\begin{pmatrix} c_{11} & c_{12} & \cdots & c_{1n} \\ c_{21} & c_{22} & \cdots & c_{2n} \\ \vdots & \vdots & & \vdots \\ c_{n1} & c_{n2} & \cdots & c_{nn} \end{pmatrix},\quad \boldsymbol{y}=\begin{pmatrix} y_1 \\ y_2 \\ \vdots \\ y_n \end{pmatrix}$$

则线性变换可以记为

$$\boldsymbol{x}=\boldsymbol{C}\boldsymbol{y}$$

二次型 $f(x_1,x_2,\cdots,x_n)=\boldsymbol{x}^{\mathrm{T}}\boldsymbol{A}\boldsymbol{x}$ 作可逆线性变换 $\boldsymbol{x}=\boldsymbol{C}\boldsymbol{y}$，则

$$f(x_1,x_2,\cdots,x_n)=(\boldsymbol{C}\boldsymbol{y})^{\mathrm{T}}\boldsymbol{A}(\boldsymbol{C}\boldsymbol{y})=\boldsymbol{y}^{\mathrm{T}}(\boldsymbol{C}^{\mathrm{T}}\boldsymbol{A}\boldsymbol{C})\boldsymbol{y}$$

定义 4.1.5 设 $\boldsymbol{A}$ 和 $\boldsymbol{B}$ 是 n 阶方阵，若有可逆矩阵 $\boldsymbol{C}$，使

$$\boldsymbol{B}=\boldsymbol{C}^{\mathrm{T}}\boldsymbol{A}\boldsymbol{C}$$

则称矩阵 $\boldsymbol{A}$ 和 $\boldsymbol{B}$ **合同.**

容易验证，矩阵之间的合同关系具有以下性质.

性质 4.1.1 设 $\boldsymbol{A},\boldsymbol{B},\boldsymbol{C}$ 均为 n 阶方阵.

(1) 反身性：$\boldsymbol{A}$ 与自身合同；

(2) 对称性：如果 $\boldsymbol{A}$ 与 $\boldsymbol{B}$ 合同，那么 $\boldsymbol{B}$ 与 $\boldsymbol{A}$ 合同；

(3) 传递性：如果 $\boldsymbol{A}$ 与 $\boldsymbol{B}$ 合同且 $\boldsymbol{B}$ 与 $\boldsymbol{C}$ 合同，那么 $\boldsymbol{A}$ 与 $\boldsymbol{C}$ 合同.

性质 4.1.2 如果矩阵 $\boldsymbol{A}$ 和 $\boldsymbol{B}$ 合同，且 $\boldsymbol{A}$ 为对称矩阵，那么 $\boldsymbol{B}$ 也为对称矩阵.

证 $\boldsymbol{A}$ 与 $\boldsymbol{B}$ 合同，那么存在可逆矩阵 $\boldsymbol{C}$，使得 $\boldsymbol{B}=\boldsymbol{C}^{\mathrm{T}}\boldsymbol{A}\boldsymbol{C}$，$\boldsymbol{A}$ 为对称矩阵，即有 $\boldsymbol{A}^{\mathrm{T}}=\boldsymbol{A}$，于是

$$\boldsymbol{B}^{\mathrm{T}}=(\boldsymbol{C}^{\mathrm{T}}\boldsymbol{A}\boldsymbol{C})^{\mathrm{T}}=\boldsymbol{C}^{\mathrm{T}}\boldsymbol{A}^{\mathrm{T}}(\boldsymbol{C}^{\mathrm{T}})^{\mathrm{T}}=\boldsymbol{C}^{\mathrm{T}}\boldsymbol{A}\boldsymbol{C}=\boldsymbol{B}$$

即 $\boldsymbol{B}$ 也是对称矩阵.

性质 4.1.3 如果矩阵 $\boldsymbol{A}$ 和 $\boldsymbol{B}$ 合同，那么 $R(\boldsymbol{A})=R(\boldsymbol{B})$.

证 $\boldsymbol{A}$ 与 $\boldsymbol{B}$ 合同，那么存在可逆矩阵 $\boldsymbol{C}$，使得 $\boldsymbol{B}=\boldsymbol{C}^{\mathrm{T}}\boldsymbol{A}\boldsymbol{C}$. 由 $\boldsymbol{C}$ 可逆知 $\boldsymbol{C}^{\mathrm{T}}$ 也可逆，结合矩阵的性质 1.7.2 可得 $R(\boldsymbol{A})=R(\boldsymbol{B})$.

由此可知，经过可逆线性变换 $\boldsymbol{x}=\boldsymbol{C}\boldsymbol{y}$ 后，二次型 $f(x_1,x_2,\cdots,x_n)$ 的矩阵 $\boldsymbol{A}$ 变成 $\boldsymbol{A}$ 的合同矩阵 $\boldsymbol{C}^{\mathrm{T}}\boldsymbol{A}\boldsymbol{C}$，且二次型的秩不变.

4.2 化二次型为标准形

4.2.1 用正交变换化二次型为标准形

从第 3 章定理 3.3.3 知，任给对称矩阵 $\boldsymbol{A}$，总存在正交矩阵 $\boldsymbol{P}$，使 $\boldsymbol{P}^{-1}\boldsymbol{A}\boldsymbol{P}=\boldsymbol{\Lambda}$，即 $\boldsymbol{P}^{\mathrm{T}}\boldsymbol{A}\boldsymbol{P}=\boldsymbol{\Lambda}$. 把此结论用于二次型，即有：

定理 4.2.1　任给二次型 $f(x_1,x_2,\cdots,x_n)$，总有正交变换 $\boldsymbol{x}=\boldsymbol{P}\boldsymbol{y}$，使二次型化为标准形

$$f(x_1,x_2,\cdots,x_n)=\lambda_1 y_1^2+\lambda_2 y_2^2+\cdots+\lambda_n y_n^2$$

其中，$\lambda_1,\lambda_2,\cdots,\lambda_n$ 是二次型 $f(x_1,x_2,\cdots,x_n)$ 的矩阵 $\boldsymbol{A}$ 的特征值.

下面讨论二次型的规范形.

定理 4.2.2　任何一个二次型都可以通过可逆线性变换化为规范形, 而且规范形是唯一的.

证　由定理 4.2.1 知二次型 $f(x_1,x_2,\cdots,x_n)$ 可以通过可逆线性变换 $\boldsymbol{x}=\boldsymbol{P}\boldsymbol{y}$ 化为标准形. 设二次型的秩为 r，那么特征值 λ_i 中有 r 个不为 0, 不妨设 $\lambda_1,\cdots,\lambda_r$ 不等于 0, 那么有

$$f(\boldsymbol{P}\boldsymbol{y})=\lambda_1 y_1^2+\lambda_2 y_2^2+\cdots+\lambda_r y_r^2$$

$$=(y_1,y_2,\cdots,y_n)\begin{pmatrix}\lambda_1 & & & & & \\ & \ddots & & & & \\ & & \lambda_r & & & \\ & & & 0 & & \\ & & & & \ddots & \\ & & & & & 0\end{pmatrix}\begin{pmatrix}y_1\\ y_2\\ \vdots\\ y_n\end{pmatrix}$$

作可逆线性变换

$$\begin{cases}y_1=\dfrac{1}{\sqrt{|\lambda_1|}}z_1\\ y_2=\dfrac{1}{\sqrt{|\lambda_2|}}z_2\\ \quad\cdots\\ y_r=\dfrac{1}{\sqrt{|\lambda_r|}}z_r\\ y_{r+1}=z_{r+1}\\ \quad\cdots\\ y_n=z_n\end{cases}$$

即 $\boldsymbol{y}=\boldsymbol{K}\boldsymbol{z}$，其中

$$\boldsymbol{K}=\begin{pmatrix}\dfrac{1}{\sqrt{|\lambda_1|}} & & & & & \\ & \ddots & & & & \\ & & \dfrac{1}{\sqrt{|\lambda_r|}} & & & \\ & & & 1 & & \\ & & & & \ddots & \\ & & & & & 1\end{pmatrix}$$

记 $\boldsymbol{C}=\boldsymbol{P}\boldsymbol{K}$，即知可逆变换 $\boldsymbol{x}=\boldsymbol{C}\boldsymbol{z}$ 把二次型化成规范形

$$f(\boldsymbol{C}\boldsymbol{z})=\frac{\lambda_1}{|\lambda_1|}z_1^2+\frac{\lambda_2}{|\lambda_2|}z_2^2+\cdots+\frac{\lambda_r}{|\lambda_r|}z_r^2$$

由于可逆线性变换不改变二次型的秩，所以标准形中系数不为零的平方项的项数 r 是唯一确定的. 在理论上可以进一步证明，标准形中正项项数和负项项数也是唯一确定的，故任一二次型的规范形是唯一的.

二次型化成标准形的步骤为:

① 将二次型表示成矩阵形式 $f(x_1,x_2,\cdots,x_n)=\boldsymbol{x}^{\mathrm{T}}\boldsymbol{A}\boldsymbol{x}$，求出 $\boldsymbol{A}$;

② 求出 $\boldsymbol{A}$ 的所有特征值 $\lambda_1,\lambda_2,\cdots,\lambda_n$;

③ 求出对应特征值 λ_i 的正交单位化的特征向量组，从而有正交规范向量组 $\boldsymbol{\xi}_1,\boldsymbol{\xi}_2,\cdots,\boldsymbol{\xi}_n$;

④ 记 $\boldsymbol{P}=(\boldsymbol{\xi}_1,\boldsymbol{\xi}_2,\cdots,\boldsymbol{\xi}_n)$，作正交变换 $\boldsymbol{x}=\boldsymbol{P}\boldsymbol{y}$，则得

$$f(x_1,x_2,\cdots,x_n)=\lambda_1y_1^2+\lambda_2y_2^2+\cdots+\lambda_ny_n^2$$

例 4.2.1　求一个正交变换 $\boldsymbol{x}=\boldsymbol{P}\boldsymbol{y}$，把二次型

$$f(x_1,x_2,x_3)=17x_1^2+14x_2^2+14x_3^2-4x_1x_2-4x_1x_3-8x_2x_3$$

化成标准形.

解　第一步，写出对应的二次型矩阵.

$$\boldsymbol{A}=\begin{pmatrix}17&-2&-2\\-2&14&-4\\-2&-4&14\end{pmatrix}$$

第二步，求 $\boldsymbol{A}$ 的特征值.

$$|\boldsymbol{A}-\lambda\boldsymbol{E}|=\begin{vmatrix}17-\lambda&-2&-2\\-2&14-\lambda&-4\\-2&-4&14-\lambda\end{vmatrix}=(\lambda-18)^2(\lambda-9)$$

从而得 $\boldsymbol{A}$ 的特征值为 $\lambda_1=9,\lambda_2=\lambda_3=18$.

第三步，求 $\boldsymbol{A}$ 的特征向量.

将 $\lambda_1=9$ 代入 $(\boldsymbol{A}-\lambda\boldsymbol{E})\boldsymbol{x}=\boldsymbol{0}$ 得基础解系为

$$\boldsymbol{\xi}_1=\begin{pmatrix}1\\2\\2\end{pmatrix}$$

将 $\lambda_2=\lambda_3=18$ 代入 $(\boldsymbol{A}-\lambda\boldsymbol{E})\boldsymbol{x}=\boldsymbol{0}$ 得基础解系为

$$\boldsymbol{\xi}_2=\begin{pmatrix}-2\\1\\0\end{pmatrix},\qquad \boldsymbol{\xi}_3=\begin{pmatrix}-2\\0\\1\end{pmatrix}$$

将特征向量正交化，即

$$\boldsymbol{\alpha}_1=\boldsymbol{\xi}_1,\quad \boldsymbol{\alpha}_2=\boldsymbol{\xi}_2,\quad \boldsymbol{\alpha}_3=\boldsymbol{\xi}_3-\frac{[\boldsymbol{\alpha}_2,\boldsymbol{\xi}_3]}{[\boldsymbol{\alpha}_2,\boldsymbol{\alpha}_2]}\boldsymbol{\alpha}_2$$

得正交向量组

$$\boldsymbol{\alpha}_1=\begin{pmatrix}1\\2\\2\end{pmatrix},\quad \boldsymbol{\alpha}_2=\begin{pmatrix}-2\\1\\0\end{pmatrix},\quad \boldsymbol{\alpha}_3=\begin{pmatrix}-\frac{2}{5}\\-\frac{4}{5}\\1\end{pmatrix}$$

将正交向量组单位化，令

$$\boldsymbol{\eta}_i=\frac{\boldsymbol{\alpha}_i}{\|\boldsymbol{\alpha}_i\|}\quad (i=1,2,3)$$

解得

$$\eta_1=\begin{pmatrix}\frac{1}{3}\\\frac{1}{3}\\\frac{2}{3}\end{pmatrix},\quad \eta_2=\begin{pmatrix}\frac{-2}{\sqrt{5}}\\\frac{1}{\sqrt{5}}\\0\end{pmatrix},\quad \eta_3=\begin{pmatrix}\frac{-2}{\sqrt{45}}\\\frac{-4}{\sqrt{45}}\\\frac{5}{\sqrt{45}}\end{pmatrix}$$

第四步，作正交变换.

令

$$\boldsymbol{P}=(\boldsymbol{\eta}_1,\boldsymbol{\eta}_2,\boldsymbol{\eta}_3)=\begin{pmatrix}\frac{1}{3}&\frac{-2}{\sqrt{5}}&\frac{-2}{\sqrt{45}}\\\frac{1}{3}&\frac{1}{\sqrt{5}}&\frac{-4}{\sqrt{45}}\\\frac{2}{3}&0&\frac{5}{\sqrt{45}}\end{pmatrix}$$

于是所求正交变换为

$$\begin{pmatrix}x_1\\x_2\\x_3\end{pmatrix}=\begin{pmatrix}\frac{1}{3}&\frac{-2}{\sqrt{5}}&\frac{-2}{\sqrt{45}}\\\frac{1}{3}&\frac{1}{\sqrt{5}}&\frac{-4}{\sqrt{45}}\\\frac{2}{3}&0&\frac{5}{\sqrt{45}}\end{pmatrix}\begin{pmatrix}y_1\\y_2\\y_3\end{pmatrix}$$

把二次型 $f(x_1,x_2,x_3)$ 化成标准形为

$$f=9y_1^2+18y_2^2+18y_3^2$$

例 4.2.2　求一个正交变换 $\boldsymbol{x}=\boldsymbol{P}\boldsymbol{y}$，把二次型

$$f(x_1,x_2,x_3,x_4)=2x_1x_2+2x_1x_3-2x_1x_4-2x_2x_3+2x_2x_4+2x_3x_4$$

化成标准形.

解 二次型的矩阵为

$$\boldsymbol{A}=\begin{pmatrix}0&1&1&-1\\1&0&-1&1\\1&-1&0&1\\-1&1&1&0\end{pmatrix}$$

计算特征多项式, 即

$$|\boldsymbol{A}-\lambda\boldsymbol{E}|=\begin{vmatrix}-\lambda&1&1&-1\\1&-\lambda&-1&1\\1&-1&-\lambda&1\\-1&1&1&-\lambda\end{vmatrix}=(\lambda+3)(\lambda-1)^3$$

从而得 $\boldsymbol{A}$ 的特征值为 $\lambda_1=-3,\lambda_2=\lambda_3=\lambda_4=1$.

当 $\lambda_1=-3$ 时, 解方程组 $(\boldsymbol{A}+3\boldsymbol{E})\boldsymbol{x}=\boldsymbol{0}$, 得基础解系为

$$\boldsymbol{\xi}_1=\begin{pmatrix}1\\-1\\-1\\1\end{pmatrix}$$

再把它单位化, 即得

$$\boldsymbol{p}_1=\frac{1}{2}\begin{pmatrix}1\\-1\\-1\\1\end{pmatrix}$$

当 $\lambda_2=\lambda_3=\lambda_4=1$ 时, 解方程组 $(\boldsymbol{A}-\boldsymbol{E})\boldsymbol{x}=\boldsymbol{0}$, 得基础解系为

$$\boldsymbol{\xi}_2=\begin{pmatrix}1\\1\\0\\0\end{pmatrix},\quad \boldsymbol{\xi}_3=\begin{pmatrix}0\\0\\1\\1\end{pmatrix},\quad \boldsymbol{\xi}_4=\begin{pmatrix}1\\-1\\1\\-1\end{pmatrix}$$

需注意 $\boldsymbol{\xi}_2,\boldsymbol{\xi}_3,\boldsymbol{\xi}_4$ 两两正交, 所以只需要单位化, 即得

$$\boldsymbol{p}_2=\begin{pmatrix}\frac{1}{\sqrt{2}}\\\frac{1}{\sqrt{2}}\\0\\0\end{pmatrix},\quad \boldsymbol{p}_3=\begin{pmatrix}0\\0\\\frac{1}{\sqrt{2}}\\\frac{1}{\sqrt{2}}\end{pmatrix},\quad \boldsymbol{p}_4=\begin{pmatrix}\frac{1}{2}\\-\frac{1}{2}\\\frac{1}{2}\\-\frac{1}{2}\end{pmatrix}$$

于是所求正交变换为

$$\begin{pmatrix} x_1 \\ x_2 \\ x_3 \\ x_4 \end{pmatrix} = \begin{pmatrix} \frac{1}{2} & \frac{1}{\sqrt{2}} & 0 & \frac{1}{2} \\ -\frac{1}{2} & \frac{1}{\sqrt{2}} & 0 & -\frac{1}{2} \\ -\frac{1}{2} & 0 & \frac{1}{\sqrt{2}} & \frac{1}{2} \\ \frac{1}{2} & 0 & \frac{1}{\sqrt{2}} & -\frac{1}{2} \end{pmatrix} \begin{pmatrix} y_1 \\ y_2 \\ y_3 \\ y_4 \end{pmatrix}$$

把二次型 $f(x_1,x_2,x_3,x_4)$ 化成标准形为

$$f = -3y_1^2 + y_2^2 + y_3^2 + y_4^2$$

4.2.2 用配方法化二次型为标准形

本章前面介绍利用正交变换化二次型为标准形, 具有保持几何形状不变的优点. 正交变换是一类特殊的可逆的线性变换, 在许多场合只需要一般的可逆线性变换化简二次型就能满足应用需求. 除正交变换外, 还有很多方法(对应多个可逆的线性变换)把二次型化为标准形. 下面介绍一个简便的拉格朗日配方法.

拉格朗日配方法的步骤为:

① 若二次型含有 x_i 的平方项, 则先把含有 x_i 的乘积项集中, 然后配方, 再对其余的变量同样进行, 直到都配成平方项为止, 经过非退化线性变换, 就得到标准形;

② 若二次型中不含有平方项, 但是 $a_{ij} \neq 0 \ (i \neq j)$, 则先作可逆线性变换

$$\begin{cases} x_i = y_i - y_j \\ x_j = y_i + y_j \\ x_k = y_k \quad (k \neq i, j) \end{cases}$$

化二次型为含有平方项的二次型, 然后再按①中方法配方.

例 4.2.3 用配方法化二次型

$$f(x_1,x_2,x_3) = x_1^2 + 3x_2^2 + 3x_3^2 - 2x_1x_2 - 2x_1x_3 - 2x_2x_3$$

成标准形, 并求所用的线性变换矩阵.

解

$$\begin{aligned} f(x_1,x_2,x_3) &= x_1^2 + 3x_2^2 + 3x_3^2 - 2x_1x_2 - 2x_1x_3 - 2x_2x_3 \\ &= x_1^2 - 2x_1x_2 - 2x_1x_3 + 3x_2^2 + 3x_3^2 - 2x_2x_3 \\ &= (x_1 - x_2 - x_3)^2 - x_2^2 - x_3^2 - 2x_2x_3 + 3x_2^2 + 3x_3^2 - 2x_2x_3 \\ &= (x_1 - x_2 - x_3)^2 + 2x_2^2 + 2x_3^2 - 4x_2x_3 \\ &= (x_1 - x_2 - x_3)^2 + 2(x_2 - x_3)^2 \end{aligned}$$

令

$$\begin{cases} y_1 = x_1 - x_2 - x_3 \\ y_2 = \quad\ \ x_2 - x_3 \\ y_3 = \qquad\quad\ \ x_3 \end{cases}$$

解得

$$\begin{cases} x_1 = y_1 + y_2 + 2y_3 \\ x_2 = \quad\ \ y_2 \ + y_3 \\ x_3 = \qquad\qquad y_3 \end{cases}$$

即

$$\begin{pmatrix} x_1 \\ x_2 \\ x_3 \end{pmatrix} = \begin{pmatrix} 1 & 1 & 2 \\ 0 & 1 & 1 \\ 0 & 0 & 1 \end{pmatrix} \begin{pmatrix} y_1 \\ y_2 \\ y_3 \end{pmatrix}$$

这就是所求的线性变换，在这个变换下二次型变成标准形为

$$f(x_1, x_2, x_3) = y_1^2 + 2y_2^2$$

例 4.2.4　化二次型

$$f(x_1, x_2, x_3) = 2x_1x_2 + 2x_1x_3 - 6x_2x_3$$

为标准形，并求所用的线性变换矩阵.

解　由于所给二次型中无平方项，令

$$\begin{cases} x_1 = y_1 + y_2 \\ x_2 = y_1 - y_2 \\ x_3 = y_3 \end{cases}$$

即

$$\begin{pmatrix} x_1 \\ x_2 \\ x_3 \end{pmatrix} = \begin{pmatrix} 1 & 1 & 0 \\ 1 & -1 & 0 \\ 0 & 0 & 1 \end{pmatrix} \begin{pmatrix} y_1 \\ y_2 \\ y_3 \end{pmatrix}$$

代入二次型 $f(x_1, x_2, x_3) = 2x_1x_2 + 2x_1x_3 - 6x_2x_3$，得

$$f(x_1, x_2, x_3) = 2y_1^2 - 2y_2^2 - 4y_1y_3 + 8y_2y_3$$

再配方，得

$$f(x_1, x_2, x_3) = 2(y_1 - y_3)^2 - 2(y_2 - 2y_3)^2 + 6y_3^2$$

令

$$\begin{cases} z_1 = y_1 - y_3 \\ z_2 = y_2 - 2y_3 \\ z_3 = y_3 \end{cases}$$

解得

$$\begin{cases} y_1 = z_1 + z_3 \\ y_2 = z_2 + 2z_3 \\ y_3 = z_3 \end{cases}$$

即

$$\begin{pmatrix} y_1 \\ y_2 \\ y_3 \end{pmatrix} = \begin{pmatrix} 1 & 0 & 1 \\ 0 & 1 & 2 \\ 0 & 0 & 1 \end{pmatrix} \begin{pmatrix} z_1 \\ z_2 \\ z_3 \end{pmatrix}$$

所求的变换为

$$\begin{pmatrix} x_1 \\ x_2 \\ x_3 \end{pmatrix} = \begin{pmatrix} 1 & 1 & 0 \\ 1 & -1 & 0 \\ 0 & 0 & 1 \end{pmatrix} \begin{pmatrix} 1 & 0 & 1 \\ 0 & 1 & 2 \\ 0 & 0 & 1 \end{pmatrix} \begin{pmatrix} z_1 \\ z_2 \\ z_3 \end{pmatrix} = \begin{pmatrix} 1 & 1 & 3 \\ 1 & -1 & -1 \\ 0 & 0 & 1 \end{pmatrix} \begin{pmatrix} z_1 \\ z_2 \\ z_3 \end{pmatrix}$$

在这个变换下二次型变成标准形为

$$f(x_1, x_2, x_3) = 2z_1^2 - 2z_2^2 + 6z_3^2$$

将一个二次型化为标准形，可以用正交变换法，也可以用拉格朗日配方法，或者其他方法，这取决于问题的要求. 如果要求找出一个正交矩阵，无疑应使用正交变换法；如果只需要找出一个可逆的线性变换，那么各种方法都可以使用. 正交变换法的好处是有固定的步骤，可以按部就班一步一步地求解，但计算量通常较大；如果二次型中变量个数较少，使用拉格朗日配方法反而比较简单.需要注意使用不同的方法，所得到的标准形可能不相同，但标准形中含有的项数必定相同，项数等于所给二次型的秩.

4.3　正定二次型

4.2 节介绍了可以用正交变换或者配方法把二次型化成不同的标准形，也就是二次型的标准形是不唯一的，但是标准形中所含的项数是确定的(二次型的秩). 下面我们限定所用的变换为实变换来研究二次型的标准形所具有的性质.

定理 4.3.1 (惯性定理)　设实二次型 $f(x_1, x_2, \cdots, x_n) = \boldsymbol{x}^{\mathrm{T}} \boldsymbol{A} \boldsymbol{x}$ 的秩为 r，有两个实的可逆变换

$$\boldsymbol{x} = \boldsymbol{C}\boldsymbol{y} \quad 及 \quad \boldsymbol{x} = \boldsymbol{P}\boldsymbol{z}$$

使

$$f(x_1, x_2, \cdots, x_n) = k_1 y_1^2 + k_2 y_2^2 + \cdots + k_r y_r^2 \quad (k_i \neq 0)$$

及

$$f(x_1, x_2, \cdots, x_n) = \lambda_1 z_1^2 + \lambda_2 z_2^2 + \cdots + \lambda_r z_r^2 \quad (\lambda_i \neq 0)$$

则 $k_1, k_2, \cdots, k_r$ 与 $\lambda_1, \lambda_2, \cdots, \lambda_r$ 中正数的个数相等.

证明从略.

二次型的标准形中正系数的个数称为二次型的**正惯性指数**，负系数的个数称为二次型的**负惯性指数**．如果二次型 $f(x_1,x_2,\cdots,x_n)$ 的正惯性指数为 p，秩为 r，那么 $f(x_1,x_2,\cdots,x_n)$ 的规范形可以确定为

$$f(x_1,x_2,\cdots,x_n)=y_1^2+\cdots+y_p^2-y_{p+1}^2-\cdots-y_r^2$$

定义 4.3.1 若对任意的 $\boldsymbol{x}=(x_1,x_2,\cdots,x_n)\neq\boldsymbol{0}$，都有 $f(x_1,x_2,\cdots,x_n)=\boldsymbol{x}^{\mathrm{T}}\boldsymbol{A}\boldsymbol{x}>0\ (<0)$，则称 $f(x_1,x_2,\cdots,x_n)$ 为**正定(负定)二次型**，并称对称矩阵 $\boldsymbol{A}$ 为**正定(负定)矩阵**.

例如，$f(x_1,x_2,x_3)=x_1^2+2x_2^2+3x_3^2$ 是正定二次型，$f(x_1,x_2,x_3)=-x_1^2-x_2^2-4x_3^2$ 是负定二次型.

定理 4.3.2 实二次型 $f(x_1,x_2,\cdots,x_n)=\boldsymbol{x}^{\mathrm{T}}\boldsymbol{A}\boldsymbol{x}$ 为正定的充分必要条件是它的标准形的 n 个系数全为正.

证 设有可逆线性变换 $\boldsymbol{x}=\boldsymbol{C}\boldsymbol{y}$，使得

$$f(\boldsymbol{x})=f(\boldsymbol{C}\boldsymbol{y})=k_1y_1^2+k_2y_2^2+\cdots+k_ny_n^2$$

充分性 设 $k_i>0\ (i=1,2,\cdots,n)$，对任意的 $\boldsymbol{x}=(x_1,x_2,\cdots,x_n)\neq\boldsymbol{0}$，则 $\boldsymbol{y}=\boldsymbol{C}^{-1}\boldsymbol{x}\neq\boldsymbol{0}$，故

$$f(\boldsymbol{x})=k_1y_1^2+k_2y_2^2+\cdots+k_ny_n^2>0$$

必要性 采用反证法，假设存在某个 $k_s\leqslant 0(1\leqslant s\leqslant n)$，则当 $\boldsymbol{y}=\boldsymbol{e}_s$ (单位坐标向量)时，$f(\boldsymbol{C}\boldsymbol{e}_s)=k_s\leqslant 0$. 显然 $\boldsymbol{x}=\boldsymbol{C}\boldsymbol{e}_s\neq\boldsymbol{0}$，这与 $f(x_1,x_2,\cdots,x_n)=\boldsymbol{x}^{\mathrm{T}}\boldsymbol{A}\boldsymbol{x}$ 为正定二次型矛盾．故假设不成立，$k_i>0\ (i=1,2,\cdots,n)$.

推论 4.3.1 对称矩阵 $\boldsymbol{A}$ 为正定的充分必要条件是: $\boldsymbol{A}$ 的特征值全为正.

定义 4.3.2 设 $\boldsymbol{A}$ 为 n 阶方阵，$\boldsymbol{A}$ 的子式

$$|\boldsymbol{A}_k|=\begin{vmatrix} a_{11} & a_{12} & \cdots & a_{1k} \\ a_{21} & a_{22} & \cdots & a_{2k} \\ \vdots & \vdots & & \vdots \\ a_{k1} & a_{k2} & \cdots & a_{kk} \end{vmatrix} \quad (k=1,2,\cdots,n)$$

称为矩阵 $\boldsymbol{A}$ 的 k 阶**顺序主子式**.

在此不加证明的引入下面定理.

定理 4.3.3 (霍尔维茨定理) 对称矩阵 $\boldsymbol{A}$ 为正定的充分必要条件是 $\boldsymbol{A}$ 的各阶(顺序)主子式为正，即

$$a_{11}>0,\quad \begin{vmatrix} a_{11} & a_{12} \\ a_{21} & a_{22} \end{vmatrix}>0,\quad \cdots,\quad \begin{vmatrix} a_{11} & \cdots & a_{1n} \\ \vdots & & \vdots \\ a_{n1} & \cdots & a_{nn} \end{vmatrix}>0$$

对称矩阵 $\boldsymbol{A}$ 为负定的充分必要条件是：奇数阶主子式为负，而偶数阶主子式为正，即

$$(-1)^r\begin{vmatrix} a_{11} & \cdots & a_{1r} \\ \vdots & & \vdots \\ a_{r1} & \cdots & a_{rr} \end{vmatrix}>0 \quad (r=1,2,\cdots,n)$$

性质 4.3.1 正定矩阵具有以下简单性质:

(1) 若 $\boldsymbol{A}$ 为正定的, 则 $\boldsymbol{A}^{\mathrm{T}},\boldsymbol{A}^{-1},\boldsymbol{A}^{*}$ 均为正定矩阵;

(2) 若 $\boldsymbol{A},\boldsymbol{B}$ 均为 n 阶正定矩阵, 则 $\boldsymbol{A}+\boldsymbol{B}$ 也是正定矩阵.

证明从略.

例 4.3.1 判别二次型 $f(x_1,x_2,x_3)=5x_1^2+x_2^2+5x_3^2+4x_1x_2-8x_1x_3-4x_2x_3$ 是否正定.

解 二次型 $f(x_1,x_2,x_3)$ 的矩阵为

$$\boldsymbol{A}=\begin{pmatrix}5&2&-4\\2&1&-2\\-4&-2&5\end{pmatrix}$$

它的各阶主子式为

$$5>0,\quad \begin{vmatrix}5&2\\2&1\end{vmatrix}=1>0,\quad \begin{vmatrix}5&2&-4\\2&1&-2\\-4&-2&5\end{vmatrix}=1>0$$

根据霍尔维茨定理知上述二次型 $f(x_1,x_2,x_3)$ 是正定的.

例 4.3.2 判别二次型

$$f(x_1,x_2,x_3)=2x_1^2+4x_2^2+5x_3^2-4x_1x_3$$

是否正定.

解 用特征值判别法. 二次型 $f(x_1,x_2,x_3)$ 的矩阵为

$$\boldsymbol{A}=\begin{pmatrix}2&0&-2\\0&4&0\\-2&0&5\end{pmatrix}$$

令 $|\boldsymbol{A}-\lambda\boldsymbol{E}|=0$, 得 $\boldsymbol{A}$ 的特征值: $\lambda_1=1,\lambda_2=4,\lambda_3=6$. 即知 $\boldsymbol{A}$ 是正定矩阵, 故此二次型 $f(x_1,x_2,x_3)$ 为正定二次型.

例 4.3.3 判别二次型

$$f(x_1,x_2,x_3)=5x_1^2-6x_2^2-4x_3^2+4x_1x_2+4x_1x_3$$

是否正定.

解 二次型 $f(x_1,x_2,x_3)$ 的矩阵为

$$\boldsymbol{A}=\begin{pmatrix}-5&2&2\\2&-6&0\\2&0&-4\end{pmatrix}$$

它的各阶主子式为

$$-5<0,\quad \begin{vmatrix}-5&2\\2&-6\end{vmatrix}=26>0,\quad |\boldsymbol{A}|=-80<0$$

根据霍尔维茨定理知二次型 $f(x_1,x_2,x_3)$ 为负定的.

4.4 应用举例

本节介绍二次型在几何中二次曲面分类问题的应用.

设空间中一般的二次曲面的方程为

$$a_{11}x_1^2+a_{22}x_2^2+a_{33}x_3^2+2a_{12}x_1x_2+2a_{13}x_1x_3+2a_{23}x_2x_3+b_1x_1+b_2x_2+b_3x_3+c=0$$

其中，x_1,x_2,x_3 分别表示空间中一点的横坐标、纵坐标和竖坐标.

令

$$\boldsymbol{A}=\begin{pmatrix} a_{11} & a_{12} & a_{13} \\ a_{21} & a_{22} & a_{23} \\ a_{31} & a_{32} & a_{33} \end{pmatrix},\quad \boldsymbol{x}=\begin{pmatrix} x_1 \\ x_2 \\ x_3 \end{pmatrix},\quad \boldsymbol{b}=\begin{pmatrix} b_1 \\ b_2 \\ b_3 \end{pmatrix}$$

那么上述方程可以写成

$$\boldsymbol{x}^{\mathrm{T}}\boldsymbol{A}\boldsymbol{x}+\boldsymbol{b}^{\mathrm{T}}\boldsymbol{x}+c=0$$

下面将二次曲面的一般方程化成标准方程, 具体步骤为:

① 利用正交变换 $\boldsymbol{x}=\boldsymbol{P}\boldsymbol{y}$ 将二次曲面方程中的 $\boldsymbol{x}^{\mathrm{T}}\boldsymbol{A}\boldsymbol{x}$ 化成标准形

$$\boldsymbol{x}^{\mathrm{T}}\boldsymbol{A}\boldsymbol{x}=\lambda_1y_1^2+\lambda_2y_2^2+\lambda_3y_3^2$$

其中，$\lambda_1,\lambda_2,\lambda_3$ 是矩阵 $\boldsymbol{A}$ 的特征值, 相应地

$$\boldsymbol{b}^{\mathrm{T}}\boldsymbol{x}=\boldsymbol{b}^{\mathrm{T}}\boldsymbol{P}\boldsymbol{y}=b_1'y_1+b_2'y_2+b_3'y_3$$

这样二次曲面的方程化为

$$\lambda_1y_1^2+\lambda_2y_2^2+\lambda_3y_3^2+b_1'y_1+b_2'y_2+b_3'y_3+c=0$$

② 对上式配方, 在几何上就是作坐标平移变换, 可以得到二次曲面的标准形式, 根据 $\lambda_1,\lambda_2,\lambda_3$ 的不同取值, 可以得到二次曲面的 17 种标准方程.

(1) $\dfrac{x^2}{a^2}+\dfrac{y^2}{b^2}+\dfrac{z^2}{c^2}=1$　　(椭球面)

(2) $\dfrac{x^2}{a^2}+\dfrac{y^2}{b^2}+\dfrac{z^2}{c^2}=-1$　　(虚椭球面)

(3) $\dfrac{x^2}{a^2}+\dfrac{y^2}{b^2}+\dfrac{z^2}{c^2}=0$　　(点)

(4) $\dfrac{x^2}{a^2}+\dfrac{y^2}{b^2}-\dfrac{z^2}{c^2}=1$　　(单叶双曲面)

(5) $-\dfrac{x^2}{a^2}-\dfrac{y^2}{b^2}+\dfrac{z^2}{c^2}=1$　　(双叶双曲面)

(6) $\dfrac{x^2}{a^2}+\dfrac{y^2}{b^2}-\dfrac{z^2}{c^2}=0$　　(二次锥面)

(7) $\dfrac{x^2}{a^2}+\dfrac{y^2}{b^2}=z$　　(椭圆抛物面)

(8) $\frac{x^2}{a^2}-\frac{y^2}{b^2}=z$ (双曲抛物面)

(9) $\frac{x^2}{a^2}+\frac{y^2}{b^2}=1$ (椭圆柱面)

(10) $\frac{x^2}{a^2}+\frac{y^2}{b^2}=-1$ (虚椭圆柱面)

(11) $\frac{x^2}{a^2}+\frac{y^2}{b^2}=0$ (直线z轴)

(12) $\frac{x^2}{a^2}-\frac{y^2}{b^2}=1$ (双曲柱面)

(13) $\frac{x^2}{a^2}-\frac{y^2}{b^2}=0$ (一对相交平面)

(14) $x^2=a^2$ (一对平行平面)

(15) $x^2=-a^2$ (一对虚平行平面)

(16) $x^2=0$ (一对重合平面)

(17) $x^2=2py$ (抛物柱面)

例 4.4.1 将二次曲面

$$2x_1^2+3x_2^2+4x_3^2+4x_1x_2+4x_2x_3+4x_1-2x_2+12x_3+10=0$$

用正交变换与坐标平移变换为标准形.

解 设

$$\boldsymbol{A}=\begin{pmatrix}2&2&0\\2&3&2\\0&2&4\end{pmatrix},\quad \boldsymbol{x}=\begin{pmatrix}x_1\\x_2\\x_3\end{pmatrix},\quad \boldsymbol{b}=\begin{pmatrix}4\\-2\\12\end{pmatrix}$$

则曲面的方程可以表示成 $\boldsymbol{x}^{\mathrm{T}}\boldsymbol{A}\boldsymbol{x}+\boldsymbol{b}^{\mathrm{T}}\boldsymbol{x}+10=0$. 即

$$|\boldsymbol{A}-\lambda\boldsymbol{E}|=-\lambda(\lambda-3)(\lambda-6)$$

$\boldsymbol{A}$ 的特征值为 $\lambda_1=6,\lambda_1=3,\lambda_1=0$, 分别求出他们所对应的特征向量, 并将它们标准正交化得

$$\boldsymbol{p}_1=\begin{pmatrix}\frac{1}{3}\\\frac{2}{3}\\\frac{2}{3}\end{pmatrix},\quad \boldsymbol{p}_2=\begin{pmatrix}\frac{2}{3}\\\frac{1}{3}\\-\frac{2}{3}\end{pmatrix},\quad \boldsymbol{p}_3=\begin{pmatrix}\frac{2}{3}\\-\frac{2}{3}\\\frac{1}{3}\end{pmatrix}$$

令

$$P=\begin{pmatrix}\frac{1}{3} & \frac{2}{3} & \frac{2}{3}\\ \frac{2}{3} & \frac{1}{3} & -\frac{2}{3}\\ \frac{2}{3} & -\frac{2}{3} & \frac{1}{3}\end{pmatrix},\qquad y=\begin{pmatrix}y_1\\ y_2\\ y_3\end{pmatrix}$$

作正交变换 $x=Py$，原方程可以化为

$$6y_1^2+3y_2^2+8y_1-6y_2+8y_3+10=0$$

配方得

$$6\left(y_1+\frac{2}{3}\right)^2+3(y_2-1)^2+8\left(y_3+\frac{13}{24}\right)=0$$

令

$$\begin{cases}z_1=y_1+\dfrac{2}{3}\\ z_2=y_2-1\\ z_3=y_3+\dfrac{13}{24}\end{cases}$$

则曲面的方程可以化为标准形

$$6z_1^2+3z_2^2+8z_3=0$$

这是一个椭圆抛物面.

拓展阅读

经典例题讲解

数学家——陈景润院士的数学人生

陈景润(1933—1996)，中国著名的数学家，中国科学院院士，主要从事解析数论方面的研究，并在哥德巴赫猜想研究方面有重大贡献. 他在 20 世纪 50 年代对高斯圆内格点、球内格点、塔里问题与华林问题作了重要改进，60 年代以来对筛法及其有关重要问题做了深入研究，1966 年 5 月证明了命题“1 + 2”，将 200 多年来人们未能解决的哥德巴赫猜想的证明大大推进了一步，这一结果被国际上誉为“陈氏定理”. 获得国家自然科学奖一等奖、华罗庚数学奖、何梁何利基金科技进步奖等科技奖. 陈景润有着超人的勤奋和顽强的毅力，多年来孜孜不倦地致力于数学研究，废寝忘食，每天工作 12 个小时以上. 在遭受疾病折磨时，他都没有停止过自己的追求，为数学事业的发展作出了重大贡献. 他的事迹和拼搏献身的精神在全国各地广为传颂，成为一代又一代青少年心目中传奇式的人物和学习楷模.

习 题 4

(A)

一、填空题

1. 矩阵 $\boldsymbol{A}=\begin{pmatrix} 2 & -1 & 2 \\ -1 & 2 & 1 \\ 2 & 1 & 4 \end{pmatrix}$ 所对应的二次型为__________.

2. 二次型 $f(x_1,x_2,x_3)=(x_1,x_2,x_3)\begin{pmatrix} 1 & 4 & 5 \\ 2 & 2 & 3 \\ 1 & 5 & 3 \end{pmatrix}\begin{pmatrix} x_1 \\ x_2 \\ x_3 \end{pmatrix}$ 对应的矩阵为__________.

3. 二次型 $f(x_1,x_2,x_3)=(x_1+x_2+x_3)^2$ 对应的矩阵为__________.

4. 二次型 $f(x_1,x_2,x_3)=x_1^2+x_2^2+x_3^2+4x_1x_2$ 的秩为__________，正惯性指数为__________.

5. 设二次型 $f(x_1,x_2,x_3)$ 的秩为 2，正惯性指数为 1，则二次型 $f(x_1,x_2,x_3)$ 的规范形为__________.

6. 设二次型 $f(x_1,x_2,x_3)=5x_1^2+5x_2^2+ax_3^2-2x_1x_2+6x_1x_3-6x_2x_3$ 的秩为 2，则 $a=$__________.

7. 若二次型 $f(x_1,x_2,x_3)=2x_1^2+x_2^2+x_3^2+2x_1x_2+tx_2x_3$ 是正定的，则 t 的取值范围是__________.

8. 若二次型 $f(x_1,x_2,x_3)=x_1^2-x_2^2+x_3^2+2ax_1x_3+4x_2x_3$ 负惯性指数为 1，则 a 的取值范围是__________.

9. 已知二次型 $f(x_1,x_2,x_3)=2x_1^2+3x_2^2+3x_3^2+2ax_2x_3$ 经过正交变换 $\boldsymbol{x}=\boldsymbol{P}\boldsymbol{y}$ 化成标准形 $f(x_1,x_2,x_3)=y_1^2+2y_2^2+5y_3^2$，则 $a=$ __________.

10. 已知二次型 $f(x_1,x_2,x_3)=ax_1^2+ax_2^2+ax_3^2+2x_1x_2+2x_1x_3+2x_2x_3$ 经过正交变换 $\boldsymbol{x}=\boldsymbol{P}\boldsymbol{y}$ 化成标准形 $f(x_1,x_2,x_3)=3y_1^2$，则 $a=$ __________.

二、选择题

1. 二次型 $f(x_1,x_2,x_3,x_4)=(x_1+x_2+x_3)^2$ 对应的矩阵为(　　).

(A) $\begin{pmatrix} 1 & 0 & 0 & 0 \\ 0 & 1 & 0 & 0 \\ 0 & 0 & 1 & 0 \\ 0 & 0 & 0 & 1 \end{pmatrix}$　　(B) $\begin{pmatrix} 1 & 0 & 0 & 0 \\ 0 & 1 & 0 & 0 \\ 0 & 0 & 1 & 0 \\ 0 & 0 & 0 & 0 \end{pmatrix}$

(C) $\begin{pmatrix} 1 & 1 & 1 & 0 \\ 1 & 1 & 1 & 0 \\ 1 & 1 & 1 & 0 \\ 0 & 0 & 0 & 0 \end{pmatrix}$　(D) $\begin{pmatrix} 1 & 2 & 2 & 0 \\ 2 & 1 & 2 & 0 \\ 2 & 2 & 1 & 0 \\ 0 & 0 & 0 & 0 \end{pmatrix}$

2. 与矩阵 $\boldsymbol{A}=\begin{pmatrix} 1 & 2 & 0 \\ 2 & 1 & 0 \\ 0 & 0 & 1 \end{pmatrix}$ 合同的矩阵为(　　).

(A) $\begin{pmatrix} 1 & 0 & 0 \\ 0 & 1 & 0 \\ 0 & 0 & 1 \end{pmatrix}$　(B) $\begin{pmatrix} 1 & 0 & 0 \\ 0 & 1 & 0 \\ 0 & 0 & -1 \end{pmatrix}$

(C) $\begin{pmatrix} 1 & 0 & 0 \\ 0 & -1 & 0 \\ 0 & 0 & -1 \end{pmatrix}$　(D) $\begin{pmatrix} -1 & 0 & 0 \\ 0 & -1 & 0 \\ 0 & 0 & -1 \end{pmatrix}$

3. 设矩阵 $\boldsymbol{A}=\begin{pmatrix} 1 & 1 & 1 \\ 1 & 1 & 1 \\ 1 & 1 & 1 \end{pmatrix}$, $\boldsymbol{B}=\begin{pmatrix} 3 & 0 & 0 \\ 0 & 0 & 0 \\ 0 & 0 & 0 \end{pmatrix}$, 则 $\boldsymbol{A}$ 和 $\boldsymbol{B}$(　　).

(A) 合同且相似　(B) 合同但不相似

(C) 不合同但相似　(D) 不合同且不相似

4. 矩阵 $\boldsymbol{A}=\begin{pmatrix} 0 & 0 & 1 \\ 0 & 1 & 0 \\ 1 & 0 & 0 \end{pmatrix}$ 对应的二次型为(　　).

(A) $x_1^2+2x_2x_3$　(B) $x_2^2+2x_1x_3$

(C) $x_3^2+2x_2x_3$　(D) $x_3^2+2x_1x_3$

5. 二次型 $f(x_1,x_2,x_3)=(x_1+x_2)^2+(x_2-x_3)^2+(x_3+x_1)^2$ 的秩是(　　).

(A) 1　(B) 2　(C) 3　(D) 4

6. 二次型 $f(x_1,x_2,x_3)=-5x_1^2-6x_2^2-4x_3^2+4x_1x_2+4x_1x_3$ 是(　　).

(A) 负定二次型　(B) 正定二次型

(C) 既是正定又是负定二次型　(D) 既非正定又非负定二次型

7. 若二次型 $f(x_1,x_2,x_3)=x_1^2+ax_2^2+x_3^2+2x_1x_2-2x_2x_3-2ax_1x_3$ 的正负惯性指数都为 1, 则(　　).

(A) $a=1$　(B) $a=-2$

(C) $a=1,a=-2$　(D) $1<a<2$

8. 设四阶实对称矩阵 $\boldsymbol{A}$ 的特征值分别为−1, −2, −3, 4, 则二次型 $f(x_1,x_2,x_3,x_4)=\boldsymbol{x}^{\mathrm{T}}\boldsymbol{A}\boldsymbol{x}$ 的规范形为(　　).

(A) $-y_1^2-2y_2^2-3y_3^2+4y_4^2$　(B) $-y_1^2-y_2^2-y_3^2+y_4^2$

(C) $-y_1^2-y_2^2+y_3^2+y_4^2$　(D) $-y_1^2+y_2^2+y_3^2+y_4^2$

9. 二次型 $f(x_1,x_2,\cdots,x_n)=\boldsymbol{x}^{\mathrm{T}}\boldsymbol{A}\boldsymbol{x}$ 的矩阵$\boldsymbol{A}$的所有对角元为正是 $f(x_1,x_2,\cdots,x_n)$ 为正定的(　　).

(A) 充分条件但非必要条件　　(B) 必要条件但非充分条件

(C) 充分必要条件　　(D) 既非充分又非必要条件

10. 设$\boldsymbol{A}$是可逆实矩阵, 下面说法正确的是(　　).

(A) $\boldsymbol{A}^{\mathrm{T}}\boldsymbol{A}$是对称非正定矩阵　　(B) $\boldsymbol{A}^{\mathrm{T}}\boldsymbol{A}$是正定非对称矩阵

(C) $\boldsymbol{A}^{\mathrm{T}}\boldsymbol{A}$是既非对称又非正定矩阵　　(D) $\boldsymbol{A}^{\mathrm{T}}\boldsymbol{A}$是对称正定矩阵

(B)

1. 用矩阵的记号表示下列二次型:

(1) $f(x,y,z)=x^2+y^2-2z^2+6xy-8xz-4yz$;

(2) $f(x_1,x_2,x_3)=x_1^2+8x_1x_2+16x_2^2+4x_1x_3-x_3^2+8x_2x_3$;

(3) $f(x_1,x_2,x_3)=x_1^2+2x_2^2+3x_3^2+8x_1x_2+10x_1x_3+12x_2x_3$.

2. 写出下列二次型对应的矩阵:

(1) $f(x_1,x_2)=(x_1,x_2)\begin{pmatrix}2&4\\6&8\end{pmatrix}\begin{pmatrix}x_1\\x_2\end{pmatrix}$;

(2) $f(x_1,x_2,x_3)=(x_1,x_2,x_3)\begin{pmatrix}1&2&3\\4&5&6\\7&8&9\end{pmatrix}\begin{pmatrix}x_1\\x_2\\x_3\end{pmatrix}$.

3. 用正交变换的方法将下列二次型化成标准形, 并写出所用的正交变换.

(1) $f(x_1,x_2,x_3)=2x_1^2+x_2^2-4x_1x_2-4x_2x_3$;

(2) $f(x_1,x_2,x_3)=2x_1^2+3x_2^2+x_3^2+4x_1x_2-4x_1x_3$.

4. 用配方法将下列二次型化成标准形, 并写出所用的可逆线性变换.

(1) $f(x_1,x_2,x_3)=x_1^2-3x_2^2-2x_1x_2+2x_1x_3-6x_2x_3$;

(2) $f(x_1,x_2,x_3)=x_1x_2+x_1x_3+x_2x_3$.

5. 判断下列二次型的正定性.

(1) $f(x_1,x_2,x_3)=-2x_1^2-6x_2^2-4x_3^2+2x_1x_2+2x_1x_3$;

(2) $f(x_1,x_2,x_3)=3x_1^2+4x_2^2+5x_3^2+4x_1x_2-4x_2x_3$.

6. 已知$\begin{pmatrix}2-a&1&0\\1&1&0\\0&0&a+3\end{pmatrix}$是正定矩阵, 求 a 的值.

7. 求一正交变换将二次型

$$f(x,y,z)=3x^2+2y^2+2z^2+2xy+2xz$$

化成标准形.

8. 设$\boldsymbol{A}$是n阶正定矩阵, $\boldsymbol{E}$是n阶单位矩阵, 证明: $|\boldsymbol{A}+\boldsymbol{E}|>1$.

9. 设 $\boldsymbol{A}$ 和 $\boldsymbol{B}$ 均为 n 阶正定矩阵, 且 $\boldsymbol{A},\boldsymbol{B}$ 合同, 证明: $\boldsymbol{A}^{-1}$ 与 $\boldsymbol{B}^{-1}$ 合同.

10. 设 $\boldsymbol{A}$ 和 $\boldsymbol{C}$ 合同, $\boldsymbol{B}$ 和 $\boldsymbol{D}$ 合同, 证明: $\begin{pmatrix} \boldsymbol{A} & \boldsymbol{O} \\ \boldsymbol{O} & \boldsymbol{B} \end{pmatrix}$ 与 $\begin{pmatrix} \boldsymbol{C} & \boldsymbol{O} \\ \boldsymbol{O} & \boldsymbol{D} \end{pmatrix}$ 合同.

11. 设 $\boldsymbol{A}$ 和 $\boldsymbol{B}$ 分别是 n 阶正定矩阵, 证明: $\boldsymbol{BAB}$ 也是正定矩阵.

12. 设 $\boldsymbol{A}$ 是 n 阶实对称矩阵, 且满足 $\boldsymbol{A}^3-6\boldsymbol{A}^2+11\boldsymbol{A}-6\boldsymbol{E}=\boldsymbol{O}$, 证明: $\boldsymbol{A}$ 是正定矩阵.

13. 设 $\boldsymbol{A}$ 为 $m\times n$ 矩阵, 证明: $\boldsymbol{A}^{\mathrm{T}}\boldsymbol{A}$ 是正定矩阵的充分必要条件为 $R(\boldsymbol{A})=n$.

14. 设 $\boldsymbol{A}$ 与 $\boldsymbol{B}$ 为正定矩阵, 证明: 分块矩阵 $\begin{pmatrix} \boldsymbol{A} & \boldsymbol{O} \\ \boldsymbol{O} & \boldsymbol{B} \end{pmatrix}$ 为正定矩阵.

15. 设矩阵 $\boldsymbol{A}=\begin{pmatrix} 1 & 2 & 2 \\ 2 & 1 & 2 \\ 2 & 2 & 1 \end{pmatrix}$, $\boldsymbol{B}=(\boldsymbol{A}+k\boldsymbol{E})^2$. 求对角矩阵 $\boldsymbol{\Lambda}$, 使 $\boldsymbol{B}$ 和 $\boldsymbol{\Lambda}$ 相似, 并确定 k 为何值时, $\boldsymbol{B}$ 是正定矩阵.

16. 设矩阵 $\boldsymbol{A}=\begin{pmatrix} 1 & 2 & 2 \\ 2 & 1 & 2 \\ 2 & 2 & 1 \end{pmatrix}$, 多项式 $\varphi(x)=x^9-25x^{27}$, 求正交矩阵 $\boldsymbol{P}$, 使 $\boldsymbol{P}^{-1}\varphi(\boldsymbol{A})\boldsymbol{P}$ 为对角矩阵.

17. 当 t 满足什么条件时, 二次型 $f\left(x_1,x_2,x_3\right)=x_1^2+x_2^2+5x_3^2+2tx_1x_2-2x_1x_3-4x_2x_3$ 为正定二次型.

18. 设二次型 $f(x_1,x_2,x_3)=\boldsymbol{x}^{\mathrm{T}}\boldsymbol{A}\boldsymbol{x}$ 在正交变换 $\boldsymbol{x}=\boldsymbol{P}\boldsymbol{y}$ 下的标准形为 $y_1^2+y_2^2$, 且 $\boldsymbol{P}$ 的第 3 列为 $\left(\dfrac{\sqrt{2}}{2},0,\dfrac{\sqrt{2}}{2}\right)^{\mathrm{T}}$, 求矩阵 $\boldsymbol{A}$.

19. 设二次型 $f(x_1,x_2,x_3)=x_1^2+x_2^2-x_3^2+2kx_1x_2+2x_1x_3-2x_2x_3$. (1) 写出二次型 $f\left(x_1,x_2,x_3\right)$ 对应的矩阵; (2)经过正交变换 $\boldsymbol{x}=\boldsymbol{P}\boldsymbol{y}$ 化为标准形 $-2y_1^2+y_2^2+2y_3^2$, 求 k 和正交矩阵 $\boldsymbol{P}$.

20. 设二次型 $f\left(x_1,x_2,x_3\right)=ax_1^2+2x_2^2-2x_3^2+2bx_1x_3(b>0)$, 其中二次型的矩阵 $\boldsymbol{A}$ 的特征值之和为 1, 特征值之积为−12.

(1) 求 a,b 的值;

(2) 利用正交变换把二次型化为标准形, 并写出所用的正交变换和对应的正交矩阵.

(C)

1. 设二次型 $f(x_1,x_2,x_3)=x_1^2+x_2^2+4x_3^2-4x_1x_2+2ax_1x_3+2bx_2x_3$ 的秩为 2, 求 a,b 满足的条件.

2. 设对称矩阵 $\boldsymbol{A}$ 为三阶对称矩阵, $R(\boldsymbol{A})=2$, 且满足 $\boldsymbol{A}^3+2\boldsymbol{A}^2=\boldsymbol{O}$.

(1) 求 $\boldsymbol{A}$ 的全部特征值;

(2) 当 k 为何值时, $\boldsymbol{A}+k\boldsymbol{E}$ 为正定矩阵.

3. 求 $f(x_1,x_2,x_3)=3x_1^2+3x_2^2+2x_1x_2+4x_1x_3-4x_2x_3$ 在条件 $x_1^2+x_2^2+x_3^2=1$ 下的最大值和最小值.

4. 设 $\boldsymbol{A}$ 为 n 阶正定方阵. 证明: 若 $\mathbf{R}^n$ 中的非零向量组 $\boldsymbol{\alpha}_1,\boldsymbol{\alpha}_2,\cdots,\boldsymbol{\alpha}_n$ 满足 $\boldsymbol{\alpha}_i^{\mathrm{T}}\boldsymbol{A}\boldsymbol{\alpha}_j=0$ $(i\neq j;i,j=1,2,\cdots,n)$, 则向量组 $\boldsymbol{\alpha}_1,\boldsymbol{\alpha}_2,\cdots,\boldsymbol{\alpha}_n$ 线性无关.

5. 设 $\boldsymbol{A}$ 为 m 阶正定矩阵, $\boldsymbol{B}$ 为 $m\times n$ 矩阵, 证明: $\boldsymbol{B}^{\mathrm{T}}\boldsymbol{A}\boldsymbol{B}$ 是正定矩阵的充分必要条件为 $R(\boldsymbol{B})=n$.

6. 设 $\boldsymbol{D}=\begin{pmatrix}\boldsymbol{A} & \boldsymbol{C}\\ \boldsymbol{C}^{\mathrm{T}} & \boldsymbol{B}\end{pmatrix}$ 为正定矩阵, 其中 $\boldsymbol{A},\boldsymbol{B}$ 分别为 m 阶, n 阶对称矩阵, $\boldsymbol{C}$ 为 $m\times n$ 矩阵. (1) 计算 $\boldsymbol{P}^{\mathrm{T}}\boldsymbol{D}\boldsymbol{P}$, 其中 $\boldsymbol{P}=\begin{pmatrix}\boldsymbol{E}_m & -\boldsymbol{A}^{-1}\boldsymbol{C}\\ \boldsymbol{O} & \boldsymbol{E}_n\end{pmatrix}$; (2) 利用(1)结果判断 $\boldsymbol{B}-\boldsymbol{C}^{\mathrm{T}}\boldsymbol{A}^{-1}\boldsymbol{C}$ 是否为正定矩阵, 并证明其结论.

7. 设对称矩阵 $\boldsymbol{A}$ 为正定矩阵, 证明存在可逆矩阵 $\boldsymbol{U}$, 使得 $\boldsymbol{A}=\boldsymbol{U}^{\mathrm{T}}\boldsymbol{U}$, 即 $\boldsymbol{A}$ 和单位矩阵 $\boldsymbol{E}$ 合同.

8. 设 $\boldsymbol{A}$ 是可逆实矩阵, 证明: $\boldsymbol{A}^{\mathrm{T}}\boldsymbol{A}$ 是一个正定矩阵.

9. 设 $\boldsymbol{A}$ 为 n 阶实对称矩阵, $\boldsymbol{B}$ 为 n 阶实矩阵, 且 $\boldsymbol{A}$ 与 $\boldsymbol{A}-\boldsymbol{B}^{\mathrm{T}}\boldsymbol{A}\boldsymbol{B}$ 均为正定矩阵, λ 是 $\boldsymbol{B}$ 的一个实特征值, 证明: $|\lambda|<1$.

10. 设 $\boldsymbol{A}$ 为正定矩阵且为正交矩阵, 证明: $\boldsymbol{A}=\boldsymbol{E}$.

第 5 章　线性空间与线性变换

在前几章中，我们把有序数组称为(行)向量(矩阵)，讨论了所谓线性性质，即线性相关性. 并由此讨论向量组的最大无关组与秩等重要概念，我们已经知道这些理论在线性方程组的可解性理论中起到了至关重要的作用. 本章我们将把这些概念进一步推广，其中最关键的是允许不仅仅是有序数组可以是向量，只要满足一定条件(公理)的对象，都将称其为“向量”，并由此建立相应的线性空间的理论.

线性变换是本章要介绍的另外一个重要概念，粗略地讲，其指的是线性空间之间保持线性运算的映射. 至此，在某种意义上，线性代数是研究线性空间与线性变换的学科.

5.1　线性空间的定义与性质

线性空间是线性代数最基本的概念之一，也是一个抽象的概念，同时是向量空间概念的推广.

线性空间是为了解决实际问题而引入的，即把实际问题中的某个集合看作向量空间，进而通过研究向量空间反过来解决实际问题.

定义 5.1.1　设 V 是一个非空集合，$\mathbf{R}$ 为实数域. 如果对于任意两个元素 $\boldsymbol{\alpha},\boldsymbol{\beta}\in V$，总有唯一的一个元素 $\boldsymbol{\gamma}\in V$ 与之对应，称 $\boldsymbol{\gamma}$ 为 $\boldsymbol{\alpha}$ 与 $\boldsymbol{\beta}$ 的和(简称**加法运算**)，记作 $\boldsymbol{\gamma}=\boldsymbol{\alpha}+\boldsymbol{\beta}$；若对于任一数 $\lambda\in\mathbf{R}$ 与任一元素 $\boldsymbol{\alpha}\in V$，总有唯一的元素 $\boldsymbol{\delta}\in V$ 与之对应，称 $\boldsymbol{\delta}$ 为数 λ 与 $\boldsymbol{\alpha}$ 的积(简称**数乘运算**)，记作 $\boldsymbol{\delta}=\lambda\boldsymbol{\alpha}$. 如果上述的两种运算满足以下 8 条运算规律，那么，就称 V 为数域 $\mathbf{R}$ 上的**线性空间**(或**向量空间**)(设 $\boldsymbol{\alpha},\boldsymbol{\beta},\boldsymbol{\gamma}\in V$，$\lambda,\mu\in\mathbf{R}$)：

(1) 加法交换律：$\boldsymbol{\alpha}+\boldsymbol{\beta}=\boldsymbol{\beta}+\boldsymbol{\alpha}$；

(2) 加法结合律：$(\boldsymbol{\alpha}+\boldsymbol{\beta})+\boldsymbol{\gamma}=\boldsymbol{\alpha}+(\boldsymbol{\beta}+\boldsymbol{\gamma})$；

(3) 零元素：存在 $\mathbf{0}\in V$，对任一向量 $\boldsymbol{\alpha}\in V$，有 $\boldsymbol{\alpha}+\mathbf{0}=\boldsymbol{\alpha}$；

(4) 负元素：对任一元素 $\boldsymbol{\alpha}\in V$，存在 $\boldsymbol{\beta}\in V$，有 $\boldsymbol{\alpha}+\boldsymbol{\beta}=\mathbf{0}$，记 $\boldsymbol{\beta}=-\boldsymbol{\alpha}$；

(5) $1\boldsymbol{\alpha}=\boldsymbol{\alpha}$；

(6) 数乘结合律：$\lambda(\mu\boldsymbol{\alpha})=(\lambda\mu)\boldsymbol{\alpha}$；

(7) 数乘对加法的分配律：$\lambda(\boldsymbol{\alpha}+\boldsymbol{\beta})=\lambda\boldsymbol{\alpha}+\lambda\boldsymbol{\beta}$；

(8) 数量加法对数乘的分配律：$(\lambda+\mu)\boldsymbol{\alpha}=\lambda\boldsymbol{\alpha}+\mu\boldsymbol{\alpha}$.

另外，V 中的元素都称为**向量**，并且满足上述 8 条规律的加法及数乘运算，称为**线性运算**.

这 8 条运算规律中，(1)和(2)是我们熟悉的加法的交换律和结合律，而(3)和(4)则保证了加法有逆运算，即可以定义减法：若 $\boldsymbol{\alpha}+\boldsymbol{\beta}=\boldsymbol{\gamma}$，而 $\boldsymbol{\beta}$ 的负元素是 $-\boldsymbol{\beta}$，则 $\boldsymbol{\gamma}-\boldsymbol{\beta}$ 被定义为 $\boldsymbol{\gamma}+(-\boldsymbol{\beta})$，即有 $\boldsymbol{\gamma}-\boldsymbol{\beta}=\boldsymbol{\gamma}+(-\boldsymbol{\beta})=\boldsymbol{\alpha}$. (6)～(8)是数乘的结合律和分配律，而(5)则保证了

非零数乘有逆运算，即当 $\lambda \neq 0$ 时，若 $\lambda\boldsymbol{\alpha}=\boldsymbol{\beta}$，则 $\frac{1}{\lambda}\boldsymbol{\beta}=\boldsymbol{\alpha}$.

在前面，我们把有序数组称为向量(矩阵的特例)，并对它定义了(矩阵的)加法和数乘运算，容易验证那里定义的这些运算满足上述 8 条运算规律，于是，对于运算为封闭的有序数组的集合应该称为向量空间. 显然，那些只是现在的定义的特殊情况. 比较起来，现在的定义有了如下的推广：

(1) 向量不一定是有序数组；

(2) 向量空间中的运算只要求满足上述 8 条运算规律即可，并不需要一定是有序数组的加法及数乘运算.

例 5.1.1　实数域上的全体 $m\times n$ 矩阵，对矩阵的加法和数乘运算构成实数域 $\mathbf{R}$ 上的线性空间，记作 $\mathbf{R}^{m\times n}$. $\mathbf{R}^{m\times n}$ 中的向量(元素)是 $m\times n$ 矩阵.

例 5.1.2　次数不超过 n 的多项式的全体，记作 $\boldsymbol{P}[x]_n$，即

$$\boldsymbol{P}[x]_n=\{p=a_nx^n+a_{n-1}x^{n-1}+\cdots+a_1x+a_0 \mid a_n,\cdots,a_1,a_0\in\mathbf{R}\}$$

则对通常多项式加法、数乘多项式的乘法构成向量空间. 这是因为通常的多项式加法，数乘多项式的乘法两种运算满足线性运算规律. 故只需验证 $\boldsymbol{P}[x]_n$ 对运算封闭即可，而

$$\begin{aligned}&(a_nx^n+\cdots+a_1x+a_0)+(b_nx^n+\cdots+b_1x+b_0)\\&=(a_n+b_n)x^n+\cdots+(a_1+b_1)x+(a_0+b_0)\in\boldsymbol{P}[x]_n\end{aligned}$$

$$\lambda(a_nx^n+\cdots+a_1x+a_0)=(\lambda a_n)x^n+\cdots+(\lambda a_1)x+(\lambda a_0)\in\boldsymbol{P}[x]_n$$

所以 $\boldsymbol{P}[x]_n$ 是一个向量空间.

例 5.1.3　次数等于 n 的多项式的全体，记作 $\boldsymbol{Q}[x]_n$，即

$$\boldsymbol{Q}[x]_n=\{p=a_nx^n+a_{n-1}x^{n-1}+\cdots+a_1x+a_0 \mid a_n,\cdots,a_1,a_0\in\mathbf{R},a_n\neq 0\}$$

对于通常的多项式加法，数乘不构成向量空间. 这是因为

$$0p=0x^n+\cdots+0x+0\notin\boldsymbol{Q}[x]_n$$

所以 $\boldsymbol{Q}[x]_n$ 对线性运算不封闭.

例 5.1.4　在区间 $[a,b]$ 上全体实连续函数构成的集合记作 $C[a,b]$，对函数的加法和数与函数的数量乘法，构成实数域上的线性空间.

一个数集合，若定义的加法和数乘运算不是通常的实数间的加，乘运算，则必需检验是否满足 8 条线性运算规律.

例 5.1.5　记 $\mathbf{R}^+$ 表示正实数的全体，定义加法及数乘运算为

$$a\oplus b=ab\quad(a,b\in\mathbf{R}^+)$$

$$\lambda\bullet a=a^{\lambda}\quad(\lambda\in\mathbf{R},a\in\mathbf{R}^+)$$

验证 $\mathbf{R}^+$ 对上述加法与数乘运算构成(实数域上的)线性空间.

证　对任意 $a,b\in\mathbf{R}^+,\lambda\in\mathbf{R}$，$a\oplus b=ab\in\mathbf{R}^+$，$\lambda\bullet a=a^{\lambda}\in\mathbf{R}^+$，所以对 $\mathbf{R}^+$ 上定义的加法与数乘运算封闭.

下面验证 8 条线性运算规律:

对任意 $a,b,c\in\mathbf{R}^+,\lambda,\mu\in\mathbf{R}$，有

(1) $a\oplus b=ab=ba=b\oplus a$;

(2) $(a\oplus b)\oplus c=(ab)\oplus c=(ab)c=a(bc)=a\oplus(b\oplus c)$;

(3) $\mathbf{R}^+$ 中存在零元 1, 对任何 $a\in\mathbf{R}^+$，有 $a\oplus 1=a\cdot 1=a$;

(4) 对任一元素 $a\in\mathbf{R}^+$，存在负元素 $a^{-1}\in\mathbf{R}^+$，有 $a\oplus a^{-1}=a\cdot a^{-1}=1$;

(5) $1\bullet a=a^1=a$;

(6) $\lambda\bullet(\mu\bullet a)=\lambda\bullet a^{\mu}=(a^{\mu})^{\lambda}=a^{\lambda\mu}=(\lambda\mu)\bullet a$;

(7) $(\lambda+\mu)\bullet a=a^{\lambda+\mu}=a^{\lambda}a^{\mu}=a^{\lambda}\oplus a^{\mu}=(\lambda\bullet a)\oplus(\mu\bullet a)$;

(8) $\lambda\bullet(a\oplus b)=\lambda\bullet(ab)=(ab)^{\lambda}=a^{\lambda}b^{\lambda}=a^{\lambda}\oplus b^{\lambda}=(\lambda\bullet a)\oplus(\lambda\bullet b)$.

因此 $\mathbf{R}^+$ 对所定义的运算构成线性空间.

下面讨论线性空间的一些性质:

性质 5.1.1 零元素是唯一的.

证 假设 $\mathbf{0}_1,\mathbf{0}_2$ 是线性空间 V 中的两个零元素. 则对任何 $\boldsymbol{\alpha}\in V$ 有，$\boldsymbol{\alpha}+\mathbf{0}_1=\boldsymbol{\alpha},\boldsymbol{\alpha}+\mathbf{0}_2=\boldsymbol{\alpha}$，由于 $\mathbf{0}_1,\mathbf{0}_2\in V$，则有

$$\mathbf{0}_2+\mathbf{0}_1=\mathbf{0}_2,\quad \mathbf{0}_1+\mathbf{0}_2=\mathbf{0}_1$$

于是有 $\mathbf{0}_1=\mathbf{0}_1+\mathbf{0}_2=\mathbf{0}_2+\mathbf{0}_1=\mathbf{0}_2$.

性质 5.1.2 负元素是唯一的.

证 设 $\boldsymbol{\beta},\boldsymbol{\gamma}$ 是 $\boldsymbol{\alpha}$ 的负元素, 即有 $\boldsymbol{\alpha}+\boldsymbol{\beta}=\mathbf{0},\boldsymbol{\alpha}+\boldsymbol{\gamma}=\mathbf{0}$. 因此

$$\boldsymbol{\beta}=\boldsymbol{\beta}+\mathbf{0}=\boldsymbol{\beta}+(\boldsymbol{\alpha}+\boldsymbol{\gamma})=(\boldsymbol{\beta}+\boldsymbol{\alpha})+\boldsymbol{\gamma}=(\boldsymbol{\alpha}+\boldsymbol{\beta})+\boldsymbol{\gamma}=\mathbf{0}+\boldsymbol{\gamma}=\boldsymbol{\gamma}$$

性质 5.1.3 $0\boldsymbol{\alpha}=\mathbf{0}; (-1)\boldsymbol{\alpha}=-\boldsymbol{\alpha}; \lambda\mathbf{0}=\mathbf{0}$.

证 首先

$$\boldsymbol{\alpha}+0\boldsymbol{\alpha}=1\boldsymbol{\alpha}+0\boldsymbol{\alpha}=(1+0)\boldsymbol{\alpha}=1\boldsymbol{\alpha}=\boldsymbol{\alpha}$$

对此式两边同时加上 $\boldsymbol{\alpha}$ 的负元素(性质 5.1.2 已经说明负元素是唯一存在的) $-\boldsymbol{\alpha}$，有 $-\boldsymbol{\alpha}+\boldsymbol{\alpha}+0\boldsymbol{\alpha}=-\boldsymbol{\alpha}+\boldsymbol{\alpha}$，即有 $0\boldsymbol{\alpha}=\mathbf{0}$.

又因为

$$\boldsymbol{\alpha}+(-1)\boldsymbol{\alpha}=1\boldsymbol{\alpha}+(-1)\boldsymbol{\alpha}=(1+(-1))\boldsymbol{\alpha}=0\boldsymbol{\alpha}=\mathbf{0}$$

对此式两边同时加上 $\boldsymbol{\alpha}$ 的负元素 $-\boldsymbol{\alpha}$，有 $-\boldsymbol{\alpha}+\boldsymbol{\alpha}+(-1)\boldsymbol{\alpha}=\mathbf{0}+(-\boldsymbol{\alpha})$，即有 $(-1)\boldsymbol{\alpha}=-\boldsymbol{\alpha}$.

最后, 由于 $\lambda\mathbf{0}=\lambda(\mathbf{0}+\mathbf{0})=\lambda\mathbf{0}+\lambda\mathbf{0}$，对此式两边同时加上 $\lambda\mathbf{0}$ 的负元素 $-\lambda\mathbf{0}$，有

$$\lambda\mathbf{0}+(-\lambda\mathbf{0})=\lambda\mathbf{0}+\lambda\mathbf{0}+(-\lambda\mathbf{0})$$

即有 $\lambda\mathbf{0}=\mathbf{0}$.

性质 5.1.4 若 $\lambda\boldsymbol{\alpha}=\mathbf{0}$，则 $\lambda=0$ 或 $\boldsymbol{\alpha}=\mathbf{0}$.

证 若 $\lambda\neq 0$，在 $\lambda\boldsymbol{\alpha}=\mathbf{0}$ 两边乘上 $\frac{1}{\lambda}$，得 $\frac{1}{\lambda}(\lambda\boldsymbol{\alpha})=\frac{1}{\lambda}\mathbf{0}=\mathbf{0}$，但是 $\frac{1}{\lambda}(\lambda\boldsymbol{\alpha})=\left(\frac{1}{\lambda}\lambda\right)\boldsymbol{\alpha}=1\boldsymbol{\alpha}=\boldsymbol{\alpha}$，从而就有 $\boldsymbol{\alpha}=\mathbf{0}$.

最后，我们给出子空间的定义.

定义 5.1.2　设 V 是一个线性空间，L 是 V 的一个非空子集，若 L 对于 V 中所定义的加法和数乘两种运算也构成一个线性空间，则称 L 为 V 的子空间.

定理 5.1.1　线性空间 V 的非空子集 L 构成子空间的充分必要条件是：L 对于 V 中的线性运算封闭.

证　若 L 是线性空间 V 的子空间，则由定义知，L 对于 V 中的线性运算封闭. 反之，L 是线性空间 V 的非空子集，则 L 中的元素必为 V 中的元素. 又由于 L 对于 V 中的线性运算封闭，则 L 中的元素的线性运算就是 V 中元素在 V 中的运算，因此，8 条运算规律中(1), (2), (5), (6), (7), (8)显然成立，故只需验证(3), (4)两条成立，即零元素 $\mathbf{0}$ 在 L 中，且 L 中元素的负元素也在 L 中.

对任意的 $\boldsymbol{\alpha}\in L$，取 $0\in\mathbf{R}$，由运算的封闭性知：$0\boldsymbol{\alpha}\in L$，而 $0\boldsymbol{\alpha}=\mathbf{0}$，故 $\mathbf{0}\in L$，从而(3)成立. 再取 $-1\in\mathbf{R}$，同样由运算的封闭性知：$(-1)\boldsymbol{\alpha}\in L$，且 $\boldsymbol{\alpha}+(-1)\boldsymbol{\alpha}=\mathbf{0}$，所以 $\boldsymbol{\alpha}$ 的负元素就是 $(-1)\boldsymbol{\alpha}$，从而(4)成立. 所以 L 是线性空间 V 的子空间.

5.2　维数、基与坐标

在第 2 章中，我们看到向量组的线性组合、线性相关与线性无关等这些概念在解决线性方程组的解集的结构时起了至关重要的作用，而这些概念本质上只涉及到线性运算（加法和数乘）而与向量本身具体为何物无关，所以这些概念可以推广到线性空间中，即对于一般的线性空间中的向量仍然适用. 在后面的讨论中，我们将直接引用这些概念和性质.

$\mathbf{R}^n$ 中向量组的最大无关组与秩的概念推广到线性空间中，就是基与维数的概念.

定义 5.2.1　在线性空间 V 中，如果存在 n 个元素 $\boldsymbol{\alpha}_1,\boldsymbol{\alpha}_2,\cdots,\boldsymbol{\alpha}_n$，满足：

(1) $\boldsymbol{\alpha}_1,\boldsymbol{\alpha}_2,\cdots,\boldsymbol{\alpha}_n$ 线性无关；

(2) V 中任一元素 $\boldsymbol{\alpha}$ 总可以由 $\boldsymbol{\alpha}_1,\boldsymbol{\alpha}_2,\cdots,\boldsymbol{\alpha}_n$ 线性表示.

则称 $\boldsymbol{\alpha}_1,\boldsymbol{\alpha}_2,\cdots,\boldsymbol{\alpha}_n$ 为线性空间 V 的一个基，n 称为线性空间 V 的维数. 只含一个零向量的线性空间没有基，规定其维数为 0.

维数为 n 的线性空间 V 称为 n 维线性空间，记作 V_n.

当一个线性空间 V 中存在任意多个线性无关的向量时，就称 V 是无限维的. 例如，实数域上的所有多项式的全体构成的线性空间：

$$P[x]=\{p=a_nx^n+a_{n-1}x^{n-1}+\cdots+a_1x+a_0\mid a_n,\cdots,a_1,a_0\in\mathbf{R},n\in\mathbf{N}\}$$

是一个无限维的线性空间. 因为对任何正整数 n，其含有 n 个线性无关的向量 $1,x,\cdots,x^{n-1}$. 若 $\boldsymbol{\alpha}_1,\boldsymbol{\alpha}_2,\cdots,\boldsymbol{\alpha}_n$ 为 V_n 的一个基，则 V_n 可表示为

$$V_n=\{\boldsymbol{\alpha}=x_1\boldsymbol{\alpha}_1+x_2\boldsymbol{\alpha}_2+\cdots+x_n\boldsymbol{\alpha}_n\mid x_1,x_2,\cdots,x_n\in\mathbf{R}\}$$

这个等式告诉我们，只要知道一个线性空间的基，那么整个线性空间的元素的分布都是清晰的，也就是说，我们清楚线性空间的结构. 具体来说：对于任意的 $\boldsymbol{\alpha}\in V_n$，总有一组

（有序）数 $x_1,x_2,\cdots,x_n$ 使得 $\boldsymbol{\alpha}=x_1\boldsymbol{\alpha}_1+x_2\boldsymbol{\alpha}_2+\cdots+x_n\boldsymbol{\alpha}_n$，由于 $\boldsymbol{\alpha}_1,\boldsymbol{\alpha}_2,\cdots,\boldsymbol{\alpha}_n$ 的线性无关性，我们知道数组 $x_1,x_2,\cdots,x_n$ 是唯一存在的，即将 $\boldsymbol{\alpha}\in V_n$ 对应为 $x_1,x_2,\cdots,x_n$ 这一组数是一个映射，也就是从 V_n 到 $\mathbf{R}^n$ 的一个映射:

$$\boldsymbol{\alpha}=x_1\boldsymbol{\alpha}_1+x_2\boldsymbol{\alpha}_2+\cdots+x_n\boldsymbol{\alpha}_n\mapsto(x_1,x_2,\cdots,x_n)$$

反之，任给一组有序数 $x_1,x_2,\cdots,x_n$，可以得到唯一向量 $\boldsymbol{\alpha}=x_1\boldsymbol{\alpha}_1+x_2\boldsymbol{\alpha}_2+\cdots+x_n\boldsymbol{\alpha}_n\in V_n$，使得得到的向量 $\boldsymbol{\alpha}$ 在上面的映射下的像回到有序数组 $x_1,x_2,\cdots,x_n$. 也就是 V_n 的向量 $\boldsymbol{\alpha}$ 与 $\mathbf{R}^n$ 的数组 $(x_1,x_2,\cdots,x_n)$ 是一一对应的. 因此，可以用这组有序数来表示向量. 于是，给出如下定义.

定义 5.2.2　设 $\boldsymbol{\alpha}_1,\boldsymbol{\alpha}_2,\cdots,\boldsymbol{\alpha}_n$ 是线性空间 V_n 的一个基，对任意 $\boldsymbol{\alpha}\in V_n$，总有且仅有一组有序数 $x_1,x_2,\cdots,x_n$，使

$$\boldsymbol{\alpha}=x_1\boldsymbol{\alpha}_1+x_2\boldsymbol{\alpha}_2+\cdots+x_n\boldsymbol{\alpha}_n$$

则称此组有序数 $x_1,x_2,\cdots,x_n$ 为元素 $\boldsymbol{\alpha}$ 在基 $\boldsymbol{\alpha}_1,\boldsymbol{\alpha}_2,\cdots,\boldsymbol{\alpha}_n$ 下的坐标，并记作

$$\boldsymbol{\alpha}=(x_1,x_2,\cdots,x_n)^{\mathrm{T}}$$

例 5.2.1　在线性空间 $P[x]_4$ 中，$\boldsymbol{p}_0=1,\boldsymbol{p}_1=x,\boldsymbol{p}_2=x^2,\boldsymbol{p}_3=x^3,\boldsymbol{p}_4=x^4$ 就是 $P[x]_4$ 的一个基. 这是因为任意不超过 4 次的多项式：$\boldsymbol{p}=a_4x^4+a_3x^3+a_2x^2+a_1x+a_0$ 都可表示为

$$\boldsymbol{p}=a_4\boldsymbol{p}_4+a_3\boldsymbol{p}_3+a_2\boldsymbol{p}_2+a_1\boldsymbol{p}_1+a_0\boldsymbol{p}_0=a_0\boldsymbol{p}_0+a_1\boldsymbol{p}_1+a_2\boldsymbol{p}_2+a_3\boldsymbol{p}_3+a_4\boldsymbol{p}_4$$

因此，$\boldsymbol{p}$ 在这个基下的坐标为 $(a_0,a_1,a_2,a_3,a_4)^{\mathrm{T}}$.

若取另一个基：$\boldsymbol{q}_0=1,\boldsymbol{q}_1=1+x,\boldsymbol{q}_2=2x^2,\boldsymbol{q}_3=x^3,\boldsymbol{q}_4=x^4$，则

$$\begin{aligned}\boldsymbol{p}&=a_0+a_1x+a_2x^2+a_3x^3+a_4x^4\\&=(a_0-a_1)+a_1(1+x)+\frac{a_2}{2}(2x^2)+a_3x^3+a_4x^4\\&=(a_0-a_1)\boldsymbol{q}_0+a_1\boldsymbol{q}_1+\frac{a_2}{2}\boldsymbol{q}_2+a_3\boldsymbol{q}_3+a_4\boldsymbol{q}_4\end{aligned}$$

因此，$\boldsymbol{p}$ 在这个基下的坐标为 $(a_0-a_1,a_1,\dfrac{a_2}{2},a_3,a_4)^{\mathrm{T}}$.

注意，线性空间 V_n 的任一元素在一个基下对应的坐标是唯一的，在不同的基下所对应的坐标一般不同.

坐标这个概念的引入实际上是由于存在着线性空间 V_n 到 $\mathbf{R}^n$ 的映射所导致的. 下面继续讨论此映射的性质，具体来说，我们将集中精力关注此映射的运算性质.

设 $\boldsymbol{\alpha},\boldsymbol{\beta}\in V_n$，且 $\boldsymbol{\alpha}=x_1\boldsymbol{\alpha}_1+x_2\boldsymbol{\alpha}_2+\cdots+x_n\boldsymbol{\alpha}_n$，$\boldsymbol{\beta}=y_1\boldsymbol{\alpha}_1+y_2\boldsymbol{\alpha}_2+\cdots+y_n\boldsymbol{\alpha}_n$ 即 $\boldsymbol{\alpha}$ 的坐标为 $(x_1,x_2,\cdots,x_n)^{\mathrm{T}}$ 而 β 的坐标为 $(y_1,y_2,\cdots,y_n)^{\mathrm{T}}$. 于是就有

$$\boldsymbol{\alpha}+\boldsymbol{\beta}=(x_1+y_1)\boldsymbol{\alpha}_1+(x_2+y_2)\boldsymbol{\alpha}_2+\cdots+(x_n+y_n)\boldsymbol{\alpha}_n$$

$$\lambda\boldsymbol{\alpha}=(\lambda x_1)\boldsymbol{\alpha}_1+(\lambda x_2)\boldsymbol{\alpha}_2+\cdots+(\lambda x_n)\boldsymbol{\alpha}_n$$

即 $\boldsymbol{\alpha}+\boldsymbol{\beta}$ 的坐标为

$$(x_1+y_1,x_2+y_2,\cdots,x_n+y_n)^{\mathrm{T}}=(x_1,x_2,\cdots,x_n)^{\mathrm{T}}+(y_1,y_2,\cdots,y_n)^{\mathrm{T}}$$

$\lambda\boldsymbol{\alpha}$的坐标为

$$(\lambda x_1,\lambda x_2,\cdots,\lambda x_n)^{\mathrm{T}}=\lambda(x_1,x_2,\cdots,x_n)^{\mathrm{T}}$$

上式表明：在向量用坐标表示后，它们的运算就归结为坐标的运算，因而对线性空间V_n的讨论就归结为线性空间$\mathbf{R}^n$的讨论.

下面更确切地说明这一点.

定义 5.2.3　设U,V是两个线性空间，如果它们的元素之间有一一对应关系，且这个对应关系保持线性组合的对应，那么称线性空间U与V同构.

上面的讨论说明：任何n维线性空间都与$\mathbf{R}^n$同构，而且同构是线性空间之间的一个**等价关系.** 即维数相等的线性空间都是同构的，从而，我们知道线性空间的结构完全被它的维数所决定. 在对抽象线性空间的讨论中，无论构成线性空间的元素是什么，其中的运算是如何定义的，我们所关心的只是这些运算的代数(线性运算)性质. 从这个意义上可知，同构的线性空间是可以不加区别的，而有限维线性空间唯一本质的特征就是它的维数.

5.3　基变换与坐标变换

在n维线性空间V_n中，任意n个线性无关的向量都可以作为V_n的一个基. 对于不同的基，同一个向量的坐标一般是不同的.

那么，同一个向量在不同基下的坐标有什么关系？换句话说，随着基的改变，向量的坐标如何改变？

设$\boldsymbol{\alpha}_1,\boldsymbol{\alpha}_2,\cdots,\boldsymbol{\alpha}_n$及$\boldsymbol{\beta}_1,\boldsymbol{\beta}_2,\cdots,\boldsymbol{\beta}_n$是$n$维线性空间$V_n$的两个基，且有

$$\begin{cases}\boldsymbol{\beta}_1=p_{11}\boldsymbol{\alpha}_1+p_{21}\boldsymbol{\alpha}_2+\cdots+p_{n1}\boldsymbol{\alpha}_n\\ \boldsymbol{\beta}_2=p_{12}\boldsymbol{\alpha}_1+p_{22}\boldsymbol{\alpha}_2+\cdots+p_{n2}\boldsymbol{\alpha}_n\\ \qquad\cdots\cdots\\ \boldsymbol{\beta}_n=p_{1n}\boldsymbol{\alpha}_1+p_{2n}\boldsymbol{\alpha}_2+\cdots+p_{nn}\boldsymbol{\alpha}_n\end{cases}\tag{5.3.1}$$

把$\boldsymbol{\alpha}_1,\boldsymbol{\alpha}_2,\cdots,\boldsymbol{\alpha}_n$这$n$个有序向量记作$(\boldsymbol{\alpha}_1,\boldsymbol{\alpha}_2,\cdots,\boldsymbol{\alpha}_n)$，记$n$阶矩阵$\boldsymbol{P}=(p_{ij})$，利用向量和矩阵的形式，式(5.3.1)可写为

$$(\boldsymbol{\beta}_1,\boldsymbol{\beta}_2,\cdots,\boldsymbol{\beta}_n)=(\boldsymbol{\alpha}_1,\boldsymbol{\alpha}_2,\cdots,\boldsymbol{\alpha}_n)\boldsymbol{P}\tag{5.3.2}$$

式(5.3.1)或式(5.3.2)称为**基变换公式**，矩阵$\boldsymbol{P}$称为由基$\boldsymbol{\alpha}_1,\boldsymbol{\alpha}_2,\cdots,\boldsymbol{\alpha}_n$到基$\boldsymbol{\beta}_1,\boldsymbol{\beta}_2,\cdots,\boldsymbol{\beta}_n$的**过渡矩阵.** 因$\boldsymbol{\beta}_1,\boldsymbol{\beta}_2,\cdots,\boldsymbol{\beta}_n$线性无关，故过渡矩阵$\boldsymbol{P}$可逆.

定理 5.3.1　设n维线性空间V_n中的元素$\boldsymbol{\alpha}$在基$\boldsymbol{\alpha}_1,\boldsymbol{\alpha}_2,\cdots,\boldsymbol{\alpha}_n$下的坐标为$(x_1,x_2,\cdots,x_n)^{\mathrm{T}}$，在基$\boldsymbol{\beta}_1,\boldsymbol{\beta}_2,\cdots,\boldsymbol{\beta}_n$下的坐标为$(x_1',x_2',\cdots,x_n')^{\mathrm{T}}$，若两个基满足关系式(5.3.2). 则有**坐标变换公式**

$$\begin{pmatrix} x_1 \\ x_2 \\ \vdots \\ x_n \end{pmatrix} = \boldsymbol{P} \begin{pmatrix} x_1' \\ x_2' \\ \vdots \\ x_n' \end{pmatrix} \quad \text{或} \quad \begin{pmatrix} x_1' \\ x_2' \\ \vdots \\ x_n' \end{pmatrix} = \boldsymbol{P}^{-1} \begin{pmatrix} x_1 \\ x_2 \\ \vdots \\ x_n \end{pmatrix} \tag{5.3.3}$$

证　因

$$(\boldsymbol{\alpha}_1,\boldsymbol{\alpha}_2,\cdots,\boldsymbol{\alpha}_n)\begin{pmatrix} x_1 \\ x_2 \\ \vdots \\ x_n \end{pmatrix} = \boldsymbol{\alpha} = (\boldsymbol{\beta}_1,\boldsymbol{\beta}_2,\cdots,\boldsymbol{\beta}_n)\begin{pmatrix} x_1' \\ x_2' \\ \vdots \\ x_n' \end{pmatrix}$$

$$= (\boldsymbol{\alpha}_1,\boldsymbol{\alpha}_2,\cdots,\boldsymbol{\alpha}_n)\boldsymbol{P}\begin{pmatrix} x_1' \\ x_2' \\ \vdots \\ x_n' \end{pmatrix}$$

而$\boldsymbol{\alpha}_1,\boldsymbol{\alpha}_2,\cdots,\boldsymbol{\alpha}_n$线性无关, 式(5.3.3)成立.

例 5.3.1　在$P[x]_3$中取两个基: $\boldsymbol{\alpha}_1 = x^3+2x^2-x, \boldsymbol{\alpha}_2 = x^3-x^2+x+1, \boldsymbol{\alpha}_3 = -x^3+2x^2+x+1, \boldsymbol{\alpha}_4 = -x^3-x^2+1$ 及 $\boldsymbol{\beta}_1 = 2x^3+x^2+1, \boldsymbol{\beta}_2 = x^2+2x+2, \boldsymbol{\beta}_3 = -2x^3+x^2+x+2, \boldsymbol{\beta}_4 = x^3+3x^2+x+2$, 求坐标变换公式.

解　将$\boldsymbol{\alpha}_1,\boldsymbol{\alpha}_2,\boldsymbol{\alpha}_3,\boldsymbol{\alpha}_4$及$\boldsymbol{\beta}_1,\boldsymbol{\beta}_2,\boldsymbol{\beta}_3,\boldsymbol{\beta}_4$都用$(x^3,x^2,x,1)$表示, 得

$$(\boldsymbol{\alpha}_1,\boldsymbol{\alpha}_2,\boldsymbol{\alpha}_3,\boldsymbol{\alpha}_4) = (x^3,x^2,x,1)\boldsymbol{A}, \qquad (\boldsymbol{\beta}_1,\boldsymbol{\beta}_2,\boldsymbol{\beta}_3,\boldsymbol{\beta}_4) = (x^3,x^2,x,1)\boldsymbol{B}$$

其中

$$\boldsymbol{A} = \begin{pmatrix} 1 & 1 & -1 & -1 \\ 2 & -1 & 2 & -1 \\ -1 & 1 & 1 & 0 \\ 0 & 1 & 1 & 1 \end{pmatrix}, \qquad \boldsymbol{B} = \begin{pmatrix} 2 & 0 & -2 & 1 \\ 1 & 1 & 1 & 3 \\ 0 & 2 & 1 & 1 \\ 1 & 2 & 2 & 2 \end{pmatrix}$$

于是有$(\boldsymbol{\beta}_1,\boldsymbol{\beta}_2,\boldsymbol{\beta}_3,\boldsymbol{\beta}_4) = (\boldsymbol{\alpha}_1,\boldsymbol{\alpha}_2,\boldsymbol{\alpha}_3,\boldsymbol{\alpha}_4)\boldsymbol{A}^{-1}\boldsymbol{B}$, 因此坐标变换公式为

$$\begin{pmatrix} x_1' \\ x_2' \\ \vdots \\ x_n' \end{pmatrix} = \boldsymbol{B}^{-1}\boldsymbol{A}\begin{pmatrix} x_1 \\ x_2 \\ \vdots \\ x_n \end{pmatrix}$$

通过初等变换法求出$\boldsymbol{B}^{-1}\boldsymbol{A} = \begin{pmatrix} 0 & 1 & -1 & 1 \\ -1 & 1 & 0 & 0 \\ 0 & 0 & 0 & 1 \\ 1 & -1 & 1 & -1 \end{pmatrix}$, 得到坐标变换公式为

$$\begin{pmatrix} x_1' \\ x_2' \\ \vdots \\ x_n' \end{pmatrix} = \begin{pmatrix} 0 & 1 & -1 & 1 \\ -1 & 1 & 0 & 0 \\ 0 & 0 & 0 & 1 \\ 1 & -1 & 1 & -1 \end{pmatrix} \begin{pmatrix} x_1 \\ x_2 \\ \vdots \\ x_n \end{pmatrix}$$

5.4　线性变换的基本概念

定义 5.4.1　设有两个非空集合 A,B，如果对于 A 中任一元素 α，按照一定的对应规则，总有 B 中一个确定的元素 β 和它对应，那么，这个对应规则称为从集合 A 到集合 B 的变换(或称为映射). 我们常用字母表示映射，比如将上述映射表为 T，并记

$$\beta = T(\alpha) \quad \text{或} \quad \beta = T\alpha \quad (\alpha \in A) \tag{5.4.1}$$

设 $\alpha \in A$，$T\alpha = \beta$，我们说映射 T 把元素 α 映为 β，称 β 为 α 在映射 T 下的像，称 α 为 β 在映射 T 下的原像，称 A 为映射 T 的定义域，像的全体所构成的集合称为像集，记作 $T(A)$，即

$$T(A) = \{\beta = T(\alpha) \mid \alpha \in A\}$$

显然，$T(A) \subseteq B$.

定义 5.4.2　设 V_n, U_m 分别是 n 维和 m 维线性空间，T 是从 V_n 到 U_m 的映射，如果映射 T 满足

(1) 对任何 $\boldsymbol{\alpha}_1, \boldsymbol{\alpha}_2 \in V_n$，有

$$T(\boldsymbol{\alpha}_1 + \boldsymbol{\alpha}_2) = T(\boldsymbol{\alpha}_1) + T(\boldsymbol{\alpha}_2)$$

(2) 对任何 $\boldsymbol{\alpha} \in V_n$，$\lambda \in \mathbf{R}$，有

$$T(\lambda\boldsymbol{\alpha}) = \lambda T(\boldsymbol{\alpha})$$

则称 T 是从 V_n 到 U_m 的线性映射，或称为线性变换.

线性映射是保持线性空间的线性组合（运算）的对应关系的映射. 特别的，一个从线性空间 V_n 到其自身的线性映射称为线性空间 V_n 中的线性变换. 下面只讨论线性空间 V_n 中的线性变换.

例 5.4.1　线性空间 V_n 中的零变换 $0:0(\boldsymbol{\alpha}) = \mathbf{0}$ 是线性变换.

证　对任何 $\boldsymbol{\alpha}, \boldsymbol{\beta} \in V$，$\lambda \in \mathbf{R}$，则有

$$0(\boldsymbol{\alpha}+\boldsymbol{\beta}) = \mathbf{0} = \mathbf{0}+\mathbf{0} = 0(\boldsymbol{\alpha}) + 0(\boldsymbol{\beta}), \quad 0(\lambda\boldsymbol{\alpha}) = \mathbf{0} = \lambda\mathbf{0} = \lambda 0(\boldsymbol{\alpha})$$

因此零变换是线性变换.

例 5.4.2　线性空间 V_n 中的恒等变换(或称单位变换) $\boldsymbol{E}$：

$$\boldsymbol{E}(\boldsymbol{\alpha}) = \boldsymbol{\alpha} \quad (\boldsymbol{\alpha} \in V)$$

是线性变换.

证　对任何 $\boldsymbol{\alpha}, \boldsymbol{\beta} \in V$ $(\lambda \in \mathbf{R})$，则有

$$\boldsymbol{E}(\boldsymbol{\alpha}+\boldsymbol{\beta}) = \boldsymbol{\alpha}+\boldsymbol{\beta} = \boldsymbol{E}(\boldsymbol{\alpha}) + \boldsymbol{E}(\boldsymbol{\beta}), \quad \boldsymbol{E}(\lambda\boldsymbol{\alpha}) = \lambda\boldsymbol{\alpha} = \lambda\boldsymbol{E}(\boldsymbol{\alpha})$$

因此恒等变换是线性变换.

例 5.4.3　在线性空间 $P[x]_3$ 中，证明：

(1) 微分运算 D 是一个线性变换.

事实上，对任意的 $\boldsymbol{p}=a_3x^3+a_2x^2+a_1x+a_0$，$\boldsymbol{q}=b_3x^3+b_2x^2+b_1x+b_0$，则

$$D\boldsymbol{p}=3a_3x^2+2a_2x+a_1,\quad D\boldsymbol{q}=3b_3x^2+2b_2x+b_1$$

因此，
$$\begin{aligned}D(\boldsymbol{p}+\boldsymbol{q})&=D[(a_3+b_3)x^3+(a_2+b_2)x^2+(a_1+b_1)x+(a_0+b_0)]\\&=3(a_3+b_3)x^2+2(a_2+b_2)x+(a_1+b_1)\\&=(3a_3x^2+2a_2x+a_1)+(3b_3x^2+2b_2x+b_1)\\&=D\boldsymbol{p}+D\boldsymbol{q}\end{aligned}$$

而且，
$$\begin{aligned}D(\lambda\boldsymbol{p})&=D((\lambda a_3)x^3+(\lambda a_2)x^2+(\lambda a_1)x+(\lambda a_0))\\&=\lambda(3a_3x^2+2a_2x+a_1)=\lambda D\boldsymbol{p}\end{aligned}$$

所以 D 是一个线性变换.

(2) 如果对任何 $\boldsymbol{p}=a_3x^3+a_2x^2+a_1x+a_0$，映射 T 被定义为 $T(\boldsymbol{p})=a_0$，则 T 也将是一个线性变换. 这是由于对任何 $\boldsymbol{p}=a_3x^3+a_2x^2+a_1x+a_0$，$\boldsymbol{q}=b_3x^3+b_2x^2+b_1x+b_0$，则有

$$T(\boldsymbol{p}+\boldsymbol{q})=a_0+b_0=T(\boldsymbol{p})+T(\boldsymbol{q}),\quad T(\lambda\boldsymbol{p})=\lambda a_0=\lambda T(\boldsymbol{p})$$

(3) 如果对任何 $\boldsymbol{p}=a_3x^3+a_2x^2+a_1x+a_0$，映射 T_1 被定义为 $T_1(\boldsymbol{p})=2$，则 T_1 不是一个线性变换. 这是由于对 $\boldsymbol{p}=a_3x^3+a_2x^2+a_1x+a_0$，我们有 $T_1(\boldsymbol{p}+\boldsymbol{p})=2\neq 4=T_1(\boldsymbol{p})+T_1(\boldsymbol{p})$.

通过这 3 个例题，可以看到不是每一个映射都是线性的，下面我们将深入地讨论线性映射（变换）的性质，这将有助于读者加深认识.

性质 5.4.1　$T\mathbf{0}=\mathbf{0},T(-\boldsymbol{\alpha})=-T(\boldsymbol{\alpha})$

性质 5.4.2　若 $\boldsymbol{\beta}=k_1\boldsymbol{\alpha}_1+k_2\boldsymbol{\alpha}_2+\cdots+k_m\boldsymbol{\alpha}_m$，则

$$T\boldsymbol{\beta}=k_1T\boldsymbol{\alpha}_1+k_2T\boldsymbol{\alpha}_2+\cdots+k_mT\boldsymbol{\alpha}_m$$

性质 5.4.3　若 $\boldsymbol{\alpha}_1,\boldsymbol{\alpha}_2,\cdots,\boldsymbol{\alpha}_m$ 线性相关，则 $T\boldsymbol{\alpha}_1,T\boldsymbol{\alpha}_2,\cdots,T\boldsymbol{\alpha}_m$ 也线性相关.

以上 3 个性质的证明留给读者，我们应该注意的是性质 5.4.3 的逆命题并不成立，也请读者一并举出反例.

性质 5.4.4　线性变换 T 的像集 $T(V_n)$ 是线性空间 V_n 的一个子空间，称 $T(V_n)$ 为线性变换 T 的**像空间**.

证　显然，$T(V_n)\subseteq V_n$. 于是，为了说明 $T(V_n)$ 是线性空间 V_n 的一个子空间，我们只需要说明 $T(V_n)$ 非空且其对于加法和数乘运算是封闭的即可. 首先，$\mathbf{0}=T(\mathbf{0})\in T(V_n)$，这说明 $T(V_n)$ 非空. 而对于任意的 $\boldsymbol{\beta}_1,\boldsymbol{\beta}_2\in T(V_n)$，则存在 $\boldsymbol{\alpha}_1,\boldsymbol{\alpha}_2\in V_n$ 使得 $T\boldsymbol{\alpha}_1=\boldsymbol{\beta}_1,T\boldsymbol{\alpha}_2=\boldsymbol{\beta}_2$. 因此

$$\boldsymbol{\beta}_1+\boldsymbol{\beta}_2=T\boldsymbol{\alpha}_1+T\boldsymbol{\alpha}_2=T(\boldsymbol{\alpha}_1+\boldsymbol{\alpha}_2)\in T(\boldsymbol{V}_n),\qquad \lambda\boldsymbol{\beta}_1=\lambda T\boldsymbol{\alpha}_1=T(\lambda\boldsymbol{\alpha}_1)\in T(\boldsymbol{V}_n)$$

这说明 $T(V_n)$ 对于加法和数乘运算是封闭的，故其是 V_n 的一个子空间.

性质 5.4.5 使 $T\boldsymbol{\alpha}=\mathbf{0}$ 的 $\boldsymbol{\alpha}$ 的全体

$$N_T=\{\boldsymbol{\alpha}\mid\boldsymbol{\alpha}\in V_n, T\boldsymbol{\alpha}=\mathbf{0}\}$$

也是线性空间 V_n 的一个子空间, 称 N_T 为线性变换 T 的核.

证 显然, $N_T\subseteq V_n$. 于是, 为了说明 N_T 是线性空间 V_n 的一个子空间,只需要说明 N_T 非空且其对于加法和数乘运算是封闭的即可. 首先, 由于 $T\mathbf{0}=\mathbf{0}$, 我们有 $\mathbf{0}\in N_T$, 这就说明 N_T 非空. 而对于任意的 $\boldsymbol{\alpha}_1,\boldsymbol{\alpha}_2\in N_T$, 即有 $T\boldsymbol{\alpha}_1=T\boldsymbol{\alpha}_2=\mathbf{0}$, 因此

$$T(\boldsymbol{\alpha}_1+\boldsymbol{\alpha}_2)=T(\boldsymbol{\alpha}_1)+T(\boldsymbol{\alpha}_2)=\mathbf{0}+\mathbf{0}=\mathbf{0},\qquad T(\lambda\boldsymbol{\alpha}_1)=\lambda T(\boldsymbol{\alpha}_1)=\lambda\mathbf{0}=\mathbf{0}\in N_T$$

于是, $\boldsymbol{\alpha}_1+\boldsymbol{\alpha}_2,\lambda\boldsymbol{\alpha}_1\in N_T$. 这就说明了 N_T 对于加法和数乘运算是封闭的, 故其是 V_n 的一个子空间.

例 5.4.1 设有 n 阶矩阵

$$\boldsymbol{A}=\begin{pmatrix}a_{11}&a_{12}&\cdots&a_{1n}\\a_{21}&a_{22}&\cdots&a_{2n}\\\vdots&\vdots&&\vdots\\a_{n1}&a_{n2}&\cdots&a_{nn}\end{pmatrix}=(\boldsymbol{\alpha}_1,\boldsymbol{\alpha}_2,\cdots,\boldsymbol{\alpha}_n)$$

其中: $\boldsymbol{\alpha}_i$ 为 $\boldsymbol{A}$ 的第 i 列列向量. 引入一个 $\mathbf{R}^n$ 中的变换 $\boldsymbol{y}=T(\boldsymbol{x})$ 为

$$T(\boldsymbol{x})=\boldsymbol{A}\boldsymbol{x}\quad(\boldsymbol{x}\in\mathbf{R}^n)$$

则 T 为线性变换.

事实上, 对任意的 $\boldsymbol{a},\boldsymbol{b}\in\mathbf{R}^n$, 有

$$T(\boldsymbol{a}+\boldsymbol{b})=\boldsymbol{A}(\boldsymbol{a}+\boldsymbol{b})=\boldsymbol{A}\boldsymbol{a}+\boldsymbol{A}\boldsymbol{b}=T\boldsymbol{a}+T\boldsymbol{b},\qquad T(\lambda\boldsymbol{a})=\boldsymbol{A}(\lambda\boldsymbol{a})=\lambda\boldsymbol{A}\boldsymbol{a}=\lambda T\boldsymbol{a}$$

这就说明 T 为线性变换.

显然, 可知 T 的像空间就是由 $\boldsymbol{\alpha}_1,\boldsymbol{\alpha}_2,\cdots,\boldsymbol{\alpha}_n$ 所生成的向量空间

$$T(\mathbf{R}^n)=\{\boldsymbol{y}=x_1\boldsymbol{\alpha}_1+x_2\boldsymbol{\alpha}_2+\cdots+x_n\boldsymbol{\alpha}_n\mid x_1,x_2,\cdots,x_n\in\mathbf{R}\}$$

而 T 的核 N_T 就是齐次线性方程组 $\boldsymbol{A}\boldsymbol{x}=\mathbf{0}$ 的解空间.

5.5 线性变换的矩阵表示式

5.4 节中的例 5.4.1 告诉我们一种构造 $\mathbf{R}^n$ 上的线性变换的方法: 任取一个 n 阶方阵 $\boldsymbol{A}$, 正如 $\mathbf{R}^1$ 上构造线性函数 $y=ax$ (正比例函数)那样, 引入映射 $T(\boldsymbol{x})=\boldsymbol{A}\boldsymbol{x}$ 所得到的映射 T 就是 $\mathbf{R}^n$ 上的线性变换. 我们自然会问: 是否 $\mathbf{R}^n$ 上的每个线性变换都可以如此得到? 事实上, 这是可以的. 对于 $\mathbf{R}^n$ 上的任何一个线性变换 T, 令 $\boldsymbol{\alpha}_i=T(\boldsymbol{e}_i)\ (i=1,\cdots,n)$, 其中 $\boldsymbol{e}_1,\cdots,\boldsymbol{e}_n$ 为单位坐标向量, 则对任意向量 $\boldsymbol{x}=(x_1,\cdots,x_n)$ 有

$$T(\boldsymbol{x})=T(x_1\boldsymbol{e}_1+\cdots+x_n\boldsymbol{e}_n)=x_1T(\boldsymbol{e}_1)+\cdots+x_nT(\boldsymbol{e}_n)=x_1\boldsymbol{\alpha}_1+\cdots+x_n\boldsymbol{\alpha}_n$$

引入矩阵 $\boldsymbol{A}=(\boldsymbol{\alpha}_1,\cdots,\boldsymbol{\alpha}_n)$, 则上式可以写为 $T(\boldsymbol{x})=\boldsymbol{A}\boldsymbol{x}$.

接下来对于一般的线性空间是否也是如此呢？为了把上面的讨论推广到一般的线性空间，先给出下面的定义.

定义 5.5.1 设 T 是线性空间 V_n 中的线性变换，在 V_n 中取定一个基 $\boldsymbol{\alpha}_1,\boldsymbol{\alpha}_2,\cdots,\boldsymbol{\alpha}_n$，如果这个基在变换 T 下的像（仍然用这个基表示）为

$$\begin{cases} T(\boldsymbol{\alpha}_1)=a_{11}\boldsymbol{\alpha}_1+a_{21}\boldsymbol{\alpha}_2+\cdots+a_{n1}\boldsymbol{\alpha}_n \\ T(\boldsymbol{\alpha}_2)=a_{12}\boldsymbol{\alpha}_1+a_{22}\boldsymbol{\alpha}_2+\cdots+a_{n2}\boldsymbol{\alpha}_n \\ \cdots\cdots \\ T(\boldsymbol{\alpha}_n)=a_{1n}\boldsymbol{\alpha}_1+a_{2n}\boldsymbol{\alpha}_2+\cdots+a_{nn}\boldsymbol{\alpha}_n \end{cases}$$

记 $T(\boldsymbol{\alpha}_1,\boldsymbol{\alpha}_2,\cdots,\boldsymbol{\alpha}_n)=(T\boldsymbol{\alpha}_1,T\boldsymbol{\alpha}_2,\cdots,T\boldsymbol{\alpha}_n)$.

上式可以表示为

$$T(\boldsymbol{\alpha}_1,\boldsymbol{\alpha}_2,\cdots,\boldsymbol{\alpha}_n)=(\boldsymbol{\alpha}_1,\boldsymbol{\alpha}_2,\cdots,\boldsymbol{\alpha}_n)\boldsymbol{A} \tag{5.5.1}$$

其中

$$\boldsymbol{A}=\begin{pmatrix} a_{11} & a_{12} & \cdots & a_{1n} \\ a_{21} & a_{22} & \cdots & a_{2n} \\ \vdots & \vdots & & \vdots \\ a_{n1} & a_{n2} & \cdots & a_{nn} \end{pmatrix}$$

则称矩阵 $\boldsymbol{A}$ 为**线性变换 T 在基 $\boldsymbol{\alpha}_1,\boldsymbol{\alpha}_2,\cdots,\boldsymbol{\alpha}_n$ 下的矩阵**.

显然，矩阵 $\boldsymbol{A}$ 由基 $\boldsymbol{\alpha}_1,\boldsymbol{\alpha}_2,\cdots,\boldsymbol{\alpha}_n$ 的像 $T\boldsymbol{\alpha}_1,T\boldsymbol{\alpha}_2,\cdots,T\boldsymbol{\alpha}_n$ 唯一确定.

现在，假设 $\boldsymbol{A}$ 是线性变换 T 在基 $\boldsymbol{\alpha}_1,\boldsymbol{\alpha}_2,\cdots,\boldsymbol{\alpha}_n$ 下的矩阵，也就是说，基 $\boldsymbol{\alpha}_1,\boldsymbol{\alpha}_2,\cdots,\boldsymbol{\alpha}_n$ 在变换 T 下的像为

$$T(\boldsymbol{\alpha}_1,\boldsymbol{\alpha}_2,\cdots,\boldsymbol{\alpha}_n)=(\boldsymbol{\alpha}_1,\boldsymbol{\alpha}_2,\cdots,\boldsymbol{\alpha}_n)\boldsymbol{A}$$

那么，变换 T 还需要满足什么条件呢？对于任意的 $\boldsymbol{\alpha}\in V_n$，设 $\boldsymbol{\alpha}=\sum_{i=1}^{n}x_i\boldsymbol{\alpha}_i$，则有

$$\begin{aligned} T\boldsymbol{\alpha}&=T\left(\sum_{i=1}^{n}x_i\boldsymbol{\alpha}_i\right)=\sum_{i=1}^{n}x_iT\boldsymbol{\alpha}_i=(T\boldsymbol{\alpha}_1,T\boldsymbol{\alpha}_2,\cdots,T\boldsymbol{\alpha}_n)\begin{pmatrix} x_1 \\ x_2 \\ \vdots \\ x_n \end{pmatrix} \\ &=(\boldsymbol{\alpha}_1,\boldsymbol{\alpha}_2,\cdots,\boldsymbol{\alpha}_n)\boldsymbol{A}\begin{pmatrix} x_1 \\ x_2 \\ \vdots \\ x_n \end{pmatrix} \end{aligned}$$

即

$$T\left((\boldsymbol{\alpha}_1,\boldsymbol{\alpha}_2,\cdots,\boldsymbol{\alpha}_n)\begin{pmatrix}x_1\\x_2\\\vdots\\x_n\end{pmatrix}\right)=(\boldsymbol{\alpha}_1,\boldsymbol{\alpha}_2,\cdots,\boldsymbol{\alpha}_n)\boldsymbol{A}\begin{pmatrix}x_1\\x_2\\\vdots\\x_n\end{pmatrix} \tag{5.5.2}$$

式(5.5.2)唯一地确定一个线性变换 T，并且所确定的变换 T 是以 $\boldsymbol{A}$ 为矩阵的线性变换.

总之, 以 $\boldsymbol{A}$ 为矩阵的线性变换 T 由式(5.5.1)唯一确定.

以上的讨论说明: 在 V_n 中取定一个基后, 由线性变换 T 可唯一地确定一个矩阵 $\boldsymbol{A}$；反之, 由一个矩阵 $\boldsymbol{A}$ 也可唯一地确定一个线性变换 T. 所以, 在给定一个基的条件下, 线性变换与矩阵之间是一一对应的.

由关系式(5.5.2), 在基 $\boldsymbol{\alpha}_1,\boldsymbol{\alpha}_2,\cdots,\boldsymbol{\alpha}_n$ 下, $\boldsymbol{\alpha}$ 与 $T\boldsymbol{\alpha}$ 的坐标分别为

$$\boldsymbol{\alpha}=\begin{pmatrix}x_1\\x_2\\\vdots\\x_n\end{pmatrix},\qquad T\boldsymbol{\alpha}=\boldsymbol{A}\begin{pmatrix}x_1\\x_2\\\vdots\\x_n\end{pmatrix}$$

按照坐标表示为

$$T\boldsymbol{\alpha}=\boldsymbol{A}\boldsymbol{\alpha}$$

这正是前面看到的 $\mathbf{R}^n$ 中的景象, 也可以说, 将 $\mathbf{R}^n$ 中的情况推广到一般的线性空间.

例 5.5.1 在 $\mathbf{R}^3$ 中, T 表示将向量投影到 xOy 平面的线性变换, 即

$$T(x\boldsymbol{i}+y\boldsymbol{j}+z\boldsymbol{k})=x\boldsymbol{i}+y\boldsymbol{j}$$

(1) 取基为 $\boldsymbol{i},\boldsymbol{j},\boldsymbol{k}$，求 T 的矩阵;

(2) 取基为 $\boldsymbol{\alpha}=\boldsymbol{i},\boldsymbol{\beta}=\boldsymbol{j},\boldsymbol{\gamma}=\boldsymbol{i}+\boldsymbol{j}+\boldsymbol{k}$，求 T 的矩阵.

解 (1) 因 $\begin{cases}T\boldsymbol{i}=\boldsymbol{i}\\T\boldsymbol{j}=\boldsymbol{j}\\T\boldsymbol{k}=\boldsymbol{0}\end{cases}$，故有

$$T(\boldsymbol{i},\boldsymbol{j},\boldsymbol{k})=(\boldsymbol{i},\boldsymbol{j},\boldsymbol{k})\begin{pmatrix}1&0&0\\0&1&0\\0&0&0\end{pmatrix}$$

(2) 因 $\begin{cases}T\boldsymbol{\alpha}=\boldsymbol{\alpha}\\T\boldsymbol{\beta}=\boldsymbol{\beta}\\T\boldsymbol{\gamma}=\boldsymbol{\alpha}+\boldsymbol{\beta}\end{cases}$，故有

$$T(\boldsymbol{\alpha},\boldsymbol{\beta},\boldsymbol{\gamma})=(\boldsymbol{\alpha},\boldsymbol{\beta},\boldsymbol{\gamma})\begin{pmatrix}1&0&1\\0&1&1\\0&0&0\end{pmatrix}$$

例 5.5.1 说明, 同一个线性变换在不同的基下一般有不同的矩阵. 那么, 这些矩阵之间有什么关系呢?

定理 5.5.1 设线性空间 V_n 中取定两个基

$$\boldsymbol{\alpha}_1,\boldsymbol{\alpha}_2,\cdots,\boldsymbol{\alpha}_n;\qquad \boldsymbol{\beta}_1,\boldsymbol{\beta}_2,\cdots,\boldsymbol{\beta}_n$$

并记由基 $\boldsymbol{\alpha}_1,\boldsymbol{\alpha}_2,\cdots,\boldsymbol{\alpha}_n$ 到基 $\boldsymbol{\beta}_1,\boldsymbol{\beta}_2,\cdots,\boldsymbol{\beta}_n$ 的过渡矩阵为 $\boldsymbol{P}$, V_n 中的线性变换 T 在这两个基下的矩阵依次为 $\boldsymbol{A}$ 和 $\boldsymbol{B}$, 那么 $\boldsymbol{B}=\boldsymbol{P}^{-1}\boldsymbol{AP}$.

证 由定理条件知,

$$(\boldsymbol{\beta}_1,\boldsymbol{\beta}_2,\cdots,\boldsymbol{\beta}_n)=(\boldsymbol{\alpha}_1,\boldsymbol{\alpha}_2,\cdots,\boldsymbol{\alpha}_n)\boldsymbol{P}$$

$$T(\boldsymbol{\alpha}_1,\boldsymbol{\alpha}_2,\cdots,\boldsymbol{\alpha}_n)=(\boldsymbol{\alpha}_1,\boldsymbol{\alpha}_2,\cdots,\boldsymbol{\alpha}_n)\boldsymbol{A}$$

$$T(\boldsymbol{\beta}_1,\boldsymbol{\beta}_2,\cdots,\boldsymbol{\beta}_n)=(\boldsymbol{\beta}_1,\boldsymbol{\beta}_2,\cdots,\boldsymbol{\beta}_n)\boldsymbol{B}$$

于是, 有

$$\begin{aligned}(\boldsymbol{\beta}_1,\boldsymbol{\beta}_2,\cdots,\boldsymbol{\beta}_n)\boldsymbol{B}&=T(\boldsymbol{\beta}_1,\boldsymbol{\beta}_2,\cdots,\boldsymbol{\beta}_n)=T[(\boldsymbol{\alpha}_1,\boldsymbol{\alpha}_2,\cdots,\boldsymbol{\alpha}_n)\boldsymbol{P}]\\&=[T(\boldsymbol{\alpha}_1,\boldsymbol{\alpha}_2,\cdots,\boldsymbol{\alpha}_n)]\boldsymbol{P}=(\boldsymbol{\alpha}_1,\boldsymbol{\alpha}_2,\cdots,\boldsymbol{\alpha}_n)\boldsymbol{AP}\\&=(\boldsymbol{\beta}_1,\boldsymbol{\beta}_2,\cdots,\boldsymbol{\beta}_n)\boldsymbol{P}^{-1}\boldsymbol{AP}\end{aligned}$$

因为 $\boldsymbol{\beta}_1,\boldsymbol{\beta}_2,\cdots,\boldsymbol{\beta}_n$ 线性无关, 所以有

$$\boldsymbol{B}=\boldsymbol{P}^{-1}\boldsymbol{AP}$$

定理表明: $\boldsymbol{A}$ 与 $\boldsymbol{B}$ 相似, 且两个基之间的过渡矩阵 $\boldsymbol{P}$ 就是相似变换矩阵.

例 5.5.2 设 V_2 中的线性变换 T 在基 $\boldsymbol{\alpha}_1,\boldsymbol{\alpha}_2$ 下的矩阵为

$$\boldsymbol{A}=\begin{pmatrix}a_{11}&a_{12}\\a_{21}&a_{22}\end{pmatrix}$$

求 T 在基 $\boldsymbol{\alpha}_2,\boldsymbol{\alpha}_1$ 下的矩阵.

解 显然 $(\boldsymbol{\alpha}_2,\boldsymbol{\alpha}_1)=(\boldsymbol{\alpha}_1,\boldsymbol{\alpha}_2)\begin{pmatrix}0&1\\1&0\end{pmatrix}$, 即 $\boldsymbol{P}=\begin{pmatrix}0&1\\1&0\end{pmatrix}$, 容易求得 $\boldsymbol{P}^{-1}=\begin{pmatrix}0&1\\1&0\end{pmatrix}$, 于是 T 在基 $\boldsymbol{\alpha}_2,\boldsymbol{\alpha}_1$ 下的矩阵为

$$\boldsymbol{B}=\begin{pmatrix}0&1\\1&0\end{pmatrix}\begin{pmatrix}a_{11}&a_{12}\\a_{21}&a_{22}\end{pmatrix}\begin{pmatrix}0&1\\1&0\end{pmatrix}=\begin{pmatrix}a_{22}&a_{21}\\a_{12}&a_{11}\end{pmatrix}$$

定义 5.5.2 线性变换 T 的像空间 $T(V_n)$ 的维数, 称为线性变换 T 的**秩**.

显然, 若 $\boldsymbol{A}$ 是线性变换 T 的矩阵, 则 T 的秩就是 $R(\boldsymbol{A})$. 若线性变换 T 的秩为 r, 则 T 的核 N_T 的维数为 $n-r$.

5.6 应 用 举 例

一个平面上的图形可以在计算机上存储为一个顶点的集合, 通过画出顶点, 并将顶点用直线相连即可得到图形（GPU 管线中的三角片元和栅格化操作）,若有 n 个顶点, 则

它们存储在一个 $2\times n$ 的矩阵中，顶点的 x 坐标存储在矩阵的第一行，y 坐标存储在第二行，每一对相继顶点用一条直线相连.

例如，要存储一个顶点坐标位于 $(0,0),(1,1),(1,-1)$ 的三角形，将每一项顶点对应的数对存储为矩阵的一列

$$\boldsymbol{A}=\begin{pmatrix}0&1&1&0\\0&1&-1&0\end{pmatrix}$$

附加顶点 $(0,0)$ 的副本存储在 $\boldsymbol{A}$ 的最后一列，这样，前一个顶点 $(1,-1)$ 可以画回到 $(0,0)$.

通过改变顶点的位置并重新绘制图形，即可变换图形，如果变换是线性的，也就是满足两个原则的变换：(1) 原点变换后仍然留在原点；(2) 直线变换后仍然是直线，那么可以通过矩阵乘法来实现.

计算机中常用的四个基本几何变换如下：

(1) 缩放变换：$T(\boldsymbol{x})=s\boldsymbol{x}$. 当 $s>1$ 时为放大，$s<1$ 时为缩小，T 可以表示成矩阵 $\begin{pmatrix}s&0\\0&s\end{pmatrix}$.

(2) 镜像变换：关于 x 轴对称 T_x、y 轴对称 T_y. 关于 x 轴对称，T_x 满足

$$\begin{cases}\boldsymbol{T}_x(e_1)=e_1\\ \boldsymbol{T}_x(e_2)=-e_2\end{cases}$$

其中，$e_1=\begin{pmatrix}1\\0\end{pmatrix},e_1=\begin{pmatrix}0\\1\end{pmatrix}$，所以 T_x 可以表示成矩阵 $\begin{pmatrix}1&0\\0&-1\end{pmatrix}$. 同理，$T_y$ 可以表示成矩阵 $\begin{pmatrix}-1&0\\0&1\end{pmatrix}$.

(3) 旋转变换：T 将向量从初始位置逆时针旋转 θ 的变换，$T(\boldsymbol{x})=\boldsymbol{A}\boldsymbol{x}$，其中

$$\boldsymbol{A}=\begin{pmatrix}\cos\theta&-\sin\theta\\ \sin\theta&\cos\theta\end{pmatrix}$$

(4) 平移变换：向量 $\boldsymbol{a}$ 的平移变换形如

$$T(\boldsymbol{x})=\boldsymbol{x}+\boldsymbol{a}$$

如果 $\boldsymbol{a}\neq 0$，那么 T 不是线性变换，且 T 不能表示成 2×2 的矩阵. 为了将 T 表示成矩阵，需要引入齐次坐标系，在齐次坐标系下平移变换可以表示成线性变换.

所谓齐次坐标系是通过将 $\mathbf{R}^2$ 中的向量等同于 $\mathbf{R}^3$ 中和该向量前两个坐标相同，而第三个坐标为 1 的向量构造，即

$$\begin{pmatrix}x_1\\x_2\end{pmatrix}\leftrightarrow\begin{pmatrix}x_1\\x_2\\1\end{pmatrix}$$

前面的线性变换矩阵现在必须表示成 3×3 矩阵. 为此，通过 2×2 的矩阵加一行加一

列来实现, 例如

$$\begin{pmatrix} 2 & 0 \\ 0 & 2 \end{pmatrix}$$

扩展为

$$\begin{pmatrix} 2 & 0 & 0 \\ 0 & 2 & 0 \\ 0 & 0 & 1 \end{pmatrix}$$

注意到

$$\begin{pmatrix} 2 & 0 & 0 \\ 0 & 2 & 0 \\ 0 & 0 & 1 \end{pmatrix}\begin{pmatrix} x_1 \\ x_2 \\ 1 \end{pmatrix}=\begin{pmatrix} 2x_1 \\ 2x_2 \\ 1 \end{pmatrix}$$

若 T 将 $\mathbf{R}^2$ 中的向量平移 $\boldsymbol{a}=\begin{pmatrix} a_1 \\ a_2 \end{pmatrix}$, 则可以求出在齐次坐标系中求出 T 的矩阵表示, 这个变换可以通过矩阵乘法来实现:

$$\boldsymbol{Ax}=\begin{pmatrix} 1 & 0 & a_1 \\ 0 & 1 & a_2 \\ 0 & 0 & 1 \end{pmatrix}\begin{pmatrix} x_1 \\ x_2 \\ 1 \end{pmatrix}=\begin{pmatrix} x_1+a_1 \\ x_2+a_2 \\ 1 \end{pmatrix}$$

拓展阅读

经典例题讲解

数学家——华罗庚院士的数学人生

华罗庚(1910—1985)中国数学家, 中国科学院院士. 他从事解析数论、矩阵几何学、典型群、自守函数论、多复变函数论、偏微分方程、高维数值积分等领域的研究. 解决了高斯完整三角和的估计难题、华林和塔里问题改进、一维射影几何基本定理证明、近代数论方法应用研究等; 被列为芝加哥科学技术博物馆中当今世界 88 位数学伟人之一; 国际上以华氏命名的数学科研成果有"华氏定理""华氏不等式""华–王方法"等.

习 题 5

(A)

一、填空题

1. 向量组 $(1,0,1,0),(-1,0,-1,0),(0,1,0,2)$ 生成的向量空间的维数是________.

2. 设 $\boldsymbol{\alpha}_1=(1,2),\boldsymbol{\alpha}_2=(2,1)$ 是向量空间 V_2 的一个基, 则向量 $\boldsymbol{\alpha}=(3,3)$ 在该基下的坐标是_______.

3. 二维向量空间 $\mathbf{R}^2$ 中从基 $\boldsymbol{\alpha}_1=(1,0),\boldsymbol{\alpha}_2=(0,-1)$ 到另一个基 $\boldsymbol{\beta}_1=(1,1),\boldsymbol{\beta}_2=(2,1)$ 的过渡矩阵是_______.

4. $P[x]_3$ 中的元素 $\boldsymbol{p}_1=x^3+x^2,\boldsymbol{p}_2=x^3-x^2,\boldsymbol{p}_3=x^2$ 生成的子空间的维数为_______.

5. 所有 n 阶实对角矩阵构成的 $\mathbf{R}^{n\times n}$ 的子空间的维数为_______.

二、选择题

1. 以下是实数域上的线性空间的是(　　).

(A) 所有 1 次多项式的全体对通常的多项式的加法和数乘运算

(B) 所有 n 阶实对称矩阵的全体对通常的矩阵加法和数乘运算

(C) 正实数集对通常的实数加法与乘法

(D) 非齐次线性方程组的解集对于通常的向量加法与数乘运算

2. 若 $\boldsymbol{\alpha}_1,\boldsymbol{\alpha}_2,\boldsymbol{\alpha}_3$ 是三维向量空间 V 的一个基, 则 V 的基还可以是(　　).

(A) $\boldsymbol{\alpha}_1+\boldsymbol{\alpha}_2,\boldsymbol{\alpha}_3$　　(B) $\boldsymbol{\alpha}_1+\boldsymbol{\alpha}_2,\boldsymbol{\alpha}_2+\boldsymbol{\alpha}_3,\boldsymbol{\alpha}_3$

(C) $\boldsymbol{\alpha}_1+\boldsymbol{\alpha}_2+\boldsymbol{\alpha}_3,\boldsymbol{\alpha}_2+\boldsymbol{\alpha}_3,\boldsymbol{\alpha}_3,\boldsymbol{\alpha}_1$　　(D) 以上都不对

3. 当 k 为(　　)时, $\boldsymbol{\alpha}_1=(1,2,4),\boldsymbol{\alpha}_2=(1,3,9),\boldsymbol{\alpha}_3=(1,5,k)$ 不构成 $\mathbf{R}^3$ 的一个基.

(A) 125　　(B) 19　　(C) 25　　(D) 16

4. 向量 $\boldsymbol{\beta}=($　　$)$在基 $\boldsymbol{\alpha}_1=(\cos\theta,\sin\theta),\boldsymbol{\alpha}_2=(-\sin\theta,\cos\theta)$ 下的坐标为 $(\cos\theta,-\sin\theta)$.

(A) (1,0)　　(B) (0,1)　　(C) (1,1)　　(D) 以上都不对

5. 矩阵 $\boldsymbol{A}$ 的列向量中存在 $\mathbf{R}^4$ 的一个基的充要条件是(　　).

(A) $\boldsymbol{A}$ 的行数等于 4, 且 $R(\boldsymbol{A})=4$　　(B) $\boldsymbol{A}$ 的行数等于 4, 且 $R(\boldsymbol{A})\geqslant 4$

(C) $\boldsymbol{A}$ 的行数等于 4, 且 $R(\boldsymbol{A})\leqslant 4$　　(D) 以上都不对

(B)

1. 判断集合 $\{(x_1,x_2)\,|\,x_1^2-x_2^2\geqslant 0,x_1,x_2\in\mathbf{R}\}$ 是否是 $\mathbf{R}^2$ 的子空间?

2. 由 $\boldsymbol{\alpha}_1=(1,1,0,0),\boldsymbol{\alpha}_2=(1,0,1,1)$ 所生成的向量空间为 V_1, 由

$$\boldsymbol{\beta}_1=(2,-1,3,3),\quad \boldsymbol{\beta}_2=(0,1,-1,-1)$$

所生成的向量空间为 V_2, 证明: $V_1=V_2$.

3. $[0,1]$ 上所有的连续函数的全体记作 V, 证明 V 对于函数的通常加法和数乘构成实数域上的一个线性空间.

4. 在 $\mathbf{R}^3$ 中定义变换: $T(x_1,x_2,x_3)=(x_1-x_3,x_2+x_3,x_3^3)$, 证明: T 不是线性变换.

5. 设 V_n 为一个向量空间, 若线性变换 T 的核空间正好等于 V_n, 证明: T 是零变换.

6. 在 $\mathbf{R}^3$ 中定义变换: $T(x_1,x_2,x_3)=(x_1,x_2,-x_3)$, 证明: T 是线性变换, 并从几何上描述 T 是何种变换.

7. 在 $P[x]_3$ 中, 取基 $\boldsymbol{p}_1=x^3,\boldsymbol{p}_2=x^2,\boldsymbol{p}_3=x,\boldsymbol{p}_4=1$, 求微分变换在此基下的矩阵.

8. 已知三维线性空间 V_3 的线性变换 T 在基 $\boldsymbol{\alpha}_1,\boldsymbol{\alpha}_2,\boldsymbol{\alpha}_3$ 下的矩阵为

$$\boldsymbol{A}=\begin{pmatrix}1 & 2 & 3\\ 4 & 5 & 6\\ 7 & 8 & 9\end{pmatrix}$$

求 T 在基 $\boldsymbol{\alpha}_2,\boldsymbol{\alpha}_3,\boldsymbol{\alpha}_1$ 下的矩阵.

9. 证明 $x^4+x^2-2,x^3,x^3+x,x^2+1,x+1$ 是 $P[x]_4$ 的一个基.

10. 证明所有二阶实矩阵组成的集合 $\mathbf{R}^{2\times2}$，对于矩阵的加法和数量乘法，构成实数域上的一个线性空间.

(C)

1. $\mathbf{R}$ 上引入通常的加法和乘法成为 $\mathbf{Q}$ 上的线性空间，证明 $\mathbf{Q}$ 是其子空间，而 $\mathbf{Z}$ 不是其子空间.

2. $\mathbf{R}$ 上引入通常的加法和乘法成为 $\mathbf{Q}$ 上的线性空间. 举例说明除了 $\mathbf{Q}$ 之外，$\mathbf{R}$ 有其他的真子空间.

3. 定义在 $[0,1]$ 上的全体连续函数组成实数域上的一个线性空间 V (参见(B)组题 3)，在这个空间中引入变换 T：$(T(f))(x)=\int_0^x f(t)\mathrm{d}t$，对每个 $f\in V,x\in[0,1]$. 证明：T 是一个线性变换.

4. 所有二阶实矩阵组成的集合 $\mathbf{R}^{2\times2}$，对于矩阵的加法和数量乘法，构成实数域上的一个线性空间(参见(B)组题 10)，试找出其一个基.

5. 在线性空间 $P[x]_n$ 中，取一组基：$\boldsymbol{e}_0=1,\boldsymbol{e}_1=x-a,\cdots,\boldsymbol{e}_n=(x-a)^n$，对任意的 $\boldsymbol{p}\in P[x]_n$，找出 $\boldsymbol{p}$ 在此基下的坐标.

第 6 章　数 学 实 验

6.1　数学实验 1　矩阵

本节主要学习在 MATLAB 中矩阵的输入方法、特殊矩阵的生成、矩阵的代数运算以及矩阵的特殊参数运算.

6.1.1　矩阵的输入

1. 矩阵的输入法

输入时, 矩阵的元素用方括号([ ]), 矩阵的行数据之间使用逗号或空格隔开, 而列与列之间则用分号隔开.

例 6.1.1　生成矩阵 $\boldsymbol{A}=\begin{pmatrix}1 & 2 & 3\\ 4 & 5 & 6\\ 7 & 8 & 9\end{pmatrix}$.

代码和运行结果:

```
>> A=[1 2 3;4,5 6;7 8 9]
A =
    1      2      3
    4      5      6
    7      8      9
```

例 6.1.2　生成三维行向量矩阵 $\boldsymbol{A}=\begin{pmatrix}1 & 2 & 3\end{pmatrix}$.

代码和运行结果:

```
>> A=[1 2 3]
A =
    1      2      3
```

例 6.1.3　生成三维列向量矩阵 $\boldsymbol{A}=\begin{pmatrix}1\\ 2\\ 3\end{pmatrix}$.

代码和运行结果:

```
>> A=[1 ;2 ;3]
A =
```

```
    1
    2
    3
```

2. 特殊矩阵的生成

系统中提供了很多命令用于矩阵的输入, 如 compan（伴随矩阵）, diag（对角矩阵）, zeros（元素全为 0 的矩阵）, ones（元素全为 1 的矩阵）, eye（对角线上元全为 1 的矩阵）, rand（生成随机矩阵）, vander（生成范德蒙德矩阵）.

例 6.1.4　生成三阶单位矩阵 $\boldsymbol{A}=\begin{pmatrix}1&0&0\\0&1&0\\0&0&1\end{pmatrix}$.

代码和运行结果:

```
>> A=eye(3)
A =
    1     0     0
    0     1     0
    0     0     1
```

例 6.1.5　生成三阶 0 矩阵 $\boldsymbol{A}=\begin{pmatrix}0&0&0\\0&0&0\\0&0&0\end{pmatrix}$.

代码和运行结果:

```
>> A=zeros(3)
A =
    0     0     0
    0     0     0
    0     0     0
```

例 6.1.6　生成三阶元素全为 1 的矩阵 $\boldsymbol{A}=\begin{pmatrix}1&1&1\\1&1&1\\1&1&1\end{pmatrix}$.

代码和运行结果:

```
>> A=ones(3)
A =
    1     1     1
    1     1     1
```

```
    1       1       1
```

例 6.1.7　生成三阶对角矩阵 $A=\begin{pmatrix}1&0&0\\0&2&0\\0&0&3\end{pmatrix}$.

代码和运行结果:

```
>> v=[1 ;2 ;3]; A=diag(v,0)
A =
    1       0       0
    0       2       0
    0       0       3
```

6.1.2　矩阵的运算

1. 矩阵的代数运算

系统中提供了很多命令用于矩阵的运算, 如 $A+B$（加法）, $A-B$（减法）, $A*B$（乘法）, A/B（右除 AB^{-1}）, $A\backslash B$（左除 $A^{-1}B$）, inv(A)（A 的逆）, A'（A 的转置）, A^k（A 的 k 次方）.

例 6.1.8　设矩阵 $A=\begin{pmatrix}0&2&-1\\1&1&2\\-1&-1&-1\end{pmatrix}$, 矩阵 $B=\begin{pmatrix}1&2&3\\2&2&1\\3&4&3\end{pmatrix}$, 求 $A+B, A-B, A^{\mathrm{T}}, A^{-1}, A^2, AB, A^{-1}B$.

代码和运行结果:

```
>> A=[0 2 -1;1 1 2;-1 -1 -1]
A =
     0       2      -1
     1       1       2
    -1      -1      -1
>> B=[1 2 3;2 2 1;3 4 3]
B =
     1       2       3
     2       2       1
     3       4       3
>> A+B
ans =

     1       4       2
```

```
     3     3     3
     2     3     2

>> A-B
ans =

    -1     0    -4
    -1    -1     1
    -4    -5    -4
>> A'
ans =
     0     1    -1
     2     1    -1
    -1     2    -1
>> inv(A)
ans =
   -0.5000   -1.5000   -2.5000
    0.5000    0.5000    0.5000
         0    1.0000    1.0000
>> A^2
ans =
     3     3     5
    -1     1    -1
     0    -2     0
>> A*B
ans =
     1     0    -1
     9    12    10
    -6    -8    -7
>> inv(A)*B
ans =
  -11.0000  -14.0000  -10.5000
    3.0000    4.0000    3.5000
    5.0000    6.0000    4.0000
```

2. 矩阵的特殊参数运算

系统中提供了很多命令用于矩阵的特征参数, 如 det(***A***)（***A*** 的行列式）, rank(***A***)（***A*** 的秩）, polyval（计算矩阵多项式）, rref（求矩阵行最简形）.

例 6.1.9 计算矩阵 $A=\begin{pmatrix}3 & -1 & 2\\1 & 2 & -1\\2 & 1 & 4\end{pmatrix}$ 的行列式.

代码和运行结果：

```
>> A=[3 -1 2;1 2 -1;2 1 4]
>> D=det(A)
D =
    27
```

即 $|A|=0$.

例 6.1.10 计算矩阵 $A=\begin{pmatrix}1 & 0 & 1 & 2 & -1\\0 & 1 & -1 & 1 & -1\\1 & 1 & 0 & 3 & -2\\2 & 2 & 0 & 6 & -3\end{pmatrix}$ 的秩和行最简形矩阵.

代码和运行结果：

```
>> A=[1 0 1 2 -1;0 1 -1 1 -1;1 1 0 3 -2;2 2 0 6 -3]
>> rank(A)
ans =
     3
>> rref(A)
ans =
     1     0     1     2     0
     0     1    -1     1     0
     0     0     0     0     1
     0     0     0     0     0
```

即 A 的秩是 3, A 的行最简形矩阵为

$$A=\begin{pmatrix}1 & 0 & 1 & 2 & 0\\0 & 1 & -1 & 1 & 0\\0 & 0 & 0 & 0 & 1\\0 & 0 & 0 & 0 & 0\end{pmatrix}$$

例 6.1.11 设矩阵 $A=\begin{pmatrix}1 & 1 & 1\\1 & 2 & 4\\1 & 3 & 9\end{pmatrix}$, 求 $p(A)=A^3+2A^2+3A+4E$.

代码和运行结果：

```
>> A=[1 1 1;1 2 4;1 3 9]
>> p=[1 2 3 4]
```

```
>> pA=polyvalm(p,A)
pA =
        36          72          184
        86         220          582
       170         440         1214
```

即 $$\boldsymbol{p}(\boldsymbol{A})=\begin{pmatrix}36&72&184\\86&220&582\\170&440&1214\end{pmatrix}$$

6.1.3 实验习题

1. 利用 MATLAB 软件生成下列矩阵:

(1) $\boldsymbol{A}=\begin{pmatrix}0&0&0\\0&0&0\\0&0&0\end{pmatrix}$; (2) $\boldsymbol{B}=\begin{pmatrix}1&0&0\\0&1&0\\0&0&1\end{pmatrix}$; (3) $\boldsymbol{B}=\begin{pmatrix}1&1&1\\1&1&1\\1&1&1\end{pmatrix}$.

2. 设矩阵 $\boldsymbol{A}=\begin{pmatrix}1&0&0&0\\0&1&0&0\\-1&2&1&0\\1&1&0&1\end{pmatrix}$, $\boldsymbol{B}=\begin{pmatrix}1&0&1&0\\-1&2&0&1\\1&0&4&1\\-1&-1&2&0\end{pmatrix}$, 求 $\boldsymbol{A}+\boldsymbol{B}, \boldsymbol{A}-\boldsymbol{B}, \boldsymbol{A}^{\mathrm{T}}, \boldsymbol{A}^{-1}$, $\boldsymbol{A}^2, \boldsymbol{AB}, \boldsymbol{A}^{-1}\boldsymbol{B}$.

3. 设矩阵 $\boldsymbol{A}=\begin{pmatrix}1&4&2\\0&-3&4\\0&4&3\end{pmatrix}$, 求 $\boldsymbol{p}(\boldsymbol{A})=5\boldsymbol{A}^5+4\boldsymbol{A}^4+3\boldsymbol{A}^3+2\boldsymbol{A}^2+\boldsymbol{A}+\boldsymbol{E}$.

6.2 数学实验 2 线性方程组

本节实验首先介绍向量及其运算, 主要学习在 MATLAB 中求向量组的秩、判断向量组的线性相关性、实施向量组的正交化以及生成子空间的标准正交基. 其次介绍利用 MATLAB 求解齐次线性方程组和非齐次线性方程组. 在 MATLAB 中解线性方程组的方法很多, 可以直接用命令 reff(通过求线性方程组的增广矩阵来求解线性方程组)、linesolve(求解非齐次方程组 $\boldsymbol{A}x=\boldsymbol{b}$ 的解), null(求解齐次线性方程组 $\boldsymbol{A}x=\boldsymbol{0}$ 的基础解系).

6.2.1 向量及其运算

例 6.2.1 设向量 $\boldsymbol{\alpha}=\begin{pmatrix}1\\2\\3\end{pmatrix}$, $\boldsymbol{\beta}=\begin{pmatrix}4\\5\\6\end{pmatrix}$, 求 $\boldsymbol{\alpha}+2\boldsymbol{\beta}$.

代码和运行结果:

```
>> X=[1 2 3]
X =
     1     2     3
>> Y = [4 5 6]
Y =
     4     5     6
>> X+2*Y
ans =
       9    12    15
```

即

$$\boldsymbol{\alpha}+2\boldsymbol{\beta}=\begin{pmatrix}9\\12\\15\end{pmatrix}$$

6.2.2 向量组的秩和线性相关性

1. 向量组的秩

例 6.2.2 求向量组 $\boldsymbol{\alpha}_1=\begin{pmatrix}2\\1\\3\\-1\end{pmatrix},\boldsymbol{\alpha}_2=\begin{pmatrix}3\\-1\\2\\0\end{pmatrix},\boldsymbol{\alpha}_3=\begin{pmatrix}1\\3\\4\\-2\end{pmatrix},\boldsymbol{\alpha}_4=\begin{pmatrix}4\\-3\\1\\1\end{pmatrix}$ 的秩.

代码和运行结果:

```
>> X1=[2 1 3 -1]';X2=[3 -1 2 0]'; X3=[1 3 4 -2]';X4=[4 -3 1 1]';
>> A=[X1 X2 X3 X4]
A =

     2     3     1     4
     1    -1     3    -3
     3     2     4     1
    -1     0    -2     1
>> rank(A)
ans =
       2
```

即向量组的秩是 2.

2. 向量组的线性相关性

例 6.2.3　求向量组 $\boldsymbol{\alpha}_1=\begin{pmatrix}1\\4\\2\\7\end{pmatrix},\boldsymbol{\alpha}_2=\begin{pmatrix}3\\2\\4\\5\end{pmatrix},\boldsymbol{\alpha}_3=\begin{pmatrix}1\\-1\\2\\2\end{pmatrix},\boldsymbol{\alpha}_4=\begin{pmatrix}2\\8\\4\\14\end{pmatrix}$ 的线性相关性.

代码和运行结果:

```
>> X1= [1 4 2 7]';X2= [3 2 4 5]'; X3= [1 -1 2 2]';X4= [2 8 4 14]';
>> A=[X1 X2 X3 X4]

A =
      1     3     1     2
      4     2    -1     8
      2     4     2     4
      7     5     2    14
>> rank(A)
ans =
      3
```

即向量组 $\boldsymbol{\alpha}_1,\boldsymbol{\alpha}_2,\boldsymbol{\alpha}_3,\boldsymbol{\alpha}_4$ 所构成的矩阵秩 $R(\boldsymbol{A})=3<4$，故向量组 $\boldsymbol{\alpha}_1,\boldsymbol{\alpha}_2,\boldsymbol{\alpha}_3,\boldsymbol{\alpha}_4$ 线性相关.

6.2.3　向量组的正交化

例 6.2.4　将向量组 $\boldsymbol{\alpha}_1=\begin{pmatrix}1\\1\\1\end{pmatrix},\boldsymbol{\alpha}_2=\begin{pmatrix}1\\2\\1\end{pmatrix},\boldsymbol{\alpha}_3=\begin{pmatrix}0\\-1\\1\end{pmatrix}$ 的正交单位化.

代码和运行结果:

```
>> X1= [1 1 1]';X2= [1 2 1]'; X3= [0 -1 1]';
>> A=[X1 X2 X3]
A =
     1     1     0
     1     2    -1
     1     1     1
>> [Q R]=qr(A)
Q =
    -0.5774    0.4082   -0.7071
    -0.5774   -0.8165   -0.0000
    -0.5774    0.4082    0.7071
```

即向量组 $\boldsymbol{\alpha}_1,\boldsymbol{\alpha}_2,\boldsymbol{\alpha}_3$ 正交化单位化后的向量组为

$$\boldsymbol{\beta}_1=\begin{pmatrix}-0.5774\\-0.5774\\-0.5774\end{pmatrix},\quad \boldsymbol{\beta}_2=\begin{pmatrix}0.4082\\-0.8165\\0.4082\end{pmatrix},\quad \boldsymbol{\beta}_3=\begin{pmatrix}-0.7071\\0\\0.7071\end{pmatrix}$$

6.2.4 求解齐次方程组

例 6.2.5 求解齐次线性方程组 $\begin{cases}2x_1+3x_2-2x_3=0,\\3x_1+2x_2+x_3=0,\\5x_1+5x_2-x_3=0.\end{cases}$

解 通过函数 null 求解齐次线性方程组的基础解系, 进而求出通解.

代码和运行结果:

```
>> A=[2 3 -2;3 2 1;5 5 -1]
A =
     2     3    -2
     3     2     1
     5     5    -1
>> null(A,'r')
ans =
   -1.4000
    1.6000
    1.0000
```

即基础解系为 $\boldsymbol{p}_1=\begin{pmatrix}-1.4\\1.6\\1\end{pmatrix}$, 方程组的通解为 $y=k_1\boldsymbol{p}_1$ (k_1为任意常数).

6.2.5 求解非齐次方程组

例 6.2.6 求解非齐次线性方程组 $\begin{cases}x_1-2x_2+3x_3=4,\\4x_1-2x_2-4x_3=1,\\3x_1-7x_3=5.\end{cases}$

解 首先利用函数 reff 求出增广矩阵的行最简形, 最后求出原方程组的通解.

代码和运行结果:

```
>> B=[1 -2 3 4;4 -2 -4 1;3 0 -7 5]
B =
     1    -2     3     4
     4    -2    -4     1
     3     0    -7     5
```

```
>> rref(B)
ans =
    1.0000         0   -2.3333         0
         0    1.0000   -2.6667         0
         0         0         0    1.0000
```

即线性方程组 $\boldsymbol{B}$ 的行最简形为

$$\begin{pmatrix} 1 & 0 & -2.3333 & 0 \\ 0 & 1 & -2.6667 & 0 \\ 0 & 0 & 0 & 1 \end{pmatrix}$$

系数矩阵的秩 $R(\boldsymbol{A})=2$，增广矩阵的秩 $R(\boldsymbol{B})=3$，故原方程组无解.

例 6.2.7　求解非齐次线性方程组

$$\begin{cases} x_1 - x_2 + x_3 - x_4 = 1 \\ x_1 - x_2 - x_3 + x_4 = 0 \\ x_1 - x_2 - 2x_3 + 2x_4 = -\dfrac{1}{2} \end{cases}$$

解　通过先利用函数 rank 求矩阵的秩, 可以确定自由未知量的个数, 选取 x_1 和 x_3 为非自由未知量, 再利用函数 solve 求方程组关于 x_1 和 x_3 的解.

代码和运行结果:

```
>> B=[1 -1 1 -1 1;1 -1 -1 1 0;1 -1 -2 2 -0.5]
B =

    1.0000   -1.0000    1.0000   -1.0000    1.0000
    1.0000   -1.0000   -1.0000    1.0000         0
    1.0000   -1.0000   -2.0000    2.0000   -0.5000
>> rank(B)
ans =
    2
>> S=solve(x1-x2+x3-x4==1,x1-x2-x3+x4==0,x1-x2-2*x3+2*x4==-0.5,
x1,x3);
>> disp([S.x1,S.x3])
[ x2 + 1/2, x4 + 1/2]
```

即方程组的解为

$$\begin{cases} x_1 = x_2 + \dfrac{1}{2} \\ x_3 = x_4 + \dfrac{1}{2} \end{cases}$$

其中 x_2 和 x_4 可任意取值.

6.2.6　实验习题

1. 求向量组 $\boldsymbol{\alpha}_1=\begin{pmatrix}1\\2\\-1\\4\end{pmatrix},\boldsymbol{\alpha}_2=\begin{pmatrix}9\\100\\10\\4\end{pmatrix},\boldsymbol{\alpha}_3=\begin{pmatrix}-2\\-4\\2\\-8\end{pmatrix}$ 的秩.

2. 求向量组 $\boldsymbol{\alpha}_1=\begin{pmatrix}2\\3\\0\end{pmatrix},\boldsymbol{\alpha}_2=\begin{pmatrix}-1\\4\\0\end{pmatrix},\boldsymbol{\alpha}_3=\begin{pmatrix}0\\0\\2\end{pmatrix}$ 的线性相关性.

3. 将向量组 $\boldsymbol{\alpha}_1=\begin{pmatrix}1\\0\\-1\\1\end{pmatrix},\boldsymbol{\alpha}_2=\begin{pmatrix}1\\-1\\0\\1\end{pmatrix},\boldsymbol{\alpha}_3=\begin{pmatrix}-1\\1\\1\\0\end{pmatrix}$ 的正交单位化.

4. 求解齐次线性方程组 $\begin{cases}x_1+2x_2+x_3-x_4=0,\\3x_1+6x_2-x_3-3x_4=0,\\5x_1+10x_2+x_3-5x_4=0.\end{cases}$

5. 求解非齐次线性方程组 $\begin{cases}x_1+x_2+x_3+x_4+x_5=-1,\\3x_1+2x_2+x_3+x_4-3x_5=-5,\\x_2+2x_3+2x_4+6x_5=2,\\5x_1+4x_2+3x_3+3x_4-x_5=-7.\end{cases}$

6.3　数学实验 3　矩阵的特征值和特征向量

本节利用 MATLAB 求方阵的特征值和特征向量，寻求可逆变换实现方阵的对角化，寻求正交变换实现对称矩阵的对角化.

6.3.1　求方阵的特征值和特征向量

例 6.3.1　求矩阵 $\boldsymbol{A}=\begin{pmatrix}3&2&4\\2&0&2\\4&2&3\end{pmatrix}$ 的特征值和特征向量.

解　利用 MATLAB 库函数 eig 求矩阵的特征值和特征向量.

代码和运行结果：

```
>> A=[3 2 4;2 0 2;4 2 3]
A =
     3     2     4
```

```
        2     0     2
        4     2     3
>> [V D]=eig(A)
V =
      -0.4862   -0.5649    0.6667
      -0.4834    0.8095    0.3333
       0.7279    0.1602    0.6667
   D =
      -1.0000         0         0
            0   -1.0000         0
            0         0    8.0000
```

即 $\boldsymbol{A}$ 的特征值分别为 $-1,-1,8$，分别对应的特征向量为

$$\begin{pmatrix}-0.4862\\-0.4834\\0.7279\end{pmatrix},\begin{pmatrix}-0.5649\\0.8095\\0.1602\end{pmatrix},\begin{pmatrix}0.6667\\0.3333\\0.6667\end{pmatrix}$$

6.3.2 方阵的对角化

例 6.3.2 判断下列方阵 $\boldsymbol{A}$ 是否能对角化? 若能, 则求可逆矩阵 $\boldsymbol{P}$ 和对角矩阵 $\boldsymbol{\Lambda}$，使 $\boldsymbol{P}^{-1}\boldsymbol{AP}=\boldsymbol{\Lambda}$.

(1) $\boldsymbol{A}=\begin{pmatrix}4&2&3\\2&1&2\\-1&-2&0\end{pmatrix}$; (2) $\boldsymbol{A}=\begin{pmatrix}1&-1&1\\2&4&-2\\-3&-3&5\end{pmatrix}$.

解 一个n阶方阵可以对角化的充分必要条件是有n个线性无关的特征向量. 在利用库函数 eig 数值功能求特征值和特征向量时, 由于数值精度有限, 几乎总是可以得到 n 个不同的特征值, 无法判断几乎相等的两个特征值是否为同一个. 另外, 任何时候特征向量构成的矩阵也总是一个n阶方阵, 所以不能用矩阵的列数来判断是否真的有n个线性无关的特征向量. 下面用 eig 的符号功能来判断方阵 $\boldsymbol{A}$ 是否能对角化.

(1) 代码和运行结果:

```
 >> A=[4 2 3;2 1 2;-1 -2 0]

 A =

        4     2     3
        2     1     2
       -1    -2     0
>> n=size(A)
n =
```

```
        3     3
>> A=sym(A)
     A =
    [  4,  2, 3]
    [  2,  1, 2]
    [ -1, -2, 0]
>> [V D]=eig(A)
V =
    [ -5/3, -1]
    [ -2/3,  0]
    [    1,  1]
D =
    [ 3, 0, 0]
    [ 0, 1, 0]
    [ 0, 0, 1]
```

即 V 不是方阵, 所以 A 不能对角化.

(2) 代码和运行结果:

```
>> A=[1 -1 1;2 4 -2;-3 -3 5]

A =
        1    -1     1
        2     4    -2
       -3    -3     5
    >> n=size(A)
    n =
        3     3
>> A=sym(A)
 A =
    [  1, -1,  1]
    [  2,  4, -2]
    [ -3, -3,  5]
>> [V D]=eig(A)
V =
    [  1/3, -1, 1]
    [ -2/3,  1, 0]
    [    1,  0, 1]
D =
```

```
[ 6, 0, 0]
[ 0, 2, 0]
[ 0, 0, 2]
```

即 V 是方阵, 所以 $\boldsymbol{A}$ 能对角化. V 就是要求的可逆矩阵 $\boldsymbol{P}$, D 就是对角矩阵 $\boldsymbol{\Lambda}$.

6.3.3　对称矩阵的对角化

例 6.3.3　设 $\boldsymbol{A}=\begin{pmatrix}1 & -2 & 0\\ -2 & 2 & -2\\ 0 & -2 & 3\end{pmatrix}$, 求一个正交的相似变换矩阵, 将 $\boldsymbol{A}$ 对角化.

解　实对称矩阵总是可以对角化, 库函数 eig 给出的线性无关的特征向量组已经是一个标准正交组. 因此, 用 eig 就可以为实对称矩阵找到正交相似变换矩阵.

代码和运行结果:

```
>> A=[1 -2 0;-2 2 -2;0 -2 3]
A =
       1    -2     0
      -2     2    -2
       0    -2     3
>> [Q D]=eig(A)
Q =
     -0.6667   -0.6667    0.3333
     -0.6667    0.3333   -0.6667
     -0.3333    0.6667    0.6667
D =
     -1.0000         0         0
           0    2.0000         0
           0         0    5.0000
```

即 $\boldsymbol{Q}$ 就是要求的正交的相似变换矩阵.

6.3.4　实验习题

1. 求矩阵 $\boldsymbol{A}=\begin{pmatrix}-1 & 0 & 2\\ 1 & 2 & -1\\ 1 & 3 & 0\end{pmatrix}$ 的特征值和特征向量.

2. 判断矩阵 $\boldsymbol{A}=\begin{pmatrix}3 & -1 & 0 & 0\\ 1 & 1 & 0 & 0\\ -2 & 4 & 5 & -3\\ 7 & 5 & 3 & -1\end{pmatrix}$ 是否可以对角化.若可以对角化, 求可逆矩阵 $\boldsymbol{P}$ 和

对角矩阵 $\boldsymbol{\Lambda}$，使 $\boldsymbol{P}^{-1}\boldsymbol{A}\boldsymbol{P}=\boldsymbol{\Lambda}$.

3. 将矩阵 $\boldsymbol{A}=\begin{pmatrix} 2 & -1 & -1 & 1 \\ -1 & 2 & 1 & -1 \\ -1 & 1 & 2 & -1 \\ 1 & -1 & -1 & 2 \end{pmatrix}$ 对角化，并求正交矩阵 $\boldsymbol{P}$ 和对角矩阵 $\boldsymbol{\Lambda}$，使 $\boldsymbol{P}^{-1}\boldsymbol{A}\boldsymbol{P}=\boldsymbol{\Lambda}$.

6.4　数学实验 4　二次型

本节实验介绍利用 MATLAB 将二次型变成标准形，以及判断正定和负定二次型.

6.4.1　二次型为标准形

例 6.4.1　求一个正交变换 $\boldsymbol{x}=\boldsymbol{P}\boldsymbol{y}$，把二次型

$$f(x_1,x_2,x_3)=2x_1^2+5x_2^2+5x_3^2+4x_1x_2-4x_1x_3-8x_2x_3$$

化成标准形.

解　任何 n 阶实对称方阵都可以对角化，二次型化标准形的问题可以转化成实对称矩阵的对角化问题，因此任何二次型都可以化成标准形. 库函数 eig 给出的线性无关的特征向量组已经是一个标准正交组. 因此，用 eig 就可以为实对称矩阵找到正交相似变换矩阵，也就是二次型化成标准形的正交变换矩阵.

代码和运行结果：

```
>> A=[2 2 -2;2 5 -4;-2 -4 5]
A =
      2     2    -2
      2     5    -4
     -2    -4     5
>> [P D]=eig(A)
P =
     0.1293    0.9339   -0.3333
     0.6681   -0.3304   -0.6667
     0.7327    0.1365    0.6667
D =
     1.0000         0         0
          0    1.0000         0
          0         0   10.0000
```

即 $\boldsymbol{P}$ 就是所求的正交矩阵，令 $\boldsymbol{x}=\boldsymbol{P}\boldsymbol{y}$，二次型的标准形为

$$f(y_1, y_2, y_3) = y_1^2 + y_2^2 + 10y_3^2$$

6.4.2 正定二次型的判定

例 6.4.2 判定二次型

$$f(x_1, x_2, x_3) = 4x_1^2 + 10x_2^2 + 5x_3^2 + 4x_1x_2 - 4x_1x_3 + 4x_2x_3$$

的正定性.

解 判定二次型正定的方法很多, 最简的方法就是特征值判别法, 可以通过库函数 eig 来求出二次型的矩阵的特征值.

代码和运行结果:

```
>> A=[4 2 -2;2 10 2;-2 2 5]
A =

        4     2    -2
        2    10     2
       -2     2     5
>> eig(A)
ans =
       1.5079
       6.5394
       10.9528
```

即 $\boldsymbol{A}$ 的特征值都为正的, 所以二次型为正定的.

6.4.3 实验习题

1. 求一个正交变换 $\boldsymbol{x} = \boldsymbol{P}\boldsymbol{y}$, 把二次型

$$f(x_1, x_2, x_3) = x_1^2 + x_2^2 + x_3^2 + 4x_1x_2 + 4x_1x_3 + 4x_2x_3$$

化成标准形.

2. 判定二次型

$$f(x_1, x_2, x_3, x_4) = 2x_1^2 + 2x_2^2 + 2x_3^2 + 2x_4^2 - 2x_1x_2 - 2x_2x_3 - 2x_3x_4$$

的正定性.

参 考 文 献

陈建龙, 周建华, 张小向, 等, 2014. 线性代数[M]. 2 版. 北京: 科学出版社.
黄廷祝, 2021. 线性代数[M]. 北京: 高等教育出版社.
黄秋和, 莫京兰, 宁桂英, 2016. 线性代数[M]. 武汉: 武汉大学出版社.
卢刚, 2020. 线性代数[M]. 北京: 高等教育出版社.
史蒂文 J. 利昂, 2020. 线性代数[M]. (原书第 9 版). 张文博, 张丽静, 译. 北京: 机械工业出版社.
同济大学数学系, 2013. 工程数学: 线性代数[M]. 6 版. 北京: 高等教育出版社.

部分习题答案

习题 1

(A)

一、填空题

1. 0, −3　　2. $-(ad-bc)^2$　　3. −1　　4. $\frac{1}{3}(\boldsymbol{A}+2\boldsymbol{E})$　　5. $\frac{1}{125}$

6. $\begin{pmatrix} \frac{1}{4} & 0 & 0 & 0 \\ 0 & \frac{1}{6} & 0 & 0 \\ 0 & 0 & 0 & \frac{1}{6} \\ 0 & 0 & \frac{1}{4} & 0 \end{pmatrix}$

7. −1　　8. 0　　9. 3

10. $\begin{pmatrix} 0 & -1 & 0 \\ -2 & 1 & 0 \\ 0 & 0 & -2 \end{pmatrix}$

二、选择题

1. C　2. C　3. B　4. A　5. C　6. D　7. B　8. B　9. A　10. B

(B)

1. $\begin{pmatrix} -2 & 16 & 5 \\ -2 & -11 & 20 \\ 5 & 29 & 7 \end{pmatrix}$; $\begin{pmatrix} 0 & 0 & 3 \\ 6 & -3 & 9 \\ 3 & 6 & 3 \end{pmatrix}$

2. $\begin{pmatrix} 6 & 1 & 12 \\ 1 & 1 & -3 \\ 14 & 6 & 6 \end{pmatrix}$; $\begin{pmatrix} 10 & 19 \\ 7 & 3 \end{pmatrix}$

3. 4; $\begin{pmatrix} -2 & 3 \\ -4 & 6 \end{pmatrix}$; $\begin{pmatrix} -2\cdot 4^{99} & 3\cdot 4^{99} \\ -4^{100} & 6\cdot 4^{99} \end{pmatrix}$

4. (1) $\boldsymbol{A}=\begin{pmatrix}0&1\\0&0\end{pmatrix}$, $\boldsymbol{A}^2=\boldsymbol{O}$, 但 $\boldsymbol{A}\neq\boldsymbol{O}$

(2) $\boldsymbol{A}=\begin{pmatrix}1&0\\0&0\end{pmatrix}$, $\boldsymbol{A}^2=\boldsymbol{A}$, 但 $\boldsymbol{A}\neq\boldsymbol{O}$ 且 $\boldsymbol{A}\neq\boldsymbol{E}$

(3) $\boldsymbol{A}=\begin{pmatrix}1&0\\0&0\end{pmatrix}$, $\boldsymbol{X}=\begin{pmatrix}1&1\\-1&1\end{pmatrix}$, $\boldsymbol{Y}=\begin{pmatrix}1&1\\0&1\end{pmatrix}$, $\boldsymbol{AX}=\boldsymbol{AY}$, 但 $\boldsymbol{X}\neq\boldsymbol{Y}$

(4) $\boldsymbol{A}=\begin{pmatrix}1&0\\0&0\end{pmatrix}$, $\boldsymbol{B}=\begin{pmatrix}0&0\\1&1\end{pmatrix}$, $\boldsymbol{AB}=\boldsymbol{O}$

(5) $\boldsymbol{A}=\begin{pmatrix}1&0\\0&-1\end{pmatrix}$, $\boldsymbol{B}=\begin{pmatrix}-1&0\\0&1\end{pmatrix}$均可逆, 但 $\boldsymbol{A}^{-1}+\boldsymbol{B}^{-1}=\begin{pmatrix}0&0\\0&0\end{pmatrix}$不可逆

5. 略　　　　6. -66

7. (1) 1; (2) 48; (3) $[x+(n-1)a](x-a)^{n-1}$; (4) $(-2)(n-2)!$

8. $-\dfrac{16}{27}$

9. ～10. 略

11. 利用矩阵多项式的因式分解; $\boldsymbol{A}^{-1}=\dfrac{1}{2}(\boldsymbol{A}-2\boldsymbol{E})$

12. $(\boldsymbol{E}-\boldsymbol{A})^{-1}=\begin{pmatrix}1&1&1\\0&1&1\\0&0&1\end{pmatrix}$

13. $\begin{pmatrix}1&0&0\\0&1&0\\0&0&1\end{pmatrix}$

14. (1) $\begin{pmatrix}1&0&0\\-\frac{1}{2}&\frac{1}{2}&0\\0&-\frac{1}{3}&\frac{1}{3}\end{pmatrix}$; (2) $\begin{pmatrix}1&-4&-3\\1&-5&-3\\-1&6&4\end{pmatrix}$; (3) $\begin{pmatrix}1&-2&0&0\\-2&5&0&0\\0&0&\frac{1}{3}&\frac{2}{3}\\0&0&-\frac{1}{3}&\frac{1}{3}\end{pmatrix}$; (4) $\begin{pmatrix}1&-2&0&0\\-2&5&0&0\\0&0&2&-3\\0&0&-5&8\end{pmatrix}$;

(5) $\dfrac{1}{2}\begin{pmatrix}0&3&-1\\0&-4&2\\10&0&0\end{pmatrix}$

15. $\begin{pmatrix}2-2^n&2^n-1\\2-2^{n+1}&2^{n+1}-1\end{pmatrix}$　　　　16. 略

17. $\begin{pmatrix} 0 & 3 & 3 \\ -1 & 2 & 3 \\ 1 & 1 & 0 \end{pmatrix}$　　18. $\begin{pmatrix} 2 & 0 & 1 \\ 0 & 3 & 0 \\ 1 & 0 & 2 \end{pmatrix}$　　19. $\begin{pmatrix} 1 & 2 & 5 & 2 \\ 0 & 1 & 2 & -4 \\ 0 & 0 & -4 & 3 \\ 0 & 0 & 0 & -9 \end{pmatrix}$

20. 略

(C)

1. $\begin{pmatrix} \boldsymbol{O} & \boldsymbol{B}^{-1} \\ \boldsymbol{A}^{-1} & \boldsymbol{O} \end{pmatrix}$　　2. 略

3. $\boldsymbol{B} = \mathrm{diag}(6,6,6,-1)$

4. $\boldsymbol{B} = 2\boldsymbol{A} = 2\mathrm{diag}(1,-2,1)$

5. ～6. 略

7. $\lambda = 5$； $\mu = 1$

8. $(\boldsymbol{A}+4\boldsymbol{E})^{-1} = -\dfrac{1}{30}(\boldsymbol{A}-7\boldsymbol{E})$　　9. ～10. 略.

习 题 2

(A)

一、填空题

1. 2　　2. $k(1,1,1,1,1)^{\mathrm{T}}$　　3. 0　　4. 无关　　5. n　　6. -1

7. $k \neq 1, k \neq -2$

8. $t = -2s$

9. $-1; -2$

10. $n-1$

二、选择题

1. A　2. C　3. A　4. C　5. C　6. B　7. B　8. D　9. C.　10. A.

(B)

1. (1) $\boldsymbol{x} = c_1\begin{pmatrix} \frac{3}{17} \\ \frac{19}{17} \\ 1 \\ 0 \end{pmatrix} + c_2\begin{pmatrix} -\frac{13}{17} \\ -\frac{20}{17} \\ 0 \\ 1 \end{pmatrix}$　(c_1, c_2为任意常数)

(2) $\boldsymbol{x}=c_1\begin{pmatrix}-\frac{1}{2}\\1\\0\\0\end{pmatrix}+c_2\begin{pmatrix}\frac{1}{2}\\0\\1\\0\end{pmatrix}$ (c_1,c_2为任意常数)

(3) $\boldsymbol{x}=c_1\begin{pmatrix}-\frac{3}{7}\\\frac{2}{7}\\1\\0\end{pmatrix}+c_2\begin{pmatrix}-\frac{13}{7}\\\frac{4}{7}\\0\\1\end{pmatrix}+\begin{pmatrix}\frac{13}{7}\\-\frac{4}{7}\\0\\0\end{pmatrix}$ (c_1,c_2为任意常数)

(4) $\boldsymbol{x}=c_1\begin{pmatrix}-3\\1\\0\\0\\0\end{pmatrix}+c_2\begin{pmatrix}\frac{7}{5}\\0\\\frac{1}{5}\\1\\0\end{pmatrix}+c_3\begin{pmatrix}\frac{1}{5}\\0\\-\frac{2}{5}\\0\\1\end{pmatrix}+\begin{pmatrix}\frac{3}{5}\\0\\\frac{4}{5}\\0\\0\end{pmatrix}$ (c_1,c_2,c_3为任意常数)

2. $\begin{pmatrix}-2\\-2\\-5\\3\end{pmatrix}$, $\begin{pmatrix}17\\8\\11\\6\end{pmatrix}$, -3, $\sqrt{6}$, $\sqrt{30}$

3. (1) 线性无关; (2) 线性相关; (3) 线性无关; (4) 线性无关

4. (1) 当$a=-4$时，向量组$\boldsymbol{\alpha}_1,\boldsymbol{\alpha}_2$线性相关；当$a\neq-4$时，向量组$\boldsymbol{\alpha}_1,\boldsymbol{\alpha}_2$线性无关

(2) 当$a=-4$或$a=\frac{3}{2}$时向量组$\boldsymbol{\alpha}_1,\boldsymbol{\alpha}_2,\boldsymbol{\alpha}_3$线性相关，当$a\neq-4$且$a\neq\frac{3}{2}$时，向量组$\boldsymbol{\alpha}_1,\boldsymbol{\alpha}_2,\boldsymbol{\alpha}_3$线性无关

5. $a=2,b=5$

6. 当$lm\neq1$时，$l\boldsymbol{\alpha}_2-\boldsymbol{\alpha}_1,m\boldsymbol{\alpha}_3-\boldsymbol{\alpha}_2,\boldsymbol{\alpha}_1-\boldsymbol{\alpha}_3$线性无关

7. $\boldsymbol{A}$不是正交矩阵，$\boldsymbol{B}$是正交矩阵

8. $\frac{\sqrt{2}}{2}\begin{pmatrix}1\\1\\0\end{pmatrix}$, $\frac{\sqrt{6}}{6}\begin{pmatrix}-1\\1\\-2\end{pmatrix}$, $\frac{\sqrt{3}}{3}\begin{pmatrix}-1\\1\\1\end{pmatrix}$

9. ～17. 略

18. V_1是向量空间，V_2不是向量空间.

19. 略

20. $\begin{pmatrix} 3 \\ -1 \\ 2 \end{pmatrix}, \begin{pmatrix} -8 \\ 24 \\ -46 \end{pmatrix}$

21. (1) 2, (2) 2, (3) 3

22. (1) $\boldsymbol{x} = c_1\begin{pmatrix} 1 \\ 7 \\ 0 \\ 19 \end{pmatrix} + c_2\begin{pmatrix} 0 \\ 0 \\ 1 \\ 2 \end{pmatrix}$ (c_1,c_2为任意常数)

(2) $\boldsymbol{x} = c_1\begin{pmatrix} -2 \\ 1 \\ 1 \\ 0 \\ 0 \end{pmatrix} + c_2\begin{pmatrix} -1 \\ -3 \\ 0 \\ 1 \\ 0 \end{pmatrix} + c_3\begin{pmatrix} 2 \\ 1 \\ 0 \\ 0 \\ 1 \end{pmatrix}$ (c_1,c_2,c_3为任意常数)

23. (1) $\boldsymbol{x} = c_1\begin{pmatrix} -9 \\ 1 \\ 7 \\ 0 \end{pmatrix} + c_2\begin{pmatrix} -4 \\ 0 \\ \frac{7}{2} \\ 1 \end{pmatrix} + \begin{pmatrix} -17 \\ 0 \\ 14 \\ 0 \end{pmatrix}$ (c_1,c_2为任意常数)

(2) $\boldsymbol{x} = c\begin{pmatrix} \frac{5}{3} \\ -\frac{2}{3} \\ -\frac{1}{3} \\ 1 \end{pmatrix} + \begin{pmatrix} 3 \\ 1 \\ -2 \\ 0 \end{pmatrix}$ (c为任意常数)

24. 当$\lambda \neq 1,10$时，$R(\boldsymbol{A}) = R(\boldsymbol{B}) = 3$，方程组有唯一解;
当$\lambda = 10$时，$R(\boldsymbol{A}) = 2, R(\boldsymbol{B}) = 3$方程组无解;
当$\lambda = 1$，$R(\boldsymbol{A}) = R(\boldsymbol{B}) = 1 < 3$，方程组有无穷多个解，通解为

$$\boldsymbol{x} = c_1\begin{pmatrix} -2 \\ 1 \\ 0 \end{pmatrix} + c_2\begin{pmatrix} 2 \\ 0 \\ 1 \end{pmatrix} + \begin{pmatrix} 1 \\ 0 \\ 0 \end{pmatrix} \text{ (}c_1,c_2\text{为任意常数)}$$

25. $\boldsymbol{x} = c_1\begin{pmatrix} 1 \\ 1 \\ -2 \end{pmatrix} + c_2\begin{pmatrix} 1 \\ 3 \\ 2 \end{pmatrix} + \begin{pmatrix} 1 \\ \frac{3}{2} \\ \frac{1}{2} \end{pmatrix}$ (c_1,c_2为任意常数).

26. ～27. 略

28. 所求的齐次线性方程组为$\begin{cases} x_1-2x_1+x_3=0, \\ 2x_1-3x_2+x_4=0. \end{cases}$

29. $\boldsymbol{x}=c_1\begin{pmatrix}-1\\-1\\1\\0\end{pmatrix}+c_2\begin{pmatrix}-4\\1\\0\\1\end{pmatrix}+\begin{pmatrix}1\\1\\1\\1\end{pmatrix}$ (c_1,c_2为任意常数)

30. 方程组的通解为$c\begin{pmatrix}A_{k1}\\A_{k2}\\\vdots\\A_{kn}\end{pmatrix}$($c$为任意常数)

(C)

1. ～7. 略

8. 当a_1,a_2,a_3互不相等时，最大无关组为$\boldsymbol{\alpha}_1,\boldsymbol{\alpha}_2,\boldsymbol{\alpha}_3$;
当a_1,a_2,a_3有且仅有两个相等时，例如$a_2=a_3$且$a_1\neq a_2$，最大无关组为$\boldsymbol{\alpha}_1,\boldsymbol{\alpha}_2$;
当$a_1=a_2=a_3$时，最大无关组为$\boldsymbol{\alpha}_1$.

9. ～ 11. 略

12. 通解为$\boldsymbol{x}=k\begin{pmatrix}1\\\vdots\\1\end{pmatrix}$ (k为任意常数).

13. $t\neq 0,\pm 1$

14. ～15. 略

16. 原方程组无解

17. 略

习　题　3

(A)

一、填空题

1. $\lambda_1=9,\lambda_2=\lambda_3=\cdots\lambda_9=0$

2. 0或者1　3. 15　4. $-1,0,9$　5. 0　6. 1,1,3　7. 1　8. 0　9. 2　10. 4,5

二、选择题

1. D　2. A　3. B　4. B　5. D　6. B　7. D　8. B　9. B　10. A

(B)

1. (1) $\lambda_1=-2,\lambda_2=7$; $\boldsymbol{p}_1=\begin{pmatrix}4\\-5\end{pmatrix}$, $\boldsymbol{p}_2=\begin{pmatrix}1\\1\end{pmatrix}$

(2) $\lambda_1=-1,\lambda_2=9,\lambda_3=0$; $\boldsymbol{p}_1=\begin{pmatrix}-1\\1\\0\end{pmatrix}$, $\boldsymbol{p}_2=\begin{pmatrix}\frac{1}{2}\\\frac{1}{2}\\1\end{pmatrix}$, $\boldsymbol{p}_3=\begin{pmatrix}-1\\-1\\1\end{pmatrix}$

(3) $\lambda_1=0,\lambda_2=\lambda_3=1$; $\boldsymbol{p}_1=\begin{pmatrix}1\\1\\1\end{pmatrix}$, $\boldsymbol{p}_2=\begin{pmatrix}1\\1\\2\end{pmatrix}$, $\boldsymbol{p}_3=\begin{pmatrix}-1\\0\\1\end{pmatrix}$

(4) $\lambda_1=\lambda_2=1,\lambda_3=\lambda_4=-1$; $\boldsymbol{p}_1=\begin{pmatrix}1\\0\\0\\1\end{pmatrix}$, $\boldsymbol{p}_2=\begin{pmatrix}0\\1\\1\\0\end{pmatrix}$, $\boldsymbol{p}_3=\begin{pmatrix}0\\-1\\1\\0\end{pmatrix}$, $\boldsymbol{p}_4=\begin{pmatrix}-1\\0\\0\\1\end{pmatrix}$

2. 1,3

3. 520

4. 288

5. $\frac{400}{3}$

6. $x=4,y=2$

7. $\boldsymbol{A}^{100}=\begin{pmatrix}1&0&5^{100}-1\\0&5^{100}&0\\0&0&5^{100}\end{pmatrix}$

8. $\boldsymbol{A}=\begin{pmatrix}-\frac{1}{3}&0&\frac{2}{3}\\0&\frac{1}{3}&\frac{2}{3}\\\frac{2}{3}&\frac{2}{3}&0\end{pmatrix}$

9. $\boldsymbol{A}=\begin{pmatrix}2&-3&3\\0&-1&3\\0&0&2\end{pmatrix}$.

10. (1) 不能对角化

(2) 可以对角化. $\boldsymbol{P}=\begin{pmatrix}0&1&1\\1&0&0\\-1&4&1\end{pmatrix}$, $\boldsymbol{P}^{-1}\boldsymbol{AP}=\boldsymbol{\Lambda}=\begin{pmatrix}2&0&0\\0&2&0\\0&0&-1\end{pmatrix}$

11.

(1) $P=\begin{pmatrix} \frac{1}{3} & 0 & \frac{4}{3\sqrt{2}} \\ \frac{2}{3} & \frac{1}{\sqrt{2}} & -\frac{1}{3\sqrt{2}} \\ -\frac{2}{3} & \frac{1}{\sqrt{2}} & \frac{1}{3\sqrt{2}} \end{pmatrix}$, $P^{-1}AP=\begin{pmatrix} 10 & 0 & 0 \\ 0 & 1 & 0 \\ 0 & 0 & 1 \end{pmatrix}$

(2) $P=\begin{pmatrix} -\frac{1}{\sqrt{2}} & -\frac{1}{\sqrt{6}} & \frac{1}{\sqrt{3}} \\ \frac{1}{\sqrt{2}} & -\frac{1}{\sqrt{6}} & \frac{1}{\sqrt{3}} \\ 0 & \frac{2}{\sqrt{6}} & \frac{1}{\sqrt{3}} \end{pmatrix}$, $P^{-1}AP=\begin{pmatrix} 0 & 0 & 0 \\ 0 & 0 & 0 \\ 0 & 0 & 3 \end{pmatrix}$

12. 6

13. $\begin{pmatrix} 4 & 1 & 1 \\ 1 & 4 & 1 \\ 1 & 1 & 4 \end{pmatrix}$

14. A的特征值为0, 0, 3. 属于0的特征向量为$k_1\alpha_1+k_2\alpha_2$，其中k_1,k_2是不全为零的常数；属于 3 的特征向量为$k\begin{pmatrix} 1 \\ 1 \\ 1 \end{pmatrix}$,其中$k$为非零常数. $P=\begin{pmatrix} \frac{-1}{\sqrt{6}} & \frac{-1}{\sqrt{2}} & \frac{1}{\sqrt{3}} \\ \frac{2}{\sqrt{6}} & 0 & \frac{1}{\sqrt{3}} \\ \frac{-1}{\sqrt{6}} & \frac{1}{\sqrt{2}} & \frac{1}{\sqrt{3}} \end{pmatrix}$, $P^{-1}AP=\begin{pmatrix} 0 & 0 & 0 \\ 0 & 0 & 0 \\ 0 & 0 & 3 \end{pmatrix}$.

15. (1) $a = 5$, $b = 6$; (2) $\lambda=2,\lambda=6$的特征向量$\alpha_1^{T}=(1,-1,0)$，$\alpha_2^{T}=(1,0,1)$，$\alpha_3^{T}=(1,-2,3)$，令$P=(\alpha_1,\alpha_2,\alpha_3)$即为所求.

16. ～19. 略.

20. $\begin{pmatrix} -1 & 2 \\ -2 & 4 \end{pmatrix}$

(C)

1. $(-1)^n 2^{n-r}$

2. $\frac{4}{3}$

3. ～4. 略

5.

$$\lambda_1=\sum_{i=1}^{n}a_i^2,\lambda_2=\cdots\lambda_n=0,\boldsymbol{p}_1=\begin{pmatrix}a_1\\a_2\\a_3\\\vdots\\a_n\end{pmatrix},\boldsymbol{p}_2=\begin{pmatrix}-\dfrac{a_2}{a_1}\\1\\0\\\vdots\\0\end{pmatrix},\boldsymbol{p}_3=\begin{pmatrix}-\dfrac{a_3}{a_1}\\0\\1\\\vdots\\0\end{pmatrix},\cdots,\boldsymbol{p}_n=\begin{pmatrix}-\dfrac{a_n}{a_1}\\0\\0\\\vdots\\1\end{pmatrix}$$

6. ～10. 略

习 题 4

(A)

一、填空题

1. $f(x_1,x_2,x_3)=2x_1^2+2x_2^2+4x_3^2-2x_1x_2+4x_1x_3+2x_2x_3$

2. $\begin{pmatrix}1&3&3\\3&2&4\\3&4&3\end{pmatrix}$　3. $\begin{pmatrix}1&1&1\\1&1&1\\1&1&1\end{pmatrix}$　4. 3, 2　5. $y_1^2-y_2^2$　6. 3　7. $-\sqrt{2}<t<\sqrt{2}$

8. $-\sqrt{5}\leqslant a\leqslant\sqrt{5}$　9. ±2　10. 1

二、选择题

1. C　2. B　3. A　4. B　5. B　6. A　7. B　8. B　9. B　10. D

(B)

1. (1) $f(x,y,z)=(x,y,z)\begin{pmatrix}1&3&-4\\3&1&-2\\-4&-2&-2\end{pmatrix}\begin{pmatrix}x\\y\\z\end{pmatrix}$

(2) $f(x_1,x_2,x_3)=(x_1,x_2,x_3)\begin{pmatrix}1&4&2\\4&16&4\\2&4&-1\end{pmatrix}\begin{pmatrix}x_1\\x_2\\x_3\end{pmatrix}$

(3) $f(x_1,x_2,x_3)=(x_1,x_2,x_3)\begin{pmatrix}1&4&5\\4&2&6\\5&6&3\end{pmatrix}\begin{pmatrix}x_1\\x_2\\x_3\end{pmatrix}$

2. (1) $\begin{pmatrix}2&5\\5&8\end{pmatrix}$　(2) $\begin{pmatrix}1&3&5\\3&5&7\\5&7&9\end{pmatrix}$

3. (1) $\boldsymbol{P}=\begin{pmatrix}\frac{2}{3} & \frac{2}{3} & \frac{1}{3}\\ \frac{1}{3} & -\frac{2}{3} & \frac{2}{3}\\ -\frac{2}{3} & \frac{1}{3} & \frac{2}{3}\end{pmatrix}$, $\boldsymbol{P}^{\mathrm{T}}\boldsymbol{AP}=\begin{pmatrix}1 & 0 & 0\\ 0 & 4 & 0\\ 0 & 0 & -2\end{pmatrix}$;

(2) $\boldsymbol{P}=\begin{pmatrix}-\frac{2}{3} & -\frac{1}{3} & \frac{2}{3}\\ -\frac{2}{3} & \frac{2}{3} & -\frac{1}{3}\\ \frac{1}{3} & \frac{2}{3} & \frac{2}{3}\end{pmatrix}$, $\boldsymbol{P}^{\mathrm{T}}\boldsymbol{AP}=\begin{pmatrix}5 & 0 & 0\\ 0 & 2 & 0\\ 0 & 0 & -1\end{pmatrix}$

4. (1) $\begin{cases}x_1=y_1+\frac{1}{2}y_2-\frac{3}{2}y_3,\\ x_2=\frac{1}{2}y_2-\frac{1}{2}y_3,\\ x_3=y_3,\end{cases}$ $f(x_1,x_2,x_3)=y_1^2-y_2^2$;

(2) $\begin{cases}x_1=z_1+z_2-z_3,\\ x_2=z_1-z_2-z_3,\\ x_3=z_3,\end{cases}$ $f(x_1,x_2,x_3)=z_1^2-z_2^2-z_3^2$

5. (1) 负定; (2) 正定.

6. $-3<a<1$.

7. $\begin{pmatrix}\frac{2}{\sqrt{6}} & 0 & -\frac{1}{\sqrt{3}}\\ \frac{1}{\sqrt{6}} & -\frac{1}{\sqrt{2}} & \frac{1}{\sqrt{3}}\\ \frac{1}{\sqrt{6}} & \frac{1}{\sqrt{2}} & \frac{1}{\sqrt{3}}\end{pmatrix}$, $4x_1^2+2y_1^2+z_1^2$

8. ～14. 略

15. $\boldsymbol{\Lambda}=\begin{pmatrix}(k+5)^2 & 0 & 0\\ 0 & (k-1)^2 & 0\\ 0 & 0 & (k-1)^2\end{pmatrix}$, ($k\neq-5$ 且 $k\neq0$)

16. $\begin{pmatrix}\frac{1}{\sqrt{3}} & -\frac{1}{\sqrt{2}} & -\frac{1}{\sqrt{6}}\\ \frac{1}{\sqrt{3}} & \frac{1}{\sqrt{2}} & -\frac{1}{\sqrt{6}}\\ \frac{1}{\sqrt{3}} & 0 & \frac{2}{\sqrt{6}}\end{pmatrix}$　17. $0<t<\frac{4}{5}$　18. $\begin{pmatrix}\frac{1}{2} & 0 & -\frac{1}{2}\\ 0 & 1 & 0\\ -\frac{1}{2} & 0 & \frac{1}{2}\end{pmatrix}$

19. $\boldsymbol{A}=\begin{pmatrix}1 & k & 1\\ k & 1 & -1\\ 1 & -1 & -1\end{pmatrix}$, $k=1$, $\boldsymbol{P}=\begin{pmatrix}-\frac{1}{\sqrt{6}} & \frac{1}{\sqrt{3}} & \frac{1}{\sqrt{2}}\\ \frac{1}{\sqrt{6}} & -\frac{1}{\sqrt{3}} & \frac{1}{\sqrt{2}}\\ \frac{2}{\sqrt{6}} & \frac{1}{\sqrt{3}} & 0\end{pmatrix}$

20. (1) $3(a^2-4)=(2a+b)^2$; (2) $\boldsymbol{P}=\begin{pmatrix}\frac{2}{\sqrt{5}} & 0 & \frac{1}{\sqrt{5}}\\ 0 & 1 & 0\\ \frac{1}{\sqrt{5}} & 0 & -\frac{2}{\sqrt{5}}\end{pmatrix}$

(C)

1. $a=2, b=-4$ 或 $a=-2, b=4$

2. $-2, -2, 0, k>2$

3. $4, -2$

4. ～10. 略.

习 题 5

(A)

一、填空题

1. 2　　2. (1,1)　　3. $\begin{pmatrix}1 & 2\\ -1 & -1\end{pmatrix}$　　4. 2　　5. n

二、选择题

1. B　　2. B　　3. B　　4. A　　5. B

(B)

1. 不是

2. ～5. 略

6. 将 xOy 平面作为一面镜子, $T\boldsymbol{\alpha}$ 就是 $\boldsymbol{\alpha}$ 对于这面镜子反射所成的像. 这个变换也称为镜面变换或称反射变换.

7. $\begin{pmatrix}0 & 0 & 0 & 0\\ 3 & 0 & 0 & 0\\ 0 & 2 & 0 & 0\\ 0 & 0 & 1 & 0\end{pmatrix}$　　8. $\boldsymbol{B}=\begin{pmatrix}5 & 8 & 2\\ 6 & 9 & 3\\ 4 & 7 & 1\end{pmatrix}$　　9. ～10. 略

(C)

1. 略

2. $\mathbf{Q}[\sqrt{2}]=\{a+b\sqrt{2}\mid a,b\in\mathbf{Q}\}$

3. 略

4. $\boldsymbol{E}_{11}=\begin{pmatrix}1&0\\0&0\end{pmatrix}$, $\boldsymbol{E}_{12}=\begin{pmatrix}0&1\\0&0\end{pmatrix}$, $\boldsymbol{E}_{21}=\begin{pmatrix}0&0\\1&0\end{pmatrix}$, $\boldsymbol{E}_{22}=\begin{pmatrix}0&0\\0&1\end{pmatrix}$

5. $\left(\boldsymbol{p}(a),\boldsymbol{p}'(a),\cdots,\dfrac{\boldsymbol{p}^{(n)}(a)}{n!}\right)$